大学への数学

入試のツボを押さえる
重点学習
数学ⅠAⅡB

青木亮二 著

―― 東京出版 ――

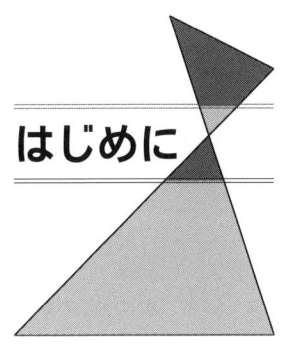

はじめに

　くだらないことにクスリと笑ったり，ちょっとした「からくり」に面白さを感じたり．

　数学を学んでゆく上で，「この問題はこう解けばよい」という姿勢だけで先へ先へと進んでゆくのは，非常にもったいないことです．

- どうすればそのような発想になるのか
- 解法のアイデアは他に生かせないのか
- 結局はどこが最大のカギとなったのか

といったことを考えてみるだけで，数学の勉強は非常に楽しいものになるからです．

　「なんだ，えらそうに「すばらしい解答」を述べているけれど，結局は単にこう考えたってだけじゃん！」

　「うわぁ，同じようにしてこんな問題も解決できちゃうんだ！」

　「すごい結果にみえるけれど，からくりは実にくだらない，ああくだらない」

　もちろん，すべての数学の問題で，いちいちこのようなリアクションをすることは不可能です．ですが，3日に1回，そのようなシーンに出くわすだけで，数学力以前にまず，日々の生活が充実します．

　本当に面白さを感じたことは，人に伝えたくなります．周りの友人に直接話す以外にも，学校の先生にレポートをおくったり，遠方の友人に手紙を送ったり，異国の友人にスカイプで話したり．

　そして，面白さを感じるうえで，一番のポイントが「くだらない」ことです．くだらないと思うからこそ，面白いと思うのです．すばらしいと思うことがあっても，そこに面白さはありません．数学を学ぶということは，くだらなさを学ぶことです．それを通して，人としての洞察力と感動力，そして他者に対する表現力を磨くことなのです．
（だから数学ができるようになると英語も強くなるのですよ．逆は然りではないけれど．）

　本書においては，数学の問題集という側面と同時に，この「くだらなさを学ぶ」要素もふんだんに取り込ませていただきました．基本問題からちょっとした応用問題までを通して，「ふふっ」と笑顔になるシーンを想いながら構成しています．

　時に実力養成のために，時には答え合わせ用として，ある時はより深い理解のために，また，たまには息抜きがわりとして，本書とふれあってくれれば幸いです．

青木亮二

本書の構成と利用法

○本書の内容

基本的な事柄についての理解があり，一通りの「練習問題」をこなしてきた，という方を対象としています．もちろん，数学のエキスパートのみを対象としたものにはなっていませんが，未修事項を一から学ぶというには若干ハードルが高い内容になっています．

ですから，現在進行形で数ⅠAⅡBを学習中の方は，本書とは別に，参考書などと併用して使うことをお勧めします．いわゆる「網羅型」のものにはなっていないことをご承知おきください．

一通りはやったぞ，という方にとって，本書は絶好の「サプリメント」となることと思います．「ただの問題」に，さまざまな角度からの見方を与えたり，共通した「考え方」を提示したり，と，すんなり答え合わせをするだけでは済まない構成になっていますから．

とはいうものの，使い方は好み次第．後述するように，本書の使い方にはさまざまなやり方があるかと思います．あなたにとって，都合の良いように使っていただければよいのです．

○本書の構成

各セクションごとに，問題編と解説編に分かれたつくりになっています．まずは問題編に取り組み，解説編を通して答え合わせをしてもらいます．各セクションでの問題数は平均5題程度となっているので，一つ一つの問題を解いて，その問題ごとに答え合わせをするのではなく，そのセクションの問題を一通り解いた上で，一気に答え合わせをするのが基本的な使い方となります（解説編の中には，問題編に収録されていない問題も少なからずあります．答え合わせをしてゆく中で，目にとまった問題があれば，それもあわせて取り組みましょう）．

想定している利用法をいくつかご紹介します．

【利用法その1：とにかく問題を解きたい！】

①各セクションの問題を一通り解く（★★★以上は飛ばしてもよい）．
→②一セクション分の問題を解き終えたら，解説編の「囲みの問題」の部分だけを見ていき，該当する問題番号を探して答えあわせをする．
→③答えが合わない問題があれば，結果が一致するまで取り組む．
→④結果がすべて合えば，あるいは，解けなかった問題すべてにあきらめがつけば，次のセクションへと進む．

【利用法その2：プラスαの手法・発想を学びたい！】

①各セクションの問題を一通り解く．
→②→③
→⑤結果がすべて合えば，あるいは，解けなかった問題すべてにあきらめがつけば，解説編を一通り読む．
→⑥解説編中に登場する，問題編には登場していない問題があれば，それにも取り組む．その後，次のセクションへと進む．

【利用法その3：まずは基礎固めからしっかりやりたい！】

⑦各セクションの問題のうち，「★」の問題をすべて解く．
→②→③→⑤
→⑧「★★」以上の問題の解説を参考に，自分なりに答案を作ってみる．その後，次のセクションへと進む．

【利用法その4：読み物として楽しみたい！】

⑨気の向いたときに気の向いたセクションの解説編を読む．
→⑩気の向いたときに，解説編を読んだセクションの問題編の問題に取り組む．
→⑪基本的には「積読(つんどく)」

いずれの使用法においても，一日1セクションのペースで無理なく進める量になっています．また，各セクションは独立した内容になっていますから，必ずしも章立てどおりに進めてゆく必要はありません．どうぞ，無理のない形で進めて下さい．

○問題の構成
　テーマは数学Ⅰ・A・Ⅱ・Bの範囲になっており，数学Ⅲを学んでおらずとも対応できる問題のみを収録しています．ですが，厳密には数学Ⅲの範囲にあたるものもちらほらと登場しますが，それは主に「極限」の部分のみです．
　$\lim_{n\to\infty} f(n)$ という表現は，n がものすごく大きくなるときに $f(n)$ がどうなるか，ということを表わすもので，たとえば $\lim_{n\to\infty}\frac{1}{n}$ や $\lim_{n\to\infty}\frac{1}{2^n}$ は，どちらも（分母はどんどん大きくなるので）0に，また「n^2」は n が大きくなると果てしなく大きくなるので「$\lim_{n\to\infty} n^2 = \infty$」のように表現します（理系の方にはあたりまえの話でしょう）．本書においては「これくらいはわかるでしょう？」という観点から，常識のように表現しているので，その点はご了承ください（そこまでふんだんに登場するわけではありません）．

○問題の難度
　通常の問題集では，問題に出典（どこの大学の問題か）が付されていることが多いですが，本書においては，基本的には出典を載せることはしていませんし，そもそも大学入試からではない創作問題もふんだんにとりこまれています．皆さんが学習してゆく上で，余計な邪念が入らないように，との配慮からです．（職業に貴賎なし，というのと同様，良い問題はどこの大学の問題であろうと良い問題．悪い問題はどこの大学だろうが悪い問題．といいつつ，例外的に出典が明記されている問題もありはします．）
　ですが，それでは問題を解きにかかる上で難度の目安になるものがなくなってしまいますから，各問題ごとに「★」をつけることで，問題の中身を表現しました．

★…いわゆる基本問題．基本が定着しているならば解けなければまずいよ，という問題．
★★…基本問題というわけではないが，受験生としてはそれなりに対応できて欲しい問題．30分が目安．
★★★…それなりに手数もかかり，実際の入試においては「あとまわし」にしてもよいレベルだが，実力養成の観点からは仕上げられるようになっておいて欲しい問題．30分ないし1時間で仕上げるのが目安．
★★★★…ここまではできなくてもよいが，せっかくなので取り組んでみてください，というチャレンジ問題的位置づけにある問題．時間は無制限でよい．

　本書に収録されている問題の大半は「★」か「★★」ですので，一つずつの難度にはもちろん差があります．「定石さえ身についていれば，確実に答えが出せるはず」という類の問題には（多少重くても）すべて「★」をつけていますので，特に「★」の問題にはかかる時間や難度に差があることもあります．★★以降には目安の時間を設けていますが，★には目安の時間を設けていないのは，そういう事情によります．

○解説編について
　文章を読む，というのは，とても大変な作業です．本気で「読む」のは，とてもつらい作業です．ですが，読む力がなければ，書く力も表現する力も備わりません．少しでも「読んでみようかな」という気が起きるように，筆者はそれはそれは苦労をして，やわらかい表現に努めているわけですが，それでも，私自身，人の文章を読むということを好きこのんでいるわけではありませんので（ちなみに，数学と無関係な小説はよく読みます．新書みたいなのは説教くさい割りに中身がぺらぺらなので，読む気がしません），皆さんに「ぜひ解説編を読んでくれ」という気は毛頭ありません．
　ですから，「全部読み倒してやるぞ！」と意気込むのではなく，特にはじめのうちは「答え合わせのついでに目に入ったところだけを読む」というペースでやっていただいて構いません．徐々に「読む」作業を増やしていってもらえればよいのです．もちろん，最終的には全編を通して「読んで」いただきたいのですが．

入試のツボを押さえる

重点学習
数学ⅠAⅡB

目次

はじめに……………………………………… 3
本書の構成と利用法………………………… 4

第1章　場合の数
1　場合の数での標準装備　　　　　8
2　Imagine　　　　　　　　　　　14
3　毛色の変わった経路の問題　　　20
4　「置き換え」にこだわってみる　26

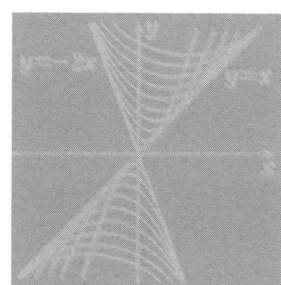

第2章　確　率
1　岡目八目な確率　　　　　　　　32
2　細かく分けて考えれば　　　　　38
3　何が対等かが問題だ　　　　　　44
4　耐えて耐えての確率　　　　　　50
5　有名問題でおもてなし　　　　　56

第3章　整数，多項式，論証
1　余りから学ぶ「あたりまえ」　　64
2　有理数・無理数とその論証　　　70
3　論証問題にのぞむということ　　78
4　多項式がらみの論証　　　　　　84
5　素因数分解形を考える　　　　　90
6　「べき乗数」いろいろ　　　　　96
7　仕上げはフェルマーで　　　　　104

第4章 数列

1 和の問題のさまざま　112
2 一般項は求めずに　118

第5章 ベクトル，図形

1 ベクトルの1次結合と回転　124
2 内積についてのお話　130
3 順番に動かせば　136
4 外接円と内接円　142

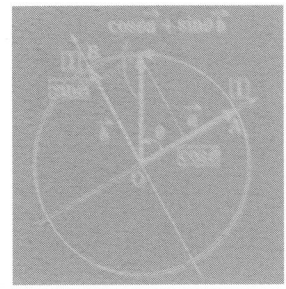

第6章 方程式，不等式，数Ⅱの微積分

1 解と係数の蜜な関係　148
2 数Ⅱ微積分の問題たち　154
3 4次以上の関数の微分　160
4 おめかししてみた　168
5 もっておくべき二つの見方　174
6 はじかしい Max，Min　180

第7章 座標

1 ひねり出された式　186
2 あたりまえにもほどがある　192
3 変換後の図形の式　198
4 軌跡問題へのさまざまなアプローチ　204
5 吟味のこころ　210

ミニ講座

① レイリーの定理　102
② ウィルソンの定理　110
③ 相加相乗平均の不等式の証明　166

Teatime

覚えておくと人生が565倍楽しくなる数たち　111
どうでもいい話　〜いまとむかし〜　167

◆1 場合の数での標準装備

数A 問題編

問題 1-1.1
難易度 ★

区別のつかない赤玉と白玉が6個ずつある．これら12個を横一列に並べる方法のうち，赤と白とがこの順でとなりあう箇所がちょうど3つであるようなものは何通りあるか．
（例えば，赤白白白赤白赤白白赤赤赤　のような並びが条件を満たす．）

問題 1-1.2
難易度 ★

n桁（$n \geq 2$）の正の整数で，145221や26000の様に，同じ数字がとなりあうような部分を持つものは何通りあるか．

問題 1-1.3
難易度 ★

n桁の正の整数で，各桁の積が6の倍数となるものはいくつあるか．ただし，0も6の倍数である．

1　場合の数での標準装備

問題 1-1.4
難易度 ★★

n 桁（$n \geq 2$）の正の整数で，となりあう桁の数字が異なるようなものの集合 S_n の要素のうち，1 の位が 0 であるものの個数 a_n を求めよ．

問題 1-1.5
難易度 ★★

A, A, A, A, B, B, C, C, C, C を横一列に並べて得られる順列を考える．
（1）A, B がこの順でとなりあう箇所が 2 箇所あるようなものは何通りあるか．
（2）A, B がこの順でとなりあう箇所がちょうど 1 箇所であるようなものは何通りあるか．

◇1 場合の数での標準装備

数A 解説編

本稿では，場合の数の問題を扱います．五月雨式に，「こんなパターンもある，あんなパターンもある」と列挙してゆくのも芸がありませんから，「標準装備にしておきたい」ことから2つ，にテーマをしぼってお話をしたいと思います．

ちなみに，五月雨は「さみだれ」と読みます．いちいち五月蝿いことをいわなくても大丈夫ですね．

§1 「重複組合せ」はおいしい

私たちは，ある程度の数え上げは「基本」として身につけています．

- 重複順列：異なるn個のものを，重複を許してr個並べる方法はn^r通り
- 順列：異なるn個のものを，重複を許さずにr個並べる方法は ${}_n\mathrm{P}_r = \dfrac{n!}{(n-r)!}$ 通り
- 組合せ：異なるn個のものを，重複を許さずにr個選ぶ方法は ${}_n\mathrm{C}_r = \dfrac{n!}{(n-r)!r!}$ 通り

こうしてみてみると，一つだけ「まとめそこなっている」ものの存在がはっきりと浮かび上がってきます．そうです，「重複組合せ」です．

教科書上では「発展」として取り扱われているものですが，これを機会に「標準装備」としてみましょう．

【重複組合せ】

異なるn個のものから，重複を許してr個選ぶ組合せの総数を ${}_n\mathrm{H}_r$ で表わす．

$$ {}_n\mathrm{H}_r = {}_{n+r-1}\mathrm{C}_r \quad \cdots\cdots\cdots\cdots\cdots * $$

である．

例えば，普通の組合せ ${}_n\mathrm{C}_r$ が

「n種類の果物から，r個の異なる果物を用いてフルーツバスケットをつくる方法」

を表わすのに対して，重複組合せ ${}_n\mathrm{H}_r$ は

「n種類の果物から，r個の果物（同じものを用いてもよい）を用いてフルーツバスケットをつくる方法」

を表わします．りんご，なし，みかん，かき，を用いて，10個の果物からなるフルーツバスケットを作る方法は ${}_4\mathrm{H}_{10}$ で表わされます．$n<r$でも，${}_n\mathrm{H}_r$ が定義できることに注意してください．

この重複組合せが*の様に計算できることは，適当な場合の数のモデルを2通りに計算することで分かります．ここでは，「経路」を用いて示してみましょう．

図のような，$r \times (n-1)$の小道を用意し，AからBへの最短経路の総数Sを考えます．

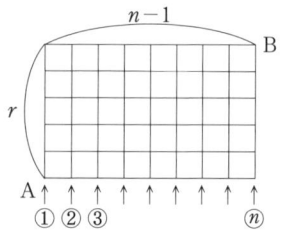

「ふつうに」解くならば，「縦（↑）」r個と「横（→）」$n-1$個の順列と，AからBへの最短経路とが一対一に対応することから，$S = {}_{n+r-1}\mathrm{C}_r$ で計算しますが，図の①から⑩の縦道の，どのr箇所で上に進むかを考えてもSを立式できます．

①から⑩の中から，重複を許してr箇所選べば，それに応じてAからBへの最短経路が得られ，逆に，AからBへの最短経路から，重複組合せを得ることができます．n箇所から重複を許してr箇所選ぶ重複組合せと最短経路とが一対一に対応するので，$S = {}_n\mathrm{H}_r$ とも表わせるということです．

これで，*の結果を得ることができました．

重複組合せ自体は，毎回，対応付けを考えて計算することも可能なのですが，さらりと「あ，重複組合せだ」と見ることができるシーンにおいては，Hでその場合の数を表現して，*で計算してしまう方が，楽ですしストレスも感じません．

さっそくみてみましょう．

問題 nを正の整数とする．

（1） $x+y+z=n$ の非負整数解 (x, y, z) の組数を求めよ．

（2） $1 \leq x \leq y \leq z \leq n$ を満たす整数 x, y, z は何組あるか．

慣れてくるとどちらも「あたりまえ」に見えますが，ここでは「少し丁寧に」解説をつけておきましょう．

解 （1） X, Y, Z から，重複を許して n 個選ぶ方法は ${}_3H_n$ 通りで，X, Y, Z をそれぞれ x, y, z 個選ぶと考えれば，この方法は $x+y+z=n$ の非負整数解と一対一に対応するので，求めるべき場合の数は
$${}_3H_n = {}_{n+2}C_n = {}_{n+2}C_2$$

（2） 1以上 n 以下の整数から，重複を許して3つを選び，それを小さい順に x, y, z とすれば，これは与えられた条件を満たす．逆に，$1 \leq x \leq y \leq z \leq n$ を満たす整数 x, y, z を3つの整数の組とみなせば，その組合せは，1以上 n 以下の整数から重複を許して3つを選ぶ組合せにもなっている．従って，条件を満たす x, y, z の組と，1以上 n 以下の整数から重複を許して3つを選ぶ重複組合せは一対一に対応するとわかるので，求めるべき場合の数は ${}_nH_3 = {}_{n+2}C_3$ **終**

冷静に考え，そしてかつ慣れてくれば，（2）の組数は重複組合せの総数の定義そのものととらえることもできますし，（1）は「つまり x, y, z を合計 n 個集めるということ」というイメージで理解できます．答案作成の上では，（1）（2）とも，単に「～なる重複組合せと考えて」の一言で済ませてよいでしょう．

> **問題** 区別の付かない赤玉と白玉が，それぞれ7個と3個ずつある．これらを，白玉同士がとなりあわないように横一列に並べる方法は何通りあるか．2通り以上の方法で求めよ．

単なる組合せの問題に帰着させるか，重複組合せの話題に帰着させるか，で2通りの立式が可能です．

解1 あらかじめ赤玉を横一列に並べ，図の8つの矢印から，異なる3箇所を選んで白玉を挿入すると考えれば，求めるべき場合の数は ${}_8C_3 = \mathbf{56}$ 通り．

解2 あらかじめ，白玉同士の間に赤玉を一つずつ入れておき，図の4つの矢印のうち，同じ箇所を選ぶことを許して5箇所選び，そこに赤玉を挿入すると考えれば，求めるべき場合の数は ${}_4H_5 = {}_8C_5 = \mathbf{56}$ 通り．

▷**注** この問題を一般化することでも，重複組合せの計算式 $*$ を得ることが可能です．

場合の数や確率の問題に接する場合，「自分の答が正しいわけがない」と疑ってかかることが一番肝要です．この手の話題においては，「勘違いに気付きにくい」という側面が他の分野に比べて非常に強いからです．ですから，このようなやさしい問題に対してでも，2通り以上の方法で答が出せることはとてもおいしいことなのです．

では，少し骨っぽい問題に挑戦してみましょう．

> **問題 1-1.1** 区別のつかない赤玉と白玉が6個ずつある．これら12個を横一列に並べる方法のうち，赤と白とがこの順でとなりあう箇所がちょうど3つであるようなものは何通りあるか．
> （例えば，赤白白白赤白赤白白赤赤赤 のような並びが条件を満たす．）

解 連続するいくつか（一つ以上）の同色の玉を囲んで考えれば（例えば，先の例だと

赤　白白白　赤　白　赤　白白　赤赤赤

の様に同色同士が連続するので，これを

　　赤　白　赤　白　赤　白　赤

と表現することにする），ありえる囲みの配列は

（あ）　赤　白　赤　白　赤　白　赤
（い）　白　赤　白　赤　白　赤　白
（う）　赤　白　赤　白　赤　白
（え）　白　赤　白　赤　白　赤　白　赤

の4パターンである．

（あ）のパターンのものは，あらかじめ赤と白を4個と3個，交互に並べておき，余った赤2つと白3つを，同じ囲みを許して，赤は[赤]のどこかに，白は[白]のどこかに挿入すると考えれば，

赤の入れ方は ${}_4H_2 = {}_5C_2 = 10$ 通り
白の入れ方は ${}_3H_3 = {}_5C_3 = 10$ 通り

なので，$10 \times 10 = 100$ 通りあるとわかる．

（い）のパターンのものも，（あ）とまったく同様に考えて 100 通りある．

（う）のパターンのものは，赤の入れ方が ${}_3H_3$ 通りになる以外は（あ）と同じだが，${}_4H_2 = {}_3H_3$ であったので，結局（あ）と同じで 100 通りあることになる．

（え）のパターンのものも，白の入れ方が ${}_4H_2$ 通りになる以外は（あ）と同じなので，やはり 100 通りある．

以上から，求めるべき場合の数は $100 \times 4 = \mathbf{400}$ 通りとわかる．**終**

一通りの攻め方だけだと不安が少し残ります．違った角度からの別解もみてみましょう．

別解 [AB], [AB], [AB], A, A, A, B, B, B を横一列に，ただし A と B がこの順でとなりあわないように並べる方法の総数を求めればよい．

第1章　場合の数

$\boxed{AB}$ を C と表わしなおせば，
  　A, A, A, B, B, B, C, C, C
を横一列に，ただし A と B がこの順でとなりあわないように並べる方法の総数を求めればよい．

まず，A, A, A, C, C, C を横一列に並べ，そののち，A の右側以外の4箇所から，重複を許して3箇所選び，B を挿入すると考えれば，求めるべき場合の数は
$${}_6C_3 \times {}_4H_3 = 20 \times {}_6C_3 = 20 \times 20 = \mathbf{400} \text{ 通り．}$$

立式の仕方が違う様子をみれば，結論の一致をみることで「安心」を買うことができます．大切にすべき「安心感」とは，原発問題のような大きなところ以外にも求めるべきものです．

§2 余事象の「活用」

場合の数を，余事象（☞注）に着目して数えることはしばしばあります．基本的に，余事象に着目するのは，

$\boxed{\text{条件を満たさないパターンが圧倒的に少ない}}$

場合が基本で，例えば，次のような問題であれば，迷わず余事象に着目して処理，で問題ないでしょう．

☞注　ここでは，確率の用語を広くとらえ，「条件を満たさないもの」という意味で「余事象」という言葉を用いています．正式な使い方ではないことをご承知おきください．

問題 1-1.2 n 桁（$n \geq 2$）の正の整数で，145221 や 26000 の様に，同じ数字がとなりあうような部分を持つものは何通りあるか．

条件を満たすもののパターンは無数（例えば，$n=6$ としても 145221 や 223445 や 233333 など，さまざまな「形」があります）なのに対して，条件を満たさないものは，「左から二番目以降の桁は，どれも直前の桁の数字と異なる」ようなものの1パターンしかありません．

解　n 桁の正の整数は全部で $9 \times 10^{n-1}$ 通りあり，そのうち，条件を満たさないものは，
首位の数の選び方…1〜9 の 9 通り
首位以降の数字の選び方…左隣の数字以外の 9 通り
より，$9 \times 9^{n-1} = 9^n$ 通りある．
従って，求めるべき場合の数は $\mathbf{9 \times 10^{n-1} - 9^n}$ 通り．

問題 1-1.3 n 桁の正の整数で，各桁の積が 6 の倍数となるものはいくつあるか．ただし，0 も 6 の倍数である．

「6 の倍数」は「2 の倍数かつ 3 の倍数」と，素因数分解形で考えるのが基本ですが，2 の倍数かつ 3 の倍数で

あるものといっても，やはりさまざまなパターンがあります（$n=3$ だとしても，123, 634, 501 と，やはりさまざまな「形」がありますね）．

解　n 桁の正の整数 $9 \times 10^{n-1}$ 通りのうち，条件を満たさないものは，
A：各桁がどれも 2 の倍数ではない
B：各桁がどれも 3 の倍数ではない
の少なくとも一方の条件を満たすものである．
$N(X)$ で，X を満たすものの個数を表わすことにすれば，
$$N(A \cup B) = N(A) + N(B) - N(A \cap B)$$
であり，
$N(A) = $（各桁が 1, 3, 5, 7, 9 のいずれかのものの個数）
$\quad = 5^n$
$N(B) = $（各桁が 1, 2, 4, 5, 7, 8 のいずれかのものの個数）
$\quad = 6^n$
$N(A \cap B) = $（各桁が 1, 5, 7 のいずれかのものの個数）
$\quad = 3^n$
であるから，求めるべき場合の数は
$\mathbf{9 \times 10^{n-1} - 5^n - 6^n + 3^n}$ 通り．

ここであげたような「極端なケース」以外の場合でも，あえて余事象に着目することで，違った視点でアプローチすることができたり（従って，2 通り以上の解法で解くことにより安心感が買える！），より楽に解を得られたりします．この章でみておきたいのは，先の例よりも，むしろ次のような問題に対する攻め方です．

問題 1-1.4 n 桁（$n \geq 2$）の正の整数で，となりあう桁の数字が異なるようなものの集合 S_n の要素のうち，1 の位が 0 であるものの個数 a_n を求めよ．

意識的に「余事象は？」と考えてみましょう．S_n の要素の総数は容易に計算できましたから，「S_n の要素のうち，1 の位が 0 でないものの個数 b_n」を考える，というのが素直な発想ですが，

$\boxed{\begin{array}{l}\text{「}a_n\text{ を求めようか，}b_n\text{ を求めようか」ではなく，}\\ \text{「両方求めちゃおう！」}\end{array}}$

というのが，ここで常識にしておきたいことがらです．

解　S_n の要素のうち，1 の位が 0 であるものからなる集合を T_n，1 の位が 0 でないものからなる集合を U_n とし，U_n の要素の個数を b_n とする．

T_n の要素一つに対して，末尾に 1〜9 の数字を加えることで U_{n+1} の要素が 9 個得られ，U_n の要素一つに対しては，末尾に 0〜9 のうち，もとの要素の 1 の位（0 ではない）以外の 9 つを加えることで，T_{n+1} の要素 1 つ

と，U_{n+1} の要素 8 つが得られるから，
$$\begin{cases} a_{n+1}=b_n & \cdots\cdots\cdots① \\ b_{n+1}=9a_n+8b_n & \cdots\cdots\cdots② \end{cases}$$
である．$k\times①+②$ から
$$ka_{n+1}+b_{n+1}=9a_n+(k+8)b_n \quad \cdots\cdots③$$
が得られ，$k:1=9:(k+8)$ となるような k を求めれば，
$$k(k+8)=9 \Longleftrightarrow k=1, -9$$
であるから，このときの③式を考えれば，
$$a_{n+1}+b_{n+1}=9(a_n+b_n)$$
$$-9a_{n+1}+b_{n+1}=-(-9a_n+b_n)$$
$a_1=0$，$b_1=9$ と考えて計算して，
$$a_n+b_n=9^{n-1}(a_1+b_1)=9^n$$
$$-9a_n+b_n=(-1)^{n-1}(-9a_1+b_1)=9\cdot(-1)^{n-1}$$
辺々引いて整理することで，$a_n=\dfrac{9^n-9\cdot(-1)^{n-1}}{10}$ とわかる．🏀

　もう最後の問題になってしまいました．仕上げの問題です．余事象の「活用」を意識して，取り組んでみてください．複数の方法でアプローチし，絶対的な確信を持って答え合わせをしてみましょう．

問題 1-1.5 A, A, A, A, B, B, C, C, C, C を横一列に並べて得られる順列を考える．
（1）A, B がこの順でとなりあう箇所が 2 箇所あるようなものは何通りあるか．
（2）A, B がこの順でとなりあう箇所がちょうど 1 箇所であるようなものは何通りあるか．

　（1）は基本問題という認識でよろしいでしょうが，（2）は慎重に行きたいものです．確率の問題の場合にも使える手ですが，

　自分の設定したフィールドで，順々に考える

のが直接計算する上での重要手法となります．

🏀 **解**（1）AB, AB, A, A, C, C, C, C を並べて得られる順列の総数と考えれば，
$_8C_2\times{}_6C_2=28\times15=$**420** 通りである．

（2）まず A を 4 つ，B を 1 つ，A と B がこの順でとなりあうように並べる．そのような方法は，$_5C_1$ 通りのうち，B, A, A, A, A 以外の 4 通りである．次いで，並べ終えた順列の「すきま」6 箇所のうち，A と B の間以外の 5 箇所（注→の↑の 5 箇所）の中から，重複を許して 4 箇所に C を入れる．そのような方法は $_5H_4={}_8C_4=70$ 通りある．

　こうして出来上がった計 9 文字の順列の「すきま」のうち，A の右隣以外の 6 箇所のいずれかに B を入れる．

そのような方法は 6 通りである．

　以上から，題意を満たす順列の総数は
$4\times70\times6=$**1680** 通りあると分かる．🏀

▷ **注**　例えば，次のような流れで順列を構成するということです．
$$\underset{\uparrow}{A},\underset{\uparrow}{A},\underset{\uparrow}{A},\underset{\uparrow}{B},\underset{\uparrow}{A} \Rightarrow \underset{\uparrow}{A},\underset{C}{A},\underset{\uparrow}{A},B,\underset{CC}{A}$$
$$\Rightarrow \underset{\uparrow}{C},\underset{\uparrow}{A},\underset{\uparrow}{A},\underset{\uparrow}{C},\underset{\uparrow}{A},B,\underset{\uparrow B\uparrow}{A},\underset{\uparrow}{C},\underset{\uparrow}{C}$$
$$\Rightarrow C,A,A,C,A,B,A,C,B,C$$

　余事象を「活用」する，という発想に立つならば，「A と B がこの順にとなりあう箇所がないものも求めてしまえ」という考え方になるでしょう．10 文字の順列の総数は $_{10}C_4\times{}_6C_2=210\times15=3150$ 通りとすぐに分かりますから，どうせなら「総和が 3150 になる」ことを確かめておいたほうがよさそうです（実践的な話をすれば，その結果，余事象での答案作りの方が楽そうであれば，清書バージョンにそちらのほうを採用すればよいのです）．A と B がこの順にとなりあう箇所を持たない順列の総数を実際に求めてみましょう．

　まず A と C を 4 つずつ，計 8 個を並べる方法は，$_8C_4=70$ 通りあり，並べ終えた順列のすきま 9 箇所のうち，A の右隣以外の 5 箇所から，重複を許して 2 箇所に B を入れる方法は $_5H_2={}_6C_2=15$ 通りです．

　従って，考えるべき順列の総数は $70\times15=1050$ 通りと分かり，確かに $420+1680+1050=3150$ です（！）

　（2）を，$\boxed{AB}$, A, A, A, B, C, C, C, C の順列の総数 $_9C_1\times{}_8C_3\times{}_5C_1=2520$ 通りから，（1）で数えた 420 通りを除いて 2100 通り，と求めるのは誤りです．A, B がこの順でとなりあうような箇所を 2 つ持つ順列，例えば
$$A,B,A,A,B,A,C,C,C,C$$
は，$\boxed{AB}$, A, A, B, A, C, C, C, C とも A, B, A, $\boxed{AB}$, A, C, C, C, C ともみることができるからです．（なので，2520 通りから，420 通りの 2 倍を引く必要があるのです．）

　一通りのアプローチで，このような誤答を犯してしまった場合，まず自分で気付くのは不可能です．ですが，「過信せず，慎重に，複数のアプローチで」の姿勢があれば，十分に自分の誤り，おかしさに気付きえます．

　そんな，人生の指針のようなものを示してくれる「場合の数」という分野が，私は好きです．「確率」はもっと好きです．

第1章 場合の数

◆2 Imagine

数AB 問題編

問題 1-2.1
9人を，次のようにグループ分けする方法は何通りあるか．
（1） 4人と3人と2人の3グループ
（2） 3人ずつの3グループ

難易度 ★

問題 1-2.2
（1） 10人を4人，3人，3人のグループに分ける方法は何通りあるか？
（2） 9人を3人ずつ3つのグループに分け，各グループに1人ずつの「班長」をつくる方法は何通りあるか？

難易度 ★

問題 1-2.3
1からnまでの番号がついたn個のボールを，区別のつかない3つの箱に入れる．分け方は何通りあるか．ただし，一つもボールが入らない箱があっても良いものとする．

難易度 ★

◇2 Imagine

問題 1-2.4

難易度 ★

n 人（$n \geq 2$）がじゃんけんをする．特定の一人 A 君が勝つような，n 人の手の出し方は何通りあるか？

（A 君は「一人勝ち」でも「二人勝ち」でもなんでも良い）

問題 1-2.5

難易度 ★★

n 人（$n \geq 3$）がじゃんけんをする．勝つ人数が正の偶数となるような手の出し方は何通りあるか．

第1章 場合の数

◇2 Imagine

数AB 解説編

少し変わった「数え方」のお話をみます．やさしいところから，難しいところまでを，「間違えてなるものか」の精神で解き進めてゆきましょう．テーマは「順番に考えてゆく」．そして，それに必要なことが「Imagine」，想像せよ，ということです．

§1 重複で割るよりも…

さっそく問題です．

> **問題 1-2.1** 9人を，次のようにグループ分けする方法は何通りあるか．
> (1) 4人と3人と2人の3グループ
> (2) 3人ずつの3グループ

(1)は(2)との対比のための問題ですから，たいしたことなく解決するでしょう．問題は(2)です．標準的な解答でゆくなら，次のように「重複で割る」ことになるのですが…

解 (1) 9人のうち，4人グループに入る4人を選ぶ方法は $_9C_4$ 通り．残った5人から，3人グループに入る3人を選ぶ方法は $_5C_3$ 通り．残った2人はそのまま2人グループに入ることになるので，計

$$_9C_4 \times _5C_3 = 126 \times 10 = \mathbf{1260} \text{ 通り}$$

の分け方があると分かる．
(2) 3グループにA，B，Cと名前をつけ，9人をA，B，Cの3グループに分ける方法を考えると，(1)と同じように考えれば $_9C_3 \times _6C_3 = 84 \times 20$ 通りの分け方があるとわかる．実際には，グループに名前はつかないので，これを，グループ名のつけ方3!で割った

$$\frac{84 \times 20}{3!} = 14 \times 20 = \mathbf{280} \text{ 通り}$$ ■

あえてさらりと解説しましたが，(2)の考え方は，要は「一対多対応」ということです．9人だと多すぎるので，6人を2人ずつに分ける問題に変えて，具体的に「やったこと」をみてみましょう．6人を「あ，い，う，え，お，か」とし，この6人をA，B，Cの3グループに分けます．

Aに「あ，い」が，Bに「う，え」が，Cに「お，か」が入る分け方を（あい，うえ，おか）と表現することにすれば，分け方の $_6C_2 \times _4C_2 = 90$ 通りは

（あい，うえ，おか）（あい，うお，えか）（あい，うか，えお）
（あう，いえ，おか）（あう，いお，えか）（あう，いか，えお）
⋮
（あか，いう，えお）（あか，いえ，うお）（あか，いお，うえ）

です．
しかし，実際にはグループ名はついていないので，例えば

（あい，うえ，おか）（あい，おか，うえ）（うえ，あい，おか）
（うえ，おか，あい）（おか，あい，うえ）（おか，うえ，あい）

の6通りの分け方は「同じ分け方」となります．
先ほど，「一対多対応」という表現を用いましたが，「グループ名をつけない分け方」ひとつに対して，「グループ名をつける分け方」むっつが対応している，というからくりがお分かりでしょう．
ゆえに，数え方としては次の□の個数を数えればよい，ということになります．

| （あい，うえ，おか）（あい，おか，うえ） |
| （うえ，あい，おか）（うえ，おか，あい） |
| （おか，あい，うえ）（おか，うえ，あい） |

| （あう，いえ，おか）（あう，おか，いえ） |
| （いえ，あう，おか）（いえ，おか，あう） |
| （おか，あう，いえ）（おか，いえ，あう） |

| （あか，いお，うえ）（あか，うえ，いお） |
| （いお，あか，うえ）（いお，うえ，あか） |
| （うえ，あか，いお）（うえ，いお，あか） |

指折り数えるまでもなく，$\frac{90}{6}=15$（通り）とわかりますね．

みなさんに見ていただきたいのは，先ほどの（2）の解説中の「3! で割った」の部分は，本来ここまで考察した上ではじめて理解できるからくりである，ということです．即ち，一対一対応とは違い，一対多対応は「イメージしづらくて当然」なものだということです．むろん，このような考え方も身につける必要があるわけですが，この考え方のみに依存するのは「こわい」ということが分かりますね．

では，この（2）を「重複で割る（＝一対多対応で考える）」発想を避けて解決するならどうすればよいでしょうか？　そのヒントは，実は（1）にあります．（1）では，重複で割る云々など何も考えませんでした．それはなぜだったかというと，グループの人数が非対称的だったからです．そこに着目して，次のように考えてみます．

対称性を崩すために，かっこいい人，に登場してもらいましょう．以下，実際に頭の中に情景を想像しながら読んでみてください．

（はじまり）

9 人がたむろしています．3 人ずつ 3 つのグループに分かれなくてはいけないのですが，なかなか分かれる気配がありません．業を煮やした，かっこいい男 X が言いました．

「おーい，俺と同じグループに入りたいやつ，手を挙げろ！」

かっこいい人は，男女問わずもてますから，人気殺到！X 君は「だれを仲間にするか」考えます．全部で $_8C_2$ 通りの選び方があるので大変です．

悩みぬいた結果，X 君は仲間にする 2 人を無事に選択し終えました．

残ったのは 6 人です．おや？　かっこ悪い男 Y がなにかいいそうです．

「かっこよさだけが男の魅力じゃないよ！　おーい，俺たちでかっこ悪い軍団をつくろうぜ」

この Y 君の檄は，残る 5 人を鼓舞します．Y 君，たちまち人気者になってしまい，「だれを仲間にするか」を真剣に考えなくてはいけなくなりました．選び方は $_5C_2$ 通りもありますから大変（？）です．

散々悩んで，Y 君は仲間にする 2 人を無事に選択し終えました．

残ったのは 3 人です．仕方ありませんから，この 3 人でグループをなすことになりました．

気がつけば，3 人ずつ 3 組のグループに分かれていました．（おわり）

では質問です．この考え方だと，（2）の答はどのように計算されることになるでしょうか？

そう，$_8C_2 \times _5C_2 = 28 \times 10 = 280$ 通りです．

場合の数を数え上げるには，基本的に「想像する・できる」ことが不可欠です．極端なことをいえば，「1, 2, 3, 4, 5 を並べ替えてできる順列は何通り？」という問いに対しても，さっと頭の中に樹形図が浮かび上がらねばいけません．

一対多対応を「想像する」のと，順々にグループができてゆくのを「想像する」のでは，どちらが楽でしょうか？　言わずもがな，ですよね？

少し練習してみましょう．間違えたら末代までの恥だぞ，くらいの心意気で挑んでみてください．

> **問題 1-2.2**（1）10 人を 4 人，3 人，3 人のグループに分ける方法は何通りあるか？
> （2）9 人を 3 人ずつ 3 つのグループに分け，各グループに 1 人ずつの「班長」をつくる方法は何通りあるか？

順々に考える解と，重複で割る解を両方載せておきます．

（1）**解**　まず，4 人グループの 4 人の選び方は $_{10}C_4$ 通り．のこった 6 人のうちの，特定の一人 X と同グループになる 2 人の選び方は $_5C_2$ 通り．従って

$$_{10}C_4 \times _5C_2 = 210 \times 10 = 2100 \text{ 通り}$$

別解　4 人，3 人，3 人のグループに A，B，C と名前をつけて考えると，分け方は $_{10}C_4 \times _6C_3$ 通り．

実際には名前はつかないので，これを名前の付け方 2 通りで割った

$$\frac{_{10}C_4 \times _6C_3}{2} = \frac{210 \times 20}{2} = 2100 \text{ 通り}$$

が答．

（2）**解**　まず，班長 3 人を誰にするかで $_9C_3$ 通り．それぞれの班長が誰を仲間にするかで $_6C_2 \times _4C_2$ 通りの方法があるので，計

$$_9C_3 \times _6C_2 \times _4C_2 = 84 \times 15 \times 6 = 7560 \text{ 通り}$$

別解　A，B，C とグループ名をつけて考えると，9 人の分け方は $_9C_3 \times _6C_3$ 通り．さらに，それぞれの班で，誰を班長にするかで 3^3 通りの決め方がある．実際には

名前はついていないので，$_9C_3\times{}_6C_3\times 3^3$ を，名前の付け方 3! で割った

$$\frac{_9C_3\times{}_6C_3\times 3^3}{3!}=\frac{84\times 20\times 27}{6}=7560 \text{ 通り}$$

が答．

別解のみに頼るのは危ないですが，このように 2 通りで考えて答の一致を確かめるのであれば安全ですね．

では，次の問題に挑戦してみましょう．やはり，2 通り以上の考え方で求めてみてください．

問題 1-2.3 1 から n までの番号がついた n 個のボールを，区別のつかない 3 つの箱に入れる．分け方は何通りあるか．ただし，一つもボールが入らない箱があっても良いものとする．

解 1 1 番のボールから順に箱に入れてゆくと考える．1 番のボールから k 番までのボールが同じ箱に入り，$k+1$ 番のボールは，その箱とは違う箱に入るとすると，$k+2$ 番以降のボールは「1 番の入っている箱」「$k+1$ 番の入っている箱」「1 番も $k+1$ 番も入っていない箱」という，3 つの「区別のつく箱」のどれに入れるか，で，各 3 通りの入れ方が生ずる．従って，ボールの入れ方は 3^{n-k-1} 通り（$1\leq k\leq n-1$）．例外的な，「一つの箱に全てのボールが収まっている」1 通りも加味して，求めるべき場合の数は

$$1+\sum_{k=1}^{n-1}3^{n-k-1}=1+\sum_{i=0}^{n-2}3^i=1+\frac{3^{n-1}-1}{2}=\frac{3^{n-1}+1}{2}$$

とわかる（$n-k-1=i$ とおいた）．

解 2 3 つの箱に A，B，C と名前をつけて考えると，ボールの入れ方は 3^n 通り．このうち，一つの箱に全てのボールが収まっている 3 通り以外は，名前をつけずに考える場合，6 回重複して数えていることになるので，結局

$$\frac{3^n-3}{6}+1=\frac{3^n+3}{6} \text{ 通り}$$

が答とわかる．

解 2 だけで解こうとする心がけを捨てましょう．大切なのは「想像できる」ことです．**解 1** の発想は，ボールを人に，箱をホテルに置き換えて考えてみるとしっくり来るでしょう．

外観が同じ 3 つのホテルがある，だと，どのホテルに泊まっても同じようなものですが，n 人が順番にホテルに入ってゆくところを想像してみると…
「声の大きな 1 番さんの泊まっているホテル」と，「いびきの大きな 2 番さんの泊まっているホテル」と，「静かなホテル」では，ぜんぜん違った 3 つのホテルになっていますよね．どのホテルに泊まろうかで 3 通りの選択肢が生ずることが手に取るように想像できますね．重複で割る，という，想像しにくい手法よりも，順番に考えるという，想像しやすい手法のほうが分かりが良い，ということを分かっていただけたでしょうか？

§2 確率を介して考える

やっていることは同じだけど，確率で考えると，より「想像しやすい」ということもよくあります．

問題 1-2.4 n 人（$n\geq 2$）がじゃんけんをする．特定の一人 A 君が勝つような，n 人の手の出し方は何通りあるか？（A 君は「一人勝ち」でも「二人勝ち」でもなんでも良い）

そのままの設定で考えるなら，次のようになるでしょう．

解 A 君の手の出し方は 3 通り．A 君以外の $n-1$ 人の手の出し方は，A 君と同じ手か，A 君に負ける手のどちらかだから，各 2 通りずつある．A 君以外の $n-1$ 人が，みな A 君と同じ手を出した場合はあいこになるので，

$$3\times(2^{n-1}-1) \text{ 通り}$$

が答．

確率を介して考えるとは，次のような発想です．
「A 君が勝つ確率 p を求めれば，手の出し方は 3^n 通りで，これらはみな等確率で起こるから，求めるべき場合の数は $3^n p$ である」
この発想でゆくと，どうなるでしょうか？

解 A 君が勝つ確率 p は，A 君以外の $n-1$ 人の手が，A 君と同じ手か，A 君に負ける手のどちらかでなくてはならず，かつ，全員が A 君と同じ手であってはいけないので，$\left(\frac{2}{3}\right)^{n-1}-\left(\frac{1}{3}\right)^{n-1}$．従って，これに，（等確率でおこる）$n$ 人の手の出し方 3^n を乗じた $3\times 2^{n-1}-3$ が求めるべき場合の数である．

この例だと，大したメリットは感じられませんね．でも，次の問題だとどうでしょうか？

問題 1-2.5 n 人 ($n \geq 3$) がじゃんけんをする。勝つ人数が正の偶数となるような手の出し方は何通りあるか。

そのままで考えるのなら、

　　ちょうど k 人勝つような手の出し方の総数 P_k を
　　求めて、$P_2 + P_4 + P_6 + \cdots$ を計算する

という羽目になります。やってできないこともないですが、勝つ人数が正の偶数となる「確率」を考えるなら、とっても考えやすくなります。

解　グーとパーで決着がつき、かつ、勝者の数が偶数である確率 p の 3 倍が、「勝つ人数が正の偶数となる確率」であるから、求めるべき場合の数は $3p \times 3^n$ である。

一人目から順番に手を見てゆくと、一人一人がグーまたはパーをだしている確率はそれぞれ $\frac{2}{3}$ である。従って、$n-1$ 人目までがグーまたはパーである確率は $\left(\frac{2}{3}\right)^{n-1}$ であり、$n-1$ 人目までが全員グーである確率は $\left(\frac{1}{3}\right)^{n-1}$、全員パーである確率も $\left(\frac{1}{3}\right)^{n-1}$ である。

$n-1$ 人目までに、グーとパーがそれぞれ一人以上いる場合は、最後の一人が「出すべき」手は一通りに定まる。すなわち、$n-1$ 人のうち、パーが偶数人いるなら、最後の一人はグーを出さねばならず、パーが奇数人いるなら、最後の一人はパーを出さねばならない。

$n-1$ 人目までが全員グーであれば、最後の一人がパーを出しても、勝者の数は一人、即ち奇数である。

$n-1$ 人目までが全員パーであれば、最後の一人がグーを出せば、勝者の数は $n-1$ 人である。

従って、
$$q(n) = \begin{cases} 1 & (n \text{ が奇数}) \\ 0 & (n \text{ が偶数}) \end{cases}$$
とすれば、
$$p = \left\{\left(\frac{2}{3}\right)^{n-1} - 2 \times \left(\frac{1}{3}\right)^{n-1}\right\} \times \frac{1}{3} + \left(\frac{1}{3}\right)^{n-1} \times \frac{1}{3} \times q(n)$$
であるから、求めるべき場合の数は
$$3p \times 3^n = 3(2^{n-1} - 2) + 3q(n)$$
$$= \begin{cases} 3 \cdot 2^{n-1} - 3 & (\boldsymbol{n} \text{ が奇数のとき}) \\ 3 \cdot 2^{n-1} - 6 & (\boldsymbol{n} \text{ が偶数のとき}) \end{cases}$$
である。■

最後は漸化式をたてるタイプの問題です。前回おなじ問題をみましたが、せっかくですから、確率を介して考えてみるとどうなるかをみてみましょう。

問題　n 桁の正の整数で、どの隣り合う桁の数字も異なるものの総数を a_n とし、そのうち、末尾が 0 であるものの総数を b_n とする。
(1) a_n を求めよ。
(2) b_n を求めよ。

解　(1) 0〜9 の数字を n 個、無作為に並べて数をつくる。このとき、作り方は全部で 10^n 通りあり、それらは等確率に出現するので、このようにして作られた数が、条件を満たすような n 桁の数となるような確率 p の 10^n 倍が求めるべき場合の数であり、
$$p = \frac{9}{10} \times \left(\frac{9}{10}\right)^{n-1}$$
であるから、
$$a_n = 9 \times 9^{n-1} = \boldsymbol{9^n}$$

(2) 0〜9 の数を、
- はじめの一つは 1〜9 であり、
- 隣り合う数は異なる数字である

という条件を満たすように、無作為に並べる。そのような並べ方は a_n 通りであり、それらは等確率に起こる。従って、この状況の下で、n 個目の数字が 0 であるような確率 p_n を求めれば、$b_n = p_n a_n$ である。

n 個目の数字が 0 となるのは、

　　$n-1$ 個目が 0 でなく、n 個目が 0 である

ときのみであるから、
$$p_n = \frac{1}{9} \times (1 - p_{n-1})$$
$$\iff p_n = -\frac{1}{9} p_{n-1} + \frac{1}{9}$$
$$\iff p_n - \frac{1}{10} = -\frac{1}{9}\left(p_{n-1} - \frac{1}{10}\right)$$

$p_1 = 0$ であるから、
$$p_n - \frac{1}{10} = \left(-\frac{1}{9}\right)^{n-1} \times \left(-\frac{1}{10}\right)$$

ゆえに、$p_n = \frac{1}{10} - \frac{1}{10}\left(-\frac{1}{9}\right)^{n-1}$ であるから、
$$b_n = \frac{\boldsymbol{9^n - 9(-1)^{n-1}}}{\boldsymbol{10}} \qquad ■$$

机上の空論で考えるのではなく、実際に想像してみる、想像する。これができることが、場合の数に強くあるための必要条件です。

第1章 場合の数

◆3 毛色の変わった経路の問題

数AB 問題編

チェック！

難易度 ★★

問題 1-3.1

8×6の正方格子状の道があり，最も離れた2つの地点をA, Bとする．

AからBまでの最短経路のうち，（最初と最後を除いて）曲がる回数が奇数回であるようなものの総数 S を求めよ．

チェック！

難易度 ★★★

問題 1-3.2

m, n を正の整数とする．$m\times n$ の正方格子状の道があり，最も離れた2つの地点をA, Bとする．

図の様に，各所に，右上に進める抜け道が合計 $m\times n$ 個あり，AからBへと，抜け道を複数回（0回でもよい）通ることを許して，遠回りせずに進む経路の総数を $S_{m,n}$ とする．

(1) $S_{3,3}$ を求めよ．
(2) $T=S_{14,1}+S_{13,2}+S_{12,3}+S_{11,4}+S_{10,5}+S_{9,6}+S_{8,7}$ を求めよ．

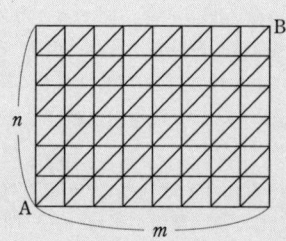

チェック！

難易度 ★★

問題 1-3.3

9×5の正方格子状の道があり，最も離れた2つの地点をA, Bとする．AからBまでの経路のうち，下向きには進まず，かつ，一度通った道は通らないように進むものを考える．
（図に，そのような経路の一例が示してある．）
(1) そのような経路は全部で何通りあるか．
(2) AからBまで，16区画で進む経路は全部で何通りあるか．

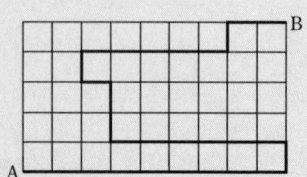

◇3 毛色の変わった経路の問題

チェック！

難易度
★★

問題 1-3.4
$n \times n$ の正方格子状の道があり，最も離れた2点を A, B とする．
ただし，n は正の整数である．
（1） A から B までの最短経路の総数 S_n を求めよ．
（2） $T_n = \sum_{k=0}^{n} (_nC_k)^2$ を求めよ．
（3） $0 \leq i < j \leq n$ を満たす全ての整数の組 (i, j) について，積 $_nC_i \times _nC_j$ をつくりそれらを足し合わせて得られる和
$U_n = \sum_{0 \leq i < j \leq n} (_nC_i \times _nC_j)$ を n の式で表わせ．

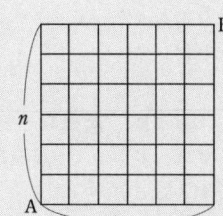

チェック！

難易度
★★★

問題 1-3.5
図の様に，合同な正三角形が n 個連なることでつくられる経路があり，そのもっとも離れた2頂点を A, B とする（右端の三角形の向きは，n が奇数のときには △，偶数のときには ▽ となる）．

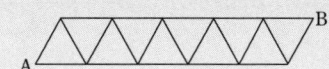

A から B まで，右向き（真右か，あるいは右上の向きか，右下の向き）にだけ進むことでたどる経路の総数を a_n とするとき，次の問いに答えよ．
（1） a_5 を求めよ．
（2） $a_{2n+1} = a_n^2 + a_{n-1}^2$ $(n \geq 2)$ を示せ．
（3） $a_n^2 + a_{n-1}^2 = \sum_{k=0}^{n+1} {}_{2n+2-k}C_k$ $(n \geq 2)$ を示せ．

第1章 場合の数

◇3 毛色の変わった経路の問題   数AB 解説編

　本稿では、テーマを「格子状の道の経路の数」にしぼって、大切な考え方を整理してゆきたいと思います。たまにはよいかと思って、タイトルもこじゃれたものにしてみました。

§1 基本は、素朴な「あの問題」

　まずは、多くの人が経験したことがあるであろう、次の問題からです。

> **問題** 右図の様な、6×4の正方格子状の道があり、最も離れた2つの地点をA、Bとする。AからBまでの最短経路の総数Sを求めよ。

　直接数えるならば、Aから各頂点までの最短経路の数を、分かるところから順に書き込んでゆくのが早いでしょう。

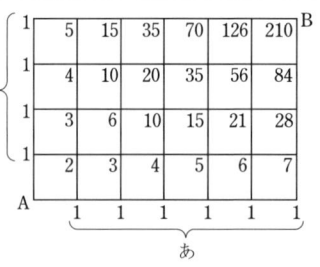

「あ」の部分まではすぐに記入することができ、それ以外の頂点までの経路の数は、真下の点までの経路の数と、真左の点までの経路の数の和が分かれば、自動的に分かりますから、まさに「左下からじわりじわりと」、Bを含めた各頂点までの経路の総数が求まり、$S=210$ と分かります。

　一方で、工夫して数え上げるなら、「対応付け」の考え方を用いることになります。AからBに最短で進むときは、必ず横（＝右）に6回、縦（＝上）に4回進むことになりますが、逆に、Aから横に6回、縦に4回適当に進めば、必ず格子道を通ってAからBに（最短で）たどり着けることになります。つまり、

> AからBへの最短経路は、「横」6個、「縦」4個の順列と対応している

と分かります。
（例えば、右の経路は、
「横縦横縦縦横横横縦横」
なる順列に対応します。）

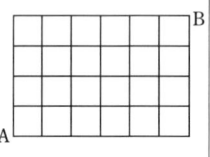

　従って、最短経路の総数は、
「横」6個、「縦」4個を一列に並べて得られる順列の総数と等しく、

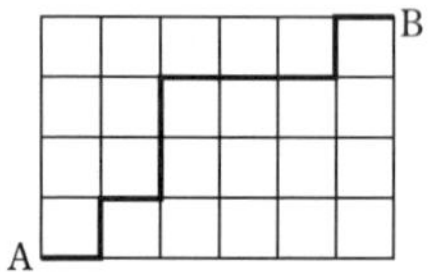

$$S = {}_{10}C_4 = \frac{10\cdot 9\cdot 8\cdot 7}{4\cdot 3\cdot 2\cdot 1} = 210$$

と（少しかっこよく）求めることができます。

　よくみる問題な分、ありがたみが薄いのですが、この問題には、場合の数の問題で必要な、
・地道に効率よく数え上げる
・対応付けをうまく考えて処理する
といった要素が含まれています。

　この問題を出発点として、場合の数で必要な、さまざまな考え方をみてゆくこととします。

　さっそく参りましょう。

> **問題** 1-3.1 8×6の正方格子状の道があり、最も離れた2つの地点をA、Bとする。
> 　AからBまでの最短経路のうち、（最初と最後を除いて）曲がる回数が奇数回であるようなものの総数Sを求めよ。
>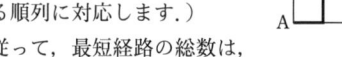

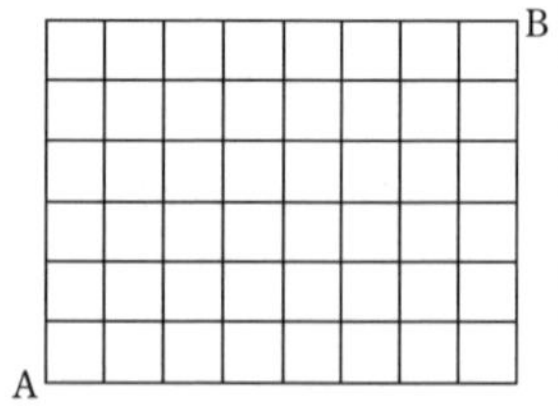

　「曲がる回数が奇数回」をどう取り扱うか、が問題ですが、考え方一つで、きれいに求めることができます。少し考えてから、読み進めて下さい。

解 はじめに右に進んでスタートするとき，曲がるのが奇数回目には上に，偶数回目には右に進むことになるので，最後は上向きにゴールすることになる．はじめに上に進んでスタートするときは，奇数回目には右に，偶数回目には上に進むことになるので，最後は右向きにゴールすることになる．

つまり，はじめに右に進むときは，必ず右図の点Cから点Dまでを最短経路で進むことになり，はじめに上に進むときは，右図の点Eから点Fまでを最短経路で進むことになる．

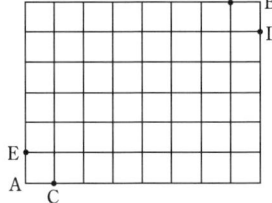

A→C, D→B と進む方法，A→E, F→B と進む方法はいずれも 1 通りであるから，求めるべき最短経路の総数は，CからDまでの最短経路の総数 X と，EからFまでの最短経路の総数 Y の合計である．

X は，7個の「横」と，5個の「縦」の順列の総数で求まり，$X={}_{12}C_5=792$，Y も同様に 792 であるので，合計 $792+792=\mathbf{1584}$ 通りが答えとわかる．🈡

数え上げを容易にするために，「つまりはどういうことか」を見極めることも大切です．この問題の場合は，「奇数回曲がる」ことをうまく読み替えるところに大きなポイントがあったわけです．

2題ほど，テンポ良く問題を考えてゆくことで，「どう解釈すればよいのか」を考える訓練をしてみましょう．

問題 1-3.2 m, n を正の整数とする．$m \times n$ の正方格子状の道があり，最も離れた 2 つの地点を A, B とする．

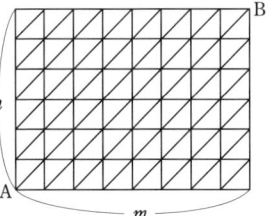

図の様に，各所に，右上に進める抜け道が合計 $m \times n$ 個あり，AからBへと，抜け道を複数回（0回でもよい）通ることを許して，遠回りせずに進む経路の総数を $S_{m,n}$ とする．

(1) $S_{3,3}$ を求めよ．

(2) $T=S_{14,1}+S_{13,2}+S_{12,3}+S_{11,4}+S_{10,5}+S_{9,6}+S_{8,7}$ を求めよ．

---

(1) は，直接経路を書き込んで数えられそうですが，(2) の方は，それだとちょっぴり大変そうです．

直接数え上げが大変→漸化式の考察

が効果を発揮します．さらに一工夫をかませて，労力を減らすことができれば最高です．

解 (1) Aから各点までの経路の数を，各点までの経路は，真下，真左，および左下の点までの経路の数の和であることに注意して右図の様に書き込んでゆくことで，$S_{3,3}=\mathbf{63}$ とわかる．

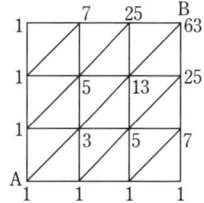

(2) $a_k=S_{k,0}+S_{k-1,1}+S_{k-2,2}+\cdots+S_{0,k}$ とおく．ただし，$S_{k,0}=S_{0,k}=1$ とし，k は非負整数で考えるものとする．$k\geq 2$ のときは，$S_{k,0}=S_{k-1,0}\,(=1)$ であり，一般に $S_{m,n}=S_{m-1,n}+S_{m,n-1}+S_{m-1,n-1}$ であるから，

$$a_k=S_{k-1,0}+S_{k-2,1}+S_{k-1,0}+S_{k-2,0}$$
$$+S_{k-3,2}+S_{k-2,1}+S_{k-3,1}$$
$$+S_{k-4,3}+S_{k-3,2}+S_{k-4,2}$$
$$+\cdots\cdots\cdots\cdots\cdots$$
$$+S_{0,k-1}+S_{1,k-2}+S_{0,k-2}$$
$$+S_{0,k-1}$$
$$=a_{k-1}+a_{k-1}+a_{k-2}$$

つまり，$a_k=2a_{k-1}+a_{k-2}$ である．
$a_0=1$, $a_1=S_{1,0}+S_{0,1}=1+1=2$ から，順に $a_2, a_3, \ldots$ を計算すると，

n	0	1	2	3	4	5	6	7	8
a_n	1	2	5	12	29	70	169	408	985

で，
$a_{15}=2a_{14}+a_{13}=5a_{13}+2a_{12}=12a_{12}+5a_{11}=29a_{11}+12a_{10}$
$=70a_{10}+29a_9=169a_9+70a_8=408a_8+169a_7$
だから，$a_{15}=408\times 985+169\times 408=470832$
$S_{15,0}=S_{0,15}=1$, $S_{15-l,l}=S_{l,15-l}$ より，$a_{15}=1+1+2T$ だから，$T=\dfrac{470832-2}{2}=\mathbf{235415}$ とわかる．🈡

では，次です．

問題 1-3.3 9×5 の正方格子状の道があり，最も離れた 2 つの地点を A, B とする．AからBまでの経路のうち，下向きには進まず，かつ，一度通った道は通ら

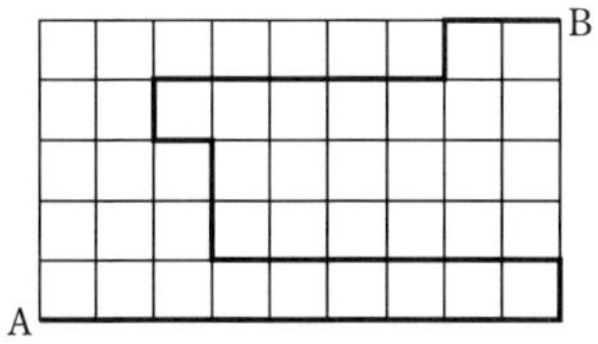

ないように進むものを考える．（図に，そのような経路の一例が示してある．）
（1） そのような経路は全部で何通りあるか．
（2） AからBまで，16区画で進む経路は全部で何通りあるか．

下に進んではいけない，というだけの条件ですから，ある程度の「遠回り」は許されることになります．でも，どのように遠回りをしても，変わらないものがあります．それは，なんでしょうか．

解（1） 上向きに進む回数は5回であり，同じ段以外のどの5箇所で上に進むと決めても，条件を満たすAからBまでの経路が決まるので，各段で，どこで上向きに進むかを決める方法 10^5 通りと，題意の経路一つ一つが1対1に対応する（下図も参照のこと）．

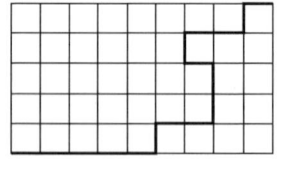

従って，経路の総数は $10^5=$ **100000** 通り．
（2） 最短でAからBまでゆくときは，14区画で進むので，2区画分だけ遠回りをする経路の数を求めればよい．下には進めないので，遠回りするのは左右方向のみであり，遠回りしない経路の場合は，右向きにしか進まないので，遠回りするには，左向きに1回進めばよい．左向きに進む直前と直後は，右向きにも左向きにも進めないから，上向きに進むことになる．

従って，題意の経路は，
「上」3つ，「右」10個，「上左上」1個，の並べ方に対応させることができるが，「上左上」の手前と先には，「右」が少なくとも一つなければ，道を外れる経路に対応することになる．

まとめると，題意の経路は
「上」3つ，「右」10個，「上左上」1個の順列のうち，「上左上」の左側，右側に「右」が1つ以上あるようなものと1対1に対応する．
（例えば，右の経路は
「右，右，右，右，右，
上，右，右，上，上左上，
右，右，上，右」なる順列と対応する．）

「上」をX，それ以外を○で表わすことにすれば，求めるべき経路の総数は，X3つ，○11個を並べる方法 $_{14}C_3$ に，どの○を「上左上」にするかの9通りをかけた，$_{14}C_3 \times 9 =$ **3276** 通りとわかる． **終**

§2 応用は，二通りに考えるということ

さて，このような経路の問題には，もう一つ「持っておくべき見方」があります．それは，

複数の視点で，場合の数を立式することができる

というものです．
まずは，具体例を見てみましょう．

問題 1-3.4 $n \times n$ の正方格子状の道があり，最も離れた2点をA，Bとする．ただし，n は正の整数である．
（1） AからBまでの最短経路の総数 S_n を求めよ．
（2） $T_n = \sum_{k=0}^{n} ({}_nC_k)^2$ を求めよ．
（3） $0 \leq i < j \leq n$ を満たす全ての整数の組 (i, j) について，積 ${}_nC_i \times {}_nC_j$ をつくりそれらを足し合わせて得られる和 $U_n = \sum_{0 \leq i < j \leq n} ({}_nC_i \times {}_nC_j)$ を n の式で表わせ．

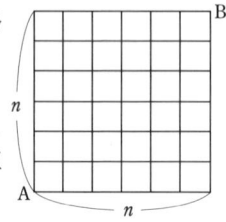

問題の並びをみてもわかるように，この問題では，経路はむしろ「かざり」（というかヒント）にすぎず，本題は，和を求めるところにありますが，どういうことでしょうか．

まず，（1）はここまででも繰り返しやりましたから，答えは「上 n 個，右 n 個の順列の総数」で，${}_{2n}C_n$ 通りとすぐに分かります．問題は，その次です．

AからBにいたる経路に，右図の様に「関所」のような線を入れてみましょう．関所，と表現したのは，Aから最短で進むとき，
・必ずこの線を一度横切り，
・二回以上線に触れることはない
というイメージによりますが，このことからから，S_n とは，

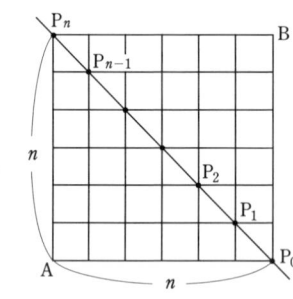

　（点 P_0 を通って，最短でA→Bと進む方法）
　+（点 P_1 を通って，最短でA→Bと進む方法）
　+（点 P_2 を通って，最短でA→Bと進む方法）
　+　　　………
　+（点 P_n を通って，最短でA→Bと進む方法）

でも与えられると分かります．

点Aから点P_kまでの行き方は，「上k個，右$n-k$個」の順列の総数で${}_nC_k$通り，点P_kから点Bまでの行き方は，「上$n-k$個，右k個」の順列の総数で${}_nC_{n-k}$通りですが，${}_nC_k={}_nC_{n-k}$なので，結局

（点P_kを通って，最短でA→Bと進む方法）
$={}_nC_k\times{}_nC_{n-k}=({}_nC_k)^2$

となりますから，$S_n=\sum_{k=0}^{n}({}_nC_k)^2=T_n$で，先の結果から$T_n={}_{2n}C_n$と分かります．

このように，何かの経路を考えるということは，それを複数の視点で数え上げることによって，何がしかの関係式を得る，ということにも通じさせることができるのです．それはそれで一つの有効手段であり，今回の問題の場合なら，和U_nも「おまけの副産物」として
$T_n+2U_n=({}_nC_0+{}_nC_1+\cdots+{}_nC_n)^2=((1+1)^n)^2=4^n$
から，$U_n=\dfrac{4^n-{}_{2n}C_n}{2}$と，さくっと求めることができるのです．

「複数の視点からの立式」という考え方そのものは，経路の問題に限らず有効な手段なのですが，今回は「経路しばり」ですから，あくまでも経路の問題で，練習をしてもらいましょう．最後ですから少し重めにしてあります．

問題 1-3.5 図の様に，合同な正三角形がn個連なることでつくられる経路があり，そのもっとも離れた2頂点をA，Bとする（右端の三角形の向きは，nが奇数のときには△，偶数のときには▽となる）．

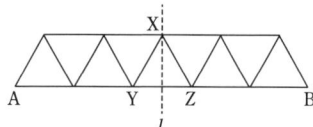

AからBまで，右向き（真右か，あるいは右上の向きか，右下の向き）にだけ進むことでたどる経路の総数をa_nとするとき，次の問いに答えよ．
（1）a_5を求めよ．
（2）$a_{2n+1}=a_n^2+a_{n-1}^2$ $(n\geq 2)$ を示せ．
（3）$a_n^2+a_{n-1}^2=\sum_{k=0}^{n+1}{}_{2n+2-k}C_k$ $(n\geq 2)$ を示せ．

（1）は順々に経路を書き込んでゆけば解決しますが，その過程で「フィボナッチの香り」を感じることができるでしょう．ですが，その香りにとらわれると，かえって難しくなってしまいます．

色香に惑わされてはいけないのは，社会生活においてのみならず，数学においても同様です．

解　（1）右の様に経路を順に書き込んでゆくことで，$a_5=13$とわかる．

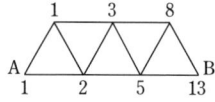

（2）$2n+1$（$=$奇数）個の正三角形は，線対称に配置されるので，その対称線をlとし，lで切断される正三角形の頂点を図の様にX，Y，Zとおく．

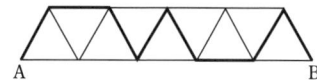

AからBまでの経路のうち，Xを通るものの総数は，
（AからXまでの経路の数）×（XからBまでの経路の数）
で得られ，各々の経路の数はa_n通りであるから，この場合の数はa_n^2である．

一方，Xを通らずにAからBまで進むのは，
（A→Y）→（Yから直接Zへ）→（Z→B）
と進むときで，AからYまでの経路の数も，ZからBまでの経路の数も，どちらもa_{n-1}通りあるから，AからBまでの経路のうち，Xを通らないものの総数はa_{n-1}^2通りである．

ゆえに，$a_{2n+1}=a_n^2+a_{n-1}^2$が示された．　■

（3）正三角形の一辺の長さを2と考えると，右上，あるいは右下に進む場合は右向きに1だけ，真右に進む場合は右向きに2だけ進むことになる．右上，あるいは右下に進むことを「1」，真右に進むことを「2」に対応させれば，$2n+1$個の正三角形の一つの経路に対して，和が$2n+2$となるような，1，2からなる順列とが対応する．例えば，$n=4$の場合は，横幅が$2n+2=10$で，

の経路は「1，2，1，1，1，2，1，1」なる，和が10である順列と対応する．

すると，経路の総数a_{2n+1}は，和が$2n+2$となるような，1，2から作られる順列（長さはいくつでもよい）の総数であり，このような順列のうち，「2」がk個用いられるものは，k個の「2」と，$2n+2-2k$個の「1」を並べて得られる順列の総数，即ち${}_{2n+2-k}C_k$通りある．

2は，0個ないし$n+1$個用いることができるので，
$$a_{2n+1}=\sum_{k=0}^{n+1}{}_{2n+2-k}C_k$$

従って，（2）より$a_n^2+a_{n-1}^2=\sum_{k=0}^{n+1}{}_{2n+2-k}C_k$とわかる．　■

一口に「経路」といっても，いろいろなものや考え方があるものですね．

第1章 場合の数

◇4 「置き換え」にこだわってみる

数AB 問題編

難易度 ★

問題 1-4.1

$$0 \leq x \leq 6, \quad 0 \leq y \leq 6, \quad 0 \leq z \leq 6 \quad \cdots\cdots ①$$
$$x+y+z=12 \quad \cdots\cdots ②$$

を満たす整数 x, y, z の組 (x, y, z) の総数を求めよ.

難易度 ★★★

問題 1-4.2

3個の赤玉と n 個の白玉を無作為に環状に並べるものとする.このとき白玉が連続して $k+1$ 個以上並んだ箇所が現れない確率を求めよ.ただし,$\dfrac{n}{3} \leq k \leq \dfrac{n}{2}$ とする.

難易度 ★★

問題 1-4.3

n を正の整数とする.

$$x+y+z=4n \quad \cdots\cdots ①$$
$$0 \leq x \leq 3n, \quad 0 \leq y \leq 3n, \quad 0 \leq z \leq 3n \quad \cdots\cdots ②$$

を満たす整数の組 (x, y, z) の個数を求めよ.

◇4 「置き換え」にこだわってみる

難易度 ★★

問題 1-4.4

n を正の整数とする．連立不等式
$$\begin{cases} x+y+z \leqq n & \cdots\cdots① \\ -x+y-z \leqq n & \cdots\cdots② \\ x-y-z \leqq n & \cdots\cdots③ \\ -x-y+z \leqq n & \cdots\cdots④ \end{cases}$$
をみたす xyz 空間の点 $\mathrm{P}(x, y, z)$ で，x, y, z がすべて整数であるものの個数を $f(n)$ とおく．$f(n)$ を求めよ．

難易度 ★★

問題 1-4.5

n を非負整数とする．
$x+y+z \leqq n$ の非負整数解 (x, y, z) の個数を求めよ．

◇4 「置き換え」にこだわってみる 数AB 解説編

「置き換え」という行為自体は皆さんにとって身近な存在のものです．置換積分なども広い意味では「置き換え」ですし，例えば「$\sin^2 x - \sin x - 1 = 0$ の $0 \leq x < 2\pi$ での解の個数は？」といった問題に対して，「$t = \sin x$ と置いて考える」というのも立派な「置き換え」です．

今回は，置き換えによって「$x+y+z=n$ の整数解の個数」に帰着する，という問題にテーマをしぼって，さらに極端なまでに置き換えにこだわって，その妙味を見てゆくことにします．基本題からくみたててゆきますから，皆さんも「基本にさかのぼって，自力で解法を構築できる」ようにがんばってください．では，出発です．

基本1　n を非負整数とする．$x+y+z=n$ の非負整数解 (x, y, z) の個数を求めよ．

これはすでにやりましたね．簡単に確認しておくと，「X, Y, Z の3文字から，重複を許して n 個を選ぶ方法が ${}_3H_n$ 通りで，X, Y, Z をそれぞれ x, y, z 個ずつ選ぶと考えれば，この方法が $x+y+z=n$ の非負整数解と1対1に対応するから」
という理由で，${}_3H_n = {}_{n+2}C_n = {}_{n+2}C_2 = \dfrac{(n+2)(n+1)}{2}$
と計算できたのでした．

この**基本1**をふまえて，次の問題を考えよ，といわれたら，あなたはどうしますか？

基本2　n を3以上の整数とする．$x+y+z=n \cdots$ ① の正整数解 (x, y, z) の個数を求めよ．

わざわざ①の正整数解に対応するような○や棒の並び替えを考える必要はなく，次のように処理すればおしまいでしょう．

解　$x-1=x'$, $y-1=y'$, $z-1=z'$ とおく．すると，x', y', z' は非負整数で，
$$x+y+z=n \iff x'+y'+z'=n-3 \quad \cdots ②$$

$n-3$ は非負整数であるから，②の非負整数解 (x', y', z') の総数は**基本1**より ${}_3H_{n-3}$ で，②の非負整数解と①の正整数解は1対1に対応するから，求めるべき解の個数は ${}_3H_{n-3} = \dfrac{(n-1)(n-2)}{2}$ である．　■

では，同じノリで次の問題を考えてみてください．

基本3（問題 1-4.1）
$$0 \leq x \leq 6,\ 0 \leq y \leq 6,\ 0 \leq z \leq 6 \quad \cdots ①$$
$$x+y+z=12 \quad \cdots ②$$
を満たす整数 x, y, z の組 (x, y, z) の総数を求めよ．

①の制約をどうするか，がカギとなるわけですが…「$0 \leq$」の部分は，**基本1**に帰着するためには必要なものですが，もしもなければどうなるか？を考えてみます．即ち，①が「$x \leq 6, y \leq 6, z \leq 6$」という条件にかわるとどうなるかを考えてみます．もしも $x=-1$ なら，②は $y+z=13$ となりますが，そのような y, z は「$y \leq 6, z \leq 6$」のもとでは存在しません．ということは，「$0 \leq$」の部分は「無くても全く問題ない」とわかります．これに気付いた上で，「**基本1**への帰着」を意識すると，次のようにまとめることが出来ます．

解　$6-x=X$, $6-y=Y$, $6-z=Z$ とおくと，②は
$(6-X)+(6-Y)+(6-Z)=12 \iff X+Y+Z=6 \cdots ③$
と変形でき，①を X, Y, Z の条件に直すと
$$0 \leq X \leq 6,\ 0 \leq Y \leq 6,\ 0 \leq Z \leq 6$$
であるが，X, Y, Z が0以上でかつ③を満たすとき，X, Y, Z は自動的に6以下となるので，①かつ②を X, Y, Z の条件で表現すれば，$X, Y, Z \geq 0$ かつ $X+Y+Z=6 \cdots ④$
④の整数解と「①かつ②」の整数解は1対1に対応し，④の整数解の個数は**基本1**より ${}_3H_6={}_8C_6=28$ だから，これが答．　■

基本1はともかくとして，その応用としての**基本2**,

28

基本3を身につけておくことが有効です．基本2は「平行移動」の置き換え手法，基本3は「非負化」の置き換え手法のお手本ですから（かつ，文字数が増えても通用する手法であったりもする）．ここまでをしっかりおさえておくと，次からのような実践的な問題も，そう苦労することなく手をつけることができるようになります．

> **問題** **1-4.2** 3個の赤玉とn個の白玉を無作為に環状に並べるものとする．このとき白玉が連続して$k+1$個以上並んだ箇所が現れない確率を求めよ．ただし，$\frac{n}{3} \leq k \leq \frac{n}{2}$とする．

赤玉と赤玉の間にある白玉の個数をx, y, zとおくと，「x, y, zが$\underline{x \leq k,\ y \leq k,\ z \leq k}$を満たす確率は？」となり，下線部のところに基本3の匂いをプンプン感じます．

まずは，その匂いを具現化するために，次のように状況を設定して考えることにしましょう．

解 あらかじめ1つ赤玉をおき，残った$n+2$箇所に2つの赤玉とn個の白玉を無作為に置くと考えてよい．赤同士の間隔の長さを図のようにx, y, zとおくと，赤玉，白玉の並べ方と$x+y+z=n$の非負

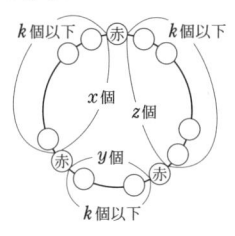

整数解(x, y, z)とは1対1に対応し，それぞれの並べ方は等確率に起こりうるので，考えるべきは
$$x+y+z=n \quad \cdots\cdots\cdots ①$$
$$0 \leq x \leq k,\ 0 \leq y \leq k,\ 0 \leq z \leq k \quad \cdots\cdots ②$$
を満たす整数の組(x, y, z)の個数である．（これが求まれば，個数の比で題意の確率が求められる．）【つづく】

基本3でみた形は，一般化するならば
$$x+y+z=2n$$
$$0 \leq x \leq n,\ 0 \leq y \leq n,\ 0 \leq z \leq n$$
の整数解の個数であって，「①かつ②」の整数解ではありませんが，具体例で考えてみると「同じ」であることがわかります．

$x+y+z=12$, $0 \leq x \leq 5$, $0 \leq y \leq 5$, $0 \leq z \leq 5$ の整数解の個数は？ の例で確かめてみましょう．

基本3と同じ要領で$X=5-x$などと置き換えを行うと，考えるべきは
$$(5-X)+(5-Y)+(5-Z)=12 \Longleftrightarrow X+Y+Z=3$$
$$0 \leq X \leq 5,\ 0 \leq Y \leq 5,\ 0 \leq Z \leq 5$$
の整数解の個数となりますが，「≤ 5」の部分は余分な条件にすぎませんから，結局，基本3よりもある意味簡単になってしまいます（この場合，求めるべき解の個数は，$X+Y+Z=3$の非負整数解に等しく，${}_3H_3 = {}_5C_2 = 10$となります）．即ち，「和がn, 各々が$l\left(\leq \frac{n}{2}\right)$以下（☞注）」なる制約のタイプの非負整数解の個数は，実は基本3と同じ形式で解決してしまうことが「経験を通した実験」で分かってしまうので，次のように解を進めることになります．

> ➡ **注** m変数の場合は，「和がn, 各々が$l\left(\leq \frac{n}{m-1}\right)$以下」で通用します．

解【つづき】$k-x=X$, $k-y=Y$, $k-z=Z$とおくと，
$$①は X+Y+Z = 3k-n \quad \cdots\cdots\cdots ③$$
$$②は 0 \leq X \leq k,\ 0 \leq Y \leq k,\ 0 \leq Z \leq k \quad \cdots\cdots ④$$
なる条件に置き換えられ，③かつ④を満たす整数の組(X, Y, Z)と①かつ②を満たす整数の組(x, y, z)は1対1に対応する．ここに$\frac{n}{3} \leq k$より，③の右辺$3k-n$は非負整数と分かり，$k \leq \frac{n}{2}$より，
$$3k-n = k+(2k-n) \leq k$$
がわかるので，③かつ④を満たす整数の組(X, Y, Z)とは，すなわち③の非負整数解に他ならないとわかる（すなわち，③かつ④の条件が$X+Y+Z=20$かつ$0 \leq X \leq 17$, $0 \leq Y \leq 17$, $0 \leq Z \leq 17$のようにはなっていないということがわかる）．

この非負整数解の個数は，基本1より
$$\begin{aligned}{}_3H_{3k-n} &= {}_{3k-n+2}C_{3k-n} \\ &= {}_{3k-n+2}C_2 = \frac{(3k-n+2)(3k-n+1)}{2}\end{aligned}$$
とわかる．$x+y+z=n$の非負整数解の個数は${}_3H_n = {}_{n+2}C_n = {}_{n+2}C_2 = \frac{(n+2)(n+1)}{2}$であるから，求めるべき確率は$\dfrac{(3k-n+2)(3k-n+1)}{(n+2)(n+1)}$ **終**

「和がn, 各々が$l\left(\leq \frac{n}{2}\right)$以下」なる制約のタイプの非負整数解の個数が基本3と同形式である様子をみると，「ではlが$\frac{n}{2}$より大の場合は？」をついつい考えたくなりますね．そこで登場するのが次の問題です．

> **問題** **1-4.3** nを正の整数とする．
> $$x+y+z = 4n \quad \cdots\cdots\cdots ①$$
> $$0 \leq x \leq 3n,\ 0 \leq y \leq 3n,\ 0 \leq z \leq 3n \quad \cdots\cdots ②$$
> を満たす整数の組(x, y, z)の個数を求めよ．

先ほどと同じような方針をとっても破綻します．大雑

把に破綻の様子を探りましょう．

$3n-x=X$ などと置き換えをします．このとき，①，②を X, Y, Z についての条件で表すと，

$$X+Y+Z=5n, \quad 0\leq X\leq 3n, \quad 0\leq Y\leq 3n, \quad 0\leq Z\leq 3n$$

となり，単に $X+Y+Z=5n$ の非負整数解を数えるだけでは，$(X, Y, Z)=(4n, n-1, 1)$ といった「条件を満たさない」ものまで含んでしまうことになり，さて，困ったなぁ，ということになってしまうわけです．

元の問題のままで考え直しましょう．うまくゆかないのは，x, y, z の大きさの制約が和 $4n$ の半分以下ではないからですが，そもそも，x, y, z のうち，$4n$ の半分の $2n$ を超えるものは高々1つしかありません．実は，この一点に気がつけば，予備知識を活かして解決可能です．

解 x, y, z のうち，2つ以上が $2n$ を超えれば，和は $4n$ を超えるので，$x+y+z=4n$ を満たす非負整数 x, y, z のうち，$2n$ よりも大のものは高々1つである．

条件を満たす x, y, z のうち，$x>2n$ であるものを考える．$x=2n+l$ ($1\leq l\leq n$) とすると，y, z の満たすべき条件は

$$y+z=2n-l, \quad 0\leq y\leq 3n, \quad 0\leq z\leq 3n$$

である．これを満たす整数の組 (y, z) の個数は，$2n-l\leq 3n$ より，$y+z=2n-l$ の非負整数解の個数に等しく，${}_2H_{2n-l}={}_{2n-l+1}C_{2n-l}=2n-l+1$ である．

従って，①かつ②を満たす整数の組 (x, y, z) のうち，$x>2n$ のものは $\sum_{l=1}^{n}(2n-l+1)=\dfrac{(3n+1)n}{2}$ 個あるとわかり，同様にして，$y>2n$ のもの，$z>2n$ のものもそれぞれ $\dfrac{(3n+1)n}{2}$ 個あるとわかる．あとは，x, y, z のいずれもが $2n$ 以下のものの個数を数えればよいが，それは基本3と同じように考えれば $X+Y+Z=2n$ の非負整数解の個数として数えられるので，個数は

$${}_3H_{2n}={}_{2n+2}C_{2n}={}_{2n+2}C_2=(n+1)(2n+1)$$

従って，求めるべき (x, y, z) の組数は

$$\dfrac{3(3n+1)n}{2}+(n+1)(2n+1)=\dfrac{13n^2+9n+2}{2} \quad \blacksquare$$

⇨注 条件をみたさないものを考えてもよく，$x+y+z=4n$ の非負整数解のうち，$3n$ よりも大のものを含むものを除くと考えれば，立式は

$${}_3H_{4n}-3\times\sum_{l=1}^{n}(n-l+1)$$ となります．

この考え方を用いれば，問題1で k の範囲が $\dfrac{n}{2}<k\leq n$ の場合でも普通に計算が可能となり，結果は

$$1-\dfrac{3(n-k+1)(n-k)}{(n+2)(n+1)}$$ となるとわかります．

⇨注 問題1において，$k<\dfrac{n}{3}$ のときは当然確率は 0 となります．

なれてきたところで，次の問題はどうでしょうか？

問題 1-4.4 n を正の整数とする．連立不等式
$$\begin{cases} x+y+z\leq n & \cdots\cdots\text{①} \\ -x+y-z\leq n & \cdots\cdots\text{②} \\ x-y-z\leq n & \cdots\cdots\text{③} \\ -x-y+z\leq n & \cdots\cdots\text{④} \end{cases}$$
をみたす xyz 空間の点 $P(x, y, z)$ で，x, y, z がすべて整数であるものの個数を $f(n)$ とおく．$f(n)$ を求めよ．

昔の東大の問題を改題したものです．さまざまな攻め方が可能で，おそらく出題意図も「空間内の格子点かぞえ」なのでしょうが，ここでは，この問題を整数解の個数の問題ととらえて攻めてみることにします．

まず，条件①～④が x, y, z について対等な条件であることを見抜きましょう．この一点に，「基本問題に帰着できる可能性」を見出せれば，実験＋思考（試行）の価値ありとみるべきです．

同値性など考えずに，必要条件だけで x, y, z のとりうる値の範囲を考えてみると，例えば①+②から $2y\leq 2n \Longleftrightarrow y\leq n$ がわかるので，x, y, z はいずれも n 以下，がわかります．また，例えば②+③から $-2z\leq 2n \Longleftrightarrow z\geq -n$ がわかるので，x, y, z はいずれも $-n$ 以上，がわかります．基本問題がいずれも「非負整数解」をテーマにしていたことを考えると，着目すべきは「いずれも n 以下」よりも「いずれも $-n$ 以上」です．そこで，まず次のような置き換えをしてみる価値がでてきます．

解 $x+n=a$, $y+n=b$, $z+n=c$ とおく．このとき，①～④を a, b, c の条件で表すと，

$$\begin{align} a+b+c &\leq 4n & \cdots\cdots\text{⑤} \\ -a+b-c &\leq 0 & \cdots\cdots\text{⑥} \\ a-b-c &\leq 0 & \cdots\cdots\text{⑦} \\ -a-b+c &\leq 0 & \cdots\cdots\text{⑧} \end{align}$$

であり，⑤～⑧を満たす整数の組 (a, b, c) と①～④を満たす整数の組 (x, y, z) の組は1対1に対応する．

【つづく】

さて，どうしようかと悩むのは⑤の式でしょう．というのは，「$a+b+c=4n$」のタイプなら慣れがあるものの，そうではないからです．しかし，「?」な部分のみを取り出して考えてみると，話はそう大げさではないことがわかります．

基本 4（**問題** 1-4.5）n を非負整数とする．
$x+y+z \leq n$ の非負整数解 (x, y, z) の個数を求めよ．

なら，$x+y+z=k$（$0 \leq k \leq n$）の非負整数解の個数 ${}_3H_k = \dfrac{(k+2)(k+1)}{2}$ を足し合わせて，

$$\sum_{k=0}^{n} \dfrac{(k+2)(k+1)}{2}$$
$$= \sum_{k=0}^{n} \left\{ \dfrac{(k+3)(k+2)(k+1)}{6} - \dfrac{(k+2)(k+1)k}{6} \right\}$$
$$= \dfrac{(n+3)(n+2)(n+1)}{6}$$

と求めてしまえばよいからです．

⇨注：$w = n - (x+y+z)$ とおくと，w は非負整数なので，$x+y+z+w = n$ の非負整数解の個数に帰着することもできます．

このことを踏まえると，解は次のようにつづけるのが自然でしょう．

解【つづき】 ⑤〜⑧を満たす整数 a, b, c のうち，$a+b+c=k$（$k \leq 4n$）を満たすものを考えると，$a+b+c=k$ のもとで⑥〜⑧は

⑥ $\iff 2b \leq k \iff b \leq \dfrac{k}{2}$， ⑦ $\iff 2a \leq k \iff a \leq \dfrac{k}{2}$，

⑧ $\iff 2c \leq k \iff c \leq \dfrac{k}{2}$

となるので，ガウス記号 $[\ ]$（実数 x に対して，x を超えない最大の整数を $[x]$ で表す）を用いて表現すれば，考えるべきは

$$a \leq \left[\dfrac{k}{2}\right],\ b \leq \left[\dfrac{k}{2}\right],\ c \leq \left[\dfrac{k}{2}\right],\ a+b+c=k \quad \cdots\cdots ⑨$$

を満たす整数の組 (a, b, c) の個数である．【つづく】

だいぶ，「見慣れた形」に変わってきました．そうです，**基本 3** の形です．a, b, c が非負であることは，「思考」時にみていたことですが，**基本 3** において，「$0 \leq$」は無くても問題ないものであったので，ほうっておくことにして先を急ぎましょう．

解【つづき】 $\left[\dfrac{k}{2}\right]-a=A$，$\left[\dfrac{k}{2}\right]-b=B$，$\left[\dfrac{k}{2}\right]-c=C$ とおき，⑨を整数 A, B, C の条件に直すと，$A \geq 0$，$B \geq 0$，$C \geq 0$，$A+B+C = 3\left[\dfrac{k}{2}\right]-k$ $\cdots$⑩

である．⑩の整数解の個数は，$3\left[\dfrac{k}{2}\right]-k=K$ として

$K < 0$ のとき $\cdots$ 0 個

$K \geq 0$ のとき $\cdots {}_3H_K = {}_{K+2}C_K = {}_{K+2}C_2 = \dfrac{(K+2)(K+1)}{2}$ 個

であるから，K の符号について考えると，

$k \leq -1$ のとき $\cdots K \leq 3 \cdot \dfrac{k}{2} - k = \dfrac{k}{2} < 0$

$k \geq 3$ のとき $\cdots K \geq 3 \cdot \dfrac{k-1}{2} - k = \dfrac{k-3}{2} \geq 0$

で，$k = 0, 1, 2$ のときは順に $K = 0, -1, 1$ となる．

$K = 0$ のとき，$\dfrac{(K+2)(K+1)}{2} = 1$ であること，および $k \leq 4n$ に注意すれば，結局もとの整数解の個数は

$$f(n) = 1 + \sum_{k=2}^{4n} \dfrac{(K+2)(K+1)}{2}$$
$$= 1 + \dfrac{1}{2} \sum_{k=2}^{4n} \left(3\left[\dfrac{k}{2}\right]-k+2\right)\left(3\left[\dfrac{k}{2}\right]-k+1\right)$$
$$= \dfrac{1}{2} \sum_{k=0}^{4n} \left(3\left[\dfrac{k}{2}\right]-k+2\right)\left(3\left[\dfrac{k}{2}\right]-k+1\right)$$

とわかる．【つづく】

K の符号を考えざるを得ない，というところで「a, b, c は非負のはず」という考察が活きて，$k = 0$ 付近での場合わけが自然に出てきました．$k = 1$ のときに K が負となるという思わぬ落とし穴があるものの，たいしたことはありません．

ここまでくれば，あとは和を計算するだけですね．

解【つづき】 k が偶数 $2m$ のときは，
$$\left(3\left[\dfrac{k}{2}\right]-k+2\right)\left(3\left[\dfrac{k}{2}\right]-k+1\right)$$
$$= (3m-2m+2)(3m-2m+1)$$
$$= (m+2)(m+1)$$

k が奇数 $2m+1$ のときは，
$$\left(3\left[\dfrac{k}{2}\right]-k+2\right)\left(3\left[\dfrac{k}{2}\right]-k+1\right)$$
$$= (3m-2m-1+2)(3m-2m-1+1)$$
$$= (m+1)m$$

なので，
$$f(n) = \dfrac{1}{2} \sum_{m=0}^{2n}(m+2)(m+1) + \dfrac{1}{2} \sum_{m=0}^{2n-1}(m+1)m$$
$$= \dfrac{1}{2} \sum_{m=1}^{2n+1}(m+1)m + \dfrac{1}{2} \sum_{m=0}^{2n-1}(m+1)m$$
$$= \sum_{m=1}^{2n-1}(m+1)m + \dfrac{1}{2}\{(2n+1)2n + (2n+2)(2n+1)\}$$
$$= \dfrac{(2n-1)2n(4n-1)}{6} + \dfrac{2n(2n-1)}{2} + (2n+1)^2$$
$$= \cdots = \dfrac{(2n+1)(4n^2+4n+3)}{3} \qquad \blacksquare$$

むろん，この問題をただ解くだけなら，他にもいろいろ，よりスマートな方針も立てられますが，「基本問題＋基本的な置き換え」だけで進められてしまうところに「ふふふっ」と笑みをこぼしそうになりませんか？

第 2 章　確率

◆1　岡目八目な確率

数 AB
問題編

チェック！

難易度
★

問題 2-1.1
　赤玉 3 つ，白玉 3 つ，黒玉 4 つの合計 10 個を箱にいれ，よくかき混ぜてから 4 つを取り出し，それを捨てる．その後，もしも箱の中に赤玉が残っていれば，それを全て取り出して捨てる．残った玉の中から 1 つを取り出すとき，それが白玉である確率を求めよ．

チェック！

難易度
★

問題 2-1.2
　赤ぶどうジュースの缶が 6 本，白ぶどうジュースの缶が 4 本入った箱がある．まず 2 本を取り出し，飲み干してから，もう 2 本を取り出す．その 2 本が赤と白の組である確率 p を求めよ．

チェック！

難易度
★

問題 2-1.3
　n は正の整数とする．太郎と次郎のいるクラスは $3n$ 人から構成されている．担任の先生が，クラス全員を n 人ずつの 3 つのグループに無作為に分けるとき，太郎と次郎が同じグループに属する確率 p_n を求めよ．

チェック！

難易度
★

問題 2-1.4
　立方体の 8 頂点のうち，3 頂点を無作為に選び，黒で塗る．このとき，黒の頂点をその両端とするような（立方体の）辺が存在しない確率 p を求めよ．

◇1 岡目八目な確率

問題 2-1.5
難易度 ★★

3人がそれぞれ青い旗と白い旗を持っている．3人はいっせいに青か白のどちらかの旗をあげ，本数の多い方の色を「勝ち」とする．例えば，白い旗が3本あがれば，白が「勝ち」となる．この試行を2回行う．ただし，1回目の試行においては，3人は無作為に青か白の旗をあげ，2回目の試行においては，各人は独立に確率 p（$0 \leq p \leq 1$）であげる旗を変えるものとする．

（1）1回目と2回目で，勝ちの色が異なる確率 $f(p)$ を p の式で表せ．

（2）1回目と2回目で，勝ちの色が異なる確率が $\dfrac{1}{2}$ となるような p の値を全て求めよ．

問題 2-1.6
難易度 ★★★

白のカードと黒のカードが3枚ずつあり，はじめ，これらは「白黒白黒白黒」の順で横一列に並んでいる．「6枚のうちの2枚を無作為に選び，その2枚のカードを入れ換える」という操作を n 回（$n=1, 2, 3, \cdots$）繰り返したのちに，一番左と一番右のカードがともに黒となる確率を p_n とする．

p_n を求めよ．

問題 2-1.7
難易度 ★★★

表が白，裏が黒のカードが3枚あり，はじめは3枚とも表向きに横一列に並べられている．3枚のカードのうちの1枚を無作為に選んでひっくり返す，という操作を n 回（$n=1, 2, 3, \cdots$）行ったのちに，カードの並びが「白白白」または「白黒白」となる確率 p_n を求めよ．

第2章 確率

◇1 岡目八目な確率

数AB
解説編

目の付け所次第で，ことの難しさが大きく変わってくることは良くあります．例えば，次の問題などはその典型例でしょう．

問題
　サイコロを3回振る．出た目の和が6の倍数となる確率を求めよ．

「たかが3回じゃないか」と計算に走ると，けっこう面倒なことになります．目の出方の組合せに応じて，それぞれが起こる確率は右表のようになり，この一つ一つを正確に計算しなければなりません．

目の組	確率
1, 1, 4	$\frac{1}{72}$
1, 2, 3	$\frac{1}{36}$
2, 2, 2	$\frac{1}{216}$
1, 5, 6	$\frac{1}{36}$
2, 4, 6	$\frac{1}{36}$
2, 5, 5	$\frac{1}{72}$
3, 3, 6	$\frac{1}{72}$
3, 4, 5	$\frac{1}{36}$
4, 4, 4	$\frac{1}{216}$
6, 6, 6	$\frac{1}{216}$

一方で，「3回」にとらわれず，「6の倍数」に着目して考えれば，話は非常に簡単です．はじめの2回の目の和を6で割った余りをiとすれば，3回目に$6-i$の目が出れば和は6の倍数で，そうでなければ和は6の倍数となりませんから，iの値によらず，確率$\frac{1}{6}$で和は6の倍数となると分かります．

確率の問題の場合，このように「何に着目すればよいのか」をきちんと整理することが非常に重要です．うまく解けることにも，誤答を避けることにも通じます．

さまざまな問題を通して，「カギとなるのはなにか」を見抜く力をつけていただきましょう．今回は演習主体で進めてゆき，要所要所で「ちょっとしたこと」に触れてゆく，といった構成で参りたいと思います．

§1 問題文に惑わされずに

先ほどの問題では，「3回」という情報には惑わされず，「出た目の和を6で割った余りは，いついかなる場合も0から5のいずれかである」というところに着眼点を置くことが有効でした．つまり，
　ありえる状態：出た目の和を6で割った余りが0～5
　ダミーな情報：「3回」
というように整理することが有効となったわけです．

問題文に惑わされない姿勢作り，は確率を学ぶ上での基本中の基本．まずは基本習得からです．

問題 2-1.1
　赤玉3つ，白玉3つ，黒玉4つの合計10個を箱にいれ，よくかき混ぜてから4つを取り出し，それを捨てる．その後，もしも箱の中に赤玉が残っていれば，それを全て取り出して捨てる．残った玉の中から1つを取り出すとき，それが白玉である確率を求めよ．

はじめに取り出される4つの玉の色の組み合わせは13通りもありますから（すぐに計算できますか？），ありうる状態を全て挙げて，確率を計算するのは面倒ですし，間違いもおきやすいでしょう．しかし，さまざまな状況があることに惑わされてはいけません．からくりは，ぜんぜん別のところにあります．

解　最後に取り出される可能性のある玉は，3つの白玉と4つの黒玉で，これら7個の取り出され方は対等である．従って，求めるべき確率は$\frac{3}{7}$とわかる．　終

　⇨注　はじめの4つの玉の色の組み合わせは，$_3H_4$から「全て赤」「全て白」の2通りを除いた$_6C_4-2$で計算できます．

「4つ取り出して捨てる」や，「残った赤を全て捨てる」はまやかしの情報であり，カギとなるのは「赤は，最後に取り出される玉には決してならない」ということだったわけです．

次の一題も，問題文に惑わされずに，さらりといきたい一題です．3分で解決できますか？

問題 2-1.2
　赤ぶどうジュースの缶が6本，白ぶどうジュース

の缶が4本入った箱がある．まず2本を取り出し，飲み干してから，もう2本を取り出す．その2本が赤と白の組である確率pを求めよ．

「飲み干す」の一節に気を回す必要はありません．それどころか…

解 はじめの2本とあとの2本は対等であるから，はじめの2本が赤と白の組になる確率を求めればよい．

（赤→白の順で取り出す）：$\dfrac{6}{10} \times \dfrac{4}{9} = \dfrac{4}{15}$

（白→赤の順で取り出す）：$\dfrac{4}{10} \times \dfrac{6}{9} = \dfrac{4}{15}$

であるから，$p = \dfrac{4}{15} + \dfrac{4}{15} = \dfrac{8}{15}$　終

いわゆる「くじ引きの対等性」です．くじ引きとは，「引く順番によって有利不利の生じないもの」ですから，はじめに引く人も最後に引く人もあたりやすさは同じです．この問題の場合だと，はじめに取り出す缶が赤である確率も，4本目に取り出す缶が赤である確率も，のどの渇きに任せて9本飲んでしまったときに，最後に残る1本が赤である確率も，みな同じく $\dfrac{6}{10}$ となります．

似たような問題を立て続けに考えてもらいましょう．感覚を養ってください．

問題 2-1.3

n は正の整数とする．太郎と次郎のいるクラスは $3n$ 人から構成されている．担任の先生が，クラス全員を n 人ずつの3つのグループに無作為に分けるとき，太郎と次郎が同じグループに属する確率 p_n を求めよ．

グループ分けの問題ですが，「グループの分け方は何通りか」のようなところに目を向けてはいけません．というより，目を向けるメリットはありません．

解

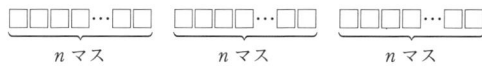

のような，$n \times 3$ マスを用意し，ここに「無作為に」クラス全員の名札を並べることでグループわけをすると考える．まず太郎の名札を，どこかのマスにおき，次に次郎の名札をどこかのマスにおく．このとき，次郎の名札の置き場所の候補 $3n-1$ マスのうち，太郎と同じグループとなるマスは $n-1$ マスであるから，求めるべき確率は $p_n = \dfrac{n-1}{3n-1}$ である．　終

まず，太郎と次郎の2人がどのグループに属するかを考える，というのは「無作為」には反しません．例えば，「①～④の4枚のカードをA，B，C，Dの4人に1枚ずつ，無作為に配る」という行為において，A→B→C→Dの順に配ろうとも，A→C→D→Bの順に配ろうとも問題はなく，また，①のカードを抜き出し，AからDの誰かに無作為に配り，次に②のカードを抜き出し，まだカードを受け取っていない3人の中の一人に無作為に配り，…としても，やはり作業全体としては「無作為」となります．つまり，「作為的な行為があっても，全体として無作為」であればよいわけです．

問題 2-1.4

立方体の8頂点のうち，3頂点を無作為に選び，黒で塗る．このとき，黒の頂点をその両端とするような（立方体の）辺が存在しない確率 p を求めよ．

塗り方が何通りあるか，にとらわれてはいけません．まして，「回転して同じになるものは1通りとみなす」などと条件をつけて場合の数を求めても，起こりやすさが等しいかどうかが保証されませんから，確率を考える上では無力です．

解 まず，一つの頂点を黒で塗り，それをAとする．残りの7頂点のうち，Aととなりあわない頂点は4つであるが，図のBを黒で塗る場合は，3つ目の頂点のどこを黒で塗っても，黒の頂点を両端とする辺ができてしまうので塗ってはいけない．従って，2つ目の頂点を無作為に選ぶとき，図の P_1，P_2，P_3 のいずれかを選ばねばならず，そのような確率は $\dfrac{3}{7}$ である．これが実現できたとき，立方体を適当に回転させれば右図のような配置にできる．黒で塗られていない6頂点のうち，黒で塗ってもよい頂点は○のついた2点で，これらが塗られる確率は $\dfrac{2}{6}$ で

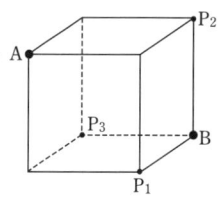

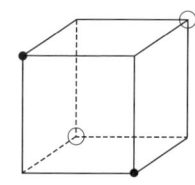

あるから，求めるべき確率は $p = \dfrac{3}{7} \times \dfrac{2}{6} = \dfrac{1}{7}$　終

問題 2-1.5

3人がそれぞれ青い旗と白い旗を持っている．3人はいっせいに青か白のどちらかの旗をあげ，本数の多い方の色を「勝ち」とする．例えば，白い旗が3本あがれば，白が「勝ち」となる．この試行を2回行う．ただし，1回目の試行においては，3人は無作為に青か白の旗をあげ，2回目の試行においては，各人は独立に確率 p（$0 \leq p \leq 1$）であげる旗を変えるものとする．

（1）1回目と2回目で，勝ちの色が異なる確率 $f(p)$ を p の式で表せ．

（2）1回目と2回目で，勝ちの色が異なる確率が $\dfrac{1}{2}$ となるような p の値を全て求めよ．

1回目に青が勝ちになるか，白が勝ちになるかはどうでもよいことです．問題となるのは，「どのような勝ち方をしたのか」のほうです．

解 （1）1回目の試行で，片方の色が3本あがったとする．このとき，2回目の試行で勝ちの色が変わるのは，色をA，Bで表して，

- (A, A, A)→(A, B, B) のように，2人のみが色を変える
- (A, A, A)→(B, B, B) と，3人全員が色を変える

のどちらかのときで，それぞれが起こる確率は $_3C_2 \times p^2(1-p) = 3p^2 - 3p^3$ と p^3 であるから，勝ちの色が変わる確率は $3p^2 - 3p^3 + p^3 = -2p^3 + 3p^2$ である．

1回目の試行で，片方の色が2本，もう片方の色が1本あがったとする．このとき，2回目の試行で勝ちの色が変わるのは，やはり色をA，Bで表せば，(A, A, B) が (A, B̲, B) と変わるか，(B̲, A, B) と変わるか，(B̲, B̲, A̲) と変わるか，(B̲, B̲, B) と変わるか，のいずれかのとき（下線で，旗の色が変化したことを表わしている）．それぞれの確率は順に $p(1-p)^2$，$p(1-p)^2$，p^3，$p^2(1-p)$ であるので，勝ちの色が変わる確率は

$$2p(1-p)^2 + p^3 + p^2(1-p) = 2p^3 - 3p^2 + 2p$$

である．

1回目の試行で，片方の色が3本あがる確率は（2^3 通りの旗のあげ方のうち，3本が同じ色になるあげ方は2通りであるから）$\dfrac{1}{4}$ なので，求めるべき確率は

$$f(p) = \dfrac{1}{4}(-2p^3 + 3p^2) + \left(1 - \dfrac{1}{4}\right)(2p^3 - 3p^2 + 2p)$$

$$= p^3 - \dfrac{3}{2}p^2 + \dfrac{3}{2}p$$

（2）$f(p) = \dfrac{1}{2} \iff 2p^3 - 3p^2 + 3p - 1 = 0$

$\iff (2p-1)(p^2 - p + 1) = 0$

で，$p^2 - p + 1 = \left(p - \dfrac{1}{2}\right)^2 + \dfrac{3}{4} > 0$ であるから，$f(p) = \dfrac{1}{2}$ となる p の値は $p = \dfrac{1}{2}$ のみとわかる．■

各人が1回目と2回目で自由に旗をあげるとき，青，白が勝つ確率は，どちらも $\dfrac{1}{2}$ です．従って，1回目と2回目で勝ちの色が異なる確率は $\dfrac{1}{2}$ となるので，（2）の答えの一つが $p = \dfrac{1}{2}$ となることがわかります．実際に，（2）の結果をみることで，（1）の結果の妥当性をも確認することができました．

§2 ありえる状況を整理する

このような，「表現にまどわされずに，カギの部分をしっかり考える」という行為は，漸化式を立てて考えるような問題においても非常に大切になってきます．

問題 2-1.6

白のカードと黒のカードが3枚ずつあり，はじめ，これらは「白黒白黒白黒」の順で横一列に並んでいる．「6枚のうちの2枚を無作為に選び，その2枚のカードを入れ変える」という操作を n 回（$n=1, 2, 3, \cdots$）繰り返したのちに，一番左と一番右のカードがともに黒となる確率を p_n とする．p_n を求めよ．

もしもあなたが，「つまり p_n について漸化式を立てればいいんでしょ？」と条件反射的に考えたとするなら，それは立派に問題文に惑わされています．

みるべきは両端の2枚のカードの色で，2枚のカードの色は（白, 白），（白, 黒），（黒, 白），（黒, 黒）の4パターンがありますが，スタートが（白, 黒）であるので，（白, 白）と（黒, 黒）の起こりやすさは対等です．

この2つのパターンは，ひとまとめに考えてしまえばよいでしょう．そして，そうすることで非常にすっきりと漸化式を立てることが可能になります．

解 n 回の操作後に，両端が同色である確率を q_n とする．

両端が同色の状態から，1回操作を行って，やはり両端が同色となるのは，例えば

白黒黒白黒白
①②③④⑤⑥

の例だと，交換する2枚の選び方 $_6C_2=15$ 通りのうち
(両端を入れ替える)：1通り
(両端以外を入れ替える)：$_4C_2=6$ 通り
(端と端以外を入れ替える)：①と④，④と⑥，の2通り
であるから，そのような確率は $\dfrac{1+6+2}{15}=\dfrac{3}{5}$

両端が異色の状態から，1回操作を行って，両端が同色となるのは，例えば

　　　白黒黒白白黒
　　　①②③④⑤⑥

の例だと，①と（②，③のどちらか）を入れ替えるか，⑥と（④，⑤のどちらか）を入れ替えるか，のときなので，そのような確率は $\dfrac{4}{15}$ である．

ゆえに，$q_{n+1}=\dfrac{3}{5}q_n+\dfrac{4}{15}(1-q_n)$ …$*$ とわかる．はじめ，両端は異色であったから，$q_0=0$ と考えて q_n を求めると，

$* \iff q_{n+1}-\dfrac{2}{5}=\dfrac{1}{3}\left(q_n-\dfrac{2}{5}\right)$ から

　　$q_n-\dfrac{2}{5}=\left(\dfrac{1}{3}\right)^n\left(q_0-\dfrac{2}{5}\right)$

なので $q_n=\dfrac{2}{5}-\dfrac{2}{5}\left(\dfrac{1}{3}\right)^n$

はじめ，両端は異色であったから，n 回の操作後に両端がともに黒となるのも，両端がともに白となるのも，起こりやすさは対等であるので，

$p_n=\dfrac{1}{2}q_n=\dfrac{1}{5}-\dfrac{1}{5}\left(\dfrac{1}{3}\right)^n$ とわかる． 終

⇨注 白3枚，黒3枚の並べ方 $_6C_3=20$ 通りのうち，両端が黒であるものは4通りですから，この6枚を「無作為に」並べるとき，両端がともに黒である確率は $\dfrac{1}{5}$ です．一方，この問題での操作を十分多く行えば，「よく混ざった」状態になりますから，両端がともに黒である確率は $\dfrac{1}{5}$ に近づきそうです．実際，$\displaystyle\lim_{n\to\infty}p_n=\dfrac{1}{5}$ となっているので，この結果は妥当であると吟味することができます．

では，最後です．表現に惑わされず，ありえる状況を整理して，うまく漸化式を立ててください．

問題 2-1.7
　表が白，裏が黒のカードが3枚あり，はじめは3枚とも表向きに横一列に並べられている．3枚のカードのうちの1枚を無作為に選んでひっくり返す，という操作を n 回（$n=1, 2, 3, \cdots$）行ったのちに，

カードの並びが「白白白」または「白黒白」となる確率 p_n を求めよ．

先ほどの例題での経験が活きてきませんか？ 3枚のカードは対等ですから，「白白黒」となる確率も，「白黒白」，「黒白白」となる確率もどれも同じです．あとは，ちょっとした実験により，「黒のカードの枚数と，操作の回数 n の偶奇は一致する」ことが見抜ければ，しめたものです．

解 n 回の操作後に，3枚のカードが全て同色となっている確率を q_n とする．$n+1$ 回後の操作で，3枚のカードが全て同色となるのは，n 回の操作後に3枚のカードが（同色2枚，異色1枚）となっていて，$n+1$ 回目の操作で，その異色の1枚のカードがひっくり返されるときであるから，$q_{n+1}=\dfrac{1}{3}(1-q_n)$ …① である．はじめ，3枚は同色であったから，$q_0=1$ と考えて q_n を求めると，

① $\iff q_{n+1}-\dfrac{1}{4}=-\dfrac{1}{3}\left(q_n-\dfrac{1}{4}\right)$ から

$q_n-\dfrac{1}{4}=\left(-\dfrac{1}{3}\right)^n\left(q_0-\dfrac{1}{4}\right)$ なので $q_n=\dfrac{1}{4}+\dfrac{3}{4}\left(-\dfrac{1}{3}\right)^n$

である．

さて，はじめカードは3枚とも白であり，カードは2回ひっくり返すと元に戻るので，n 回の操作後の黒のカードの枚数と n の偶奇は一致する．ゆえに，n が偶数のときは「白白白」となる確率が p_n であり，n が奇数のときは「白黒白」となる確率が p_n である．

n が偶数のとき，「黒黒黒」ともならないので，$p_n=q_n$ である．n が奇数のときは，3枚のカードが同色でないのは「白白黒」「白黒白」「黒白白」のいずれかとなるときだが，はじめ，カードはどれも白であったので，3つの並びの起こりやすさは対等である．従って，$p_n=\dfrac{1-q_n}{3}$ である．従って，

n が偶数のとき：$p_n=\dfrac{1}{4}+\dfrac{3}{4}\left(-\dfrac{1}{3}\right)^n=\dfrac{1}{4}+\dfrac{3}{4}\left(\dfrac{1}{3}\right)^n$

n が奇数のとき：$p_n=\dfrac{1}{3}\left\{\dfrac{3}{4}-\dfrac{3}{4}\left(-\dfrac{1}{3}\right)^n\right\}$
　　　　　　　　$=\dfrac{1}{4}+\dfrac{1}{4}\left(\dfrac{1}{3}\right)^n$

とわかる． 終

ぽーん，と出された確率の問題に対しては，でーん，と構えて状況・情報を整理する力が求められます．今回取り上げた問題たちが，そんな力を養う源になってもらえればと思います．

第2章 確率

◆2 細かく分けて考えれば

数AⅡB
問題編

難易度 ★

問題 2-2.1

X君には，彼女にしたい候補の女性が3人いる．そのうちの一人は，X君のことが大好きで，残る二人は，X君のことが嫌いではないことが分かっているが，X君はそのことを知らないものとする．

X君が，候補の女性の中から一人を無作為に選択して告白するとき，その告白がうまくゆく確率 p を求めよ．ただし，好きな相手から告白されても，$\frac{1}{5}$ の確率で拒否をしてしまい，嫌いではない相手から告白をされると，$\frac{1}{4}$ の確率で了承するということが統計学上分かっているものとする．

難易度 ★

問題 2-2.2

表が $\frac{1}{3}$ の確率で出るコインを，繰り返し n 回投げる．表の出た回数が奇数回である確率 p_n を求めよ．

◇2 細かく分けて考えれば

2-2

難易度 ★★★

問題 2-2.3

4人でじゃんけんをし，一人ないし二人の勝者を決める．すなわち，くりかえしじゃんけんをし，一度負けた人は次の回以降参加しないことにし，じゃんけんに参加する人が二人以下になった瞬間，勝者が決定することとする．

例えば，はじめのじゃんけんで「二人がパー，二人がグー」を出せば，一度目のじゃんけんで二人の勝者が決定することになり，また，はじめのじゃんけんで「三人がパー，一人がグー」をだすなら，次以降は三人でのじゃんけんとなり，次に「二人がパー，一人がチョキ」を出せば，二度目のじゃんけんで一人の勝者が決まる．

(1) 一度目のじゃんけんで勝者が決定する確率 p_1 を求めよ．
(2) 一度目のじゃんけんであいこになる確率を求めよ．
(3) n 度目のじゃんけんで勝者が決定する確率 p_n を求めよ．

難易度 ★★★

問題 2-2.4

n を3以上の整数とする．A, B, C の3氏は，1から n までの数がひとつずつ書かれた，n 枚1組のカードを一組ずつ持っている．

A氏は，n 枚のカードの中から異なる2枚を無作為に選び，その2枚のカードに書かれている数の，より大きい方の数を紙に書く．

B氏は，n 枚のカードの中からまず1枚を無作為に選び，書かれている数を記憶してからそのカードを戻し，再度 n 枚のカードの中から1枚を無作為に選び，そのカードに書かれている数と，記憶していた数の，より大きい方（等しい場合はその数自身）を紙に書く．

C氏は，n 枚のカードの中から異なる3枚を無作為に選び，その中で一番小さい数の書かれたカードを捨て，残った二枚の中から無作為に一枚を選び，そのカードに書かれた数を紙に書く．

この3氏が，「紙を同時に開き，大きい方の数を書いていた人が勝ち（等しい場合は引き分け）」というゲームを行うとき，以下の問いに答えよ．

(1) AとBが対戦する場合，どちらのほうが勝つ確率が大きいか．
(2) AとCが対戦する場合，どちらのほうが勝つ確率が大きいか．

第2章　確率

◇2 細かく分けて考えれば

数AⅡB
解説編

本稿では，「細かく分ける」をテーマに，確率の問題をみてゆきます．やさしいところから応用までを，一気にみてゆきましょう．

では，参ります．

§1 細かく状況を分けるということ

日本語（のみならず，他の言語でも同様ですが）というのは厄介なもので，さまざまな状況が考えられる事柄であれ，一口に表現することが可能なものになっています．例えば，「ふられた」という一言にせよ，そのパターンは無数にありえます．
・もともと脈がなかった
・相手にパートナーがいた
・いい感じだったが，醜態をさらしてしまった
など，など．

確率の問題の場合でも，このように，さまざまな可能性があるにもかかわらず，一口に表現されてしまうことが時に厄介になることがあります．

まずは，次の問題からです．難しくはないですが，少し考えてみてください．

問題 2-2.1 X君には，彼女にしたい候補の女性が3人いる．そのうちの一人は，X君のことが大好きで，残る二人は，X君のことが嫌いではないことが分かっているが，X君はそのことを知らないものとする．

X君が，候補の女性の中から一人を無作為に選択して告白するとき，その告白がうまくゆく確率 p を求めよ．ただし，好きな相手から告白されても，$\frac{1}{5}$ の確率で拒否をしてしまい，嫌いではない相手から告白をされると，$\frac{1}{4}$ の確率で了承するということが統計学上分かっているものとする．

難しくはない，といいましたが，正しく解を得られましたか？

解 X君の告白がうまくゆくのは，
（ⅰ）選んだ女性が，X君のことが大好きである女性で，かつ，その女性が告白を了承する

（ⅱ）選んだ女性が，X君のことが嫌いではない女性で，かつ，その女性が告白を了承する
のいずれかのとき．

（ⅰ）となる確率は，X君のことが大好きである女性を選ぶ確率が $\frac{1}{3}$ であり，その女性が告白を了承する確率が $1-\frac{1}{5}=\frac{4}{5}$ であるので，$\frac{1}{3} \times \frac{4}{5}$ である．

（ⅱ）となる確率は，X君のことが嫌いではない女性を選ぶ確率が $\frac{2}{3}$ であり，かつその女性が告白を了承する確率が $\frac{1}{4}$ であることから，$\frac{2}{3} \times \frac{1}{4}$

以上から，$p=\frac{1}{3} \times \frac{4}{5}+\frac{2}{3} \times \frac{1}{4}=\frac{8+5}{30}=\frac{13}{30}$ 答

この問題自体は「やさしい」と感じたことでしょうが，私たちが「さてどうしよう」と頭を悩ます問題たちも，多くはこの例題と同じように，「どんなパターンがありうるんだろう」を考えるところのみがカギとなるものばかりなのです．「厄介」の正体は，たいていはくだらない．

例えば，次の問題も構造自体は告白の問題と同じです．

問題 2-2.2 表が $\frac{1}{3}$ の確率で出るコインを，繰り返し n 回投げる．表の出た回数が奇数回である確率 p_n を求めよ．

「告白がうまくゆくって，どんなケースがありうるんだろう？」と考えるのと同じ要領で，頭を使うことが大切です．p だの n だの，異国のキャラクターに惑わされずに，素朴に考えましょう．

解 表の出た回数が奇数回となるのは，表の出た回数がちょうど1，3，5，7，… 回のときである．

表がちょうど k 回出る（$0 \leq k \leq n$）確率は
${}_nC_k\left(\frac{1}{3}\right)^k\left(\frac{2}{3}\right)^{n-k}$ であるので，

$$p_n={}_nC_1\left(\frac{1}{3}\right)\left(\frac{2}{3}\right)^{n-1}+{}_nC_3\left(\frac{1}{3}\right)^3\left(\frac{2}{3}\right)^{n-3}$$
$$+{}_nC_5\left(\frac{1}{3}\right)^5\left(\frac{2}{3}\right)^{n-5}+\cdots$$

(終わりは，${}_nC_{n-1}\left(\frac{1}{3}\right)^{n-1}\left(\frac{2}{3}\right)$ か ${}_nC_n\left(\frac{1}{3}\right)^n$ のどちらかで，以下に登場する「…」も，終わりは n の偶奇に依存する．）ここに，二項定理から

$$1=\left(\frac{2}{3}+\frac{1}{3}\right)^n$$
$$=\left(\frac{2}{3}\right)^n+{}_nC_1\left(\frac{1}{3}\right)\left(\frac{2}{3}\right)^{n-1}+{}_nC_2\left(\frac{1}{3}\right)^2\left(\frac{2}{3}\right)^{n-2}$$
$$+{}_nC_3\left(\frac{1}{3}\right)^3\left(\frac{2}{3}\right)^{n-3}+{}_nC_4\left(\frac{1}{3}\right)^4\left(\frac{2}{3}\right)^{n-4}+\cdots$$

$$\left(\frac{1}{3}\right)^n=\left(\frac{2}{3}-\frac{1}{3}\right)^n$$
$$=\left(\frac{2}{3}\right)^n-{}_nC_1\left(\frac{1}{3}\right)\left(\frac{2}{3}\right)^{n-1}+{}_nC_2\left(\frac{1}{3}\right)^2\left(\frac{2}{3}\right)^{n-2}$$
$$-{}_nC_3\left(\frac{1}{3}\right)^3\left(\frac{2}{3}\right)^{n-3}+{}_nC_4\left(\frac{1}{3}\right)^4\left(\frac{2}{3}\right)^{n-4}-\cdots$$

であるので，辺々の差をとれば，

$$1-\left(\frac{1}{3}\right)^n=2p_n \quad \text{ゆえに，} \quad p_n=\frac{1}{2}\left\{1-\left(\frac{1}{3}\right)^n\right\}$$ ■

どうですか？ やっていることは，「奇数回って，どんなケースがあるのか？」をまともに考えただけでしょう？

こうして，要求されていることがどれだけ「素朴な」ことなのかを認識することが，問題に取り組む上での落ち着きと正確性を与えてくれるのです．

とはいえ，この問題の場合，以下の様に漸化式を立てて考えた，という人も多かったのではないでしょうか．でも実は，確率の漸化式を立てる際も，本解と同様に，素朴に場合わけをしていることに変わりはありません．その場合わけが，あまりにも「ばかばかしい」ものになっているだけの話なのです．みておきましょう．

別解 繰り返し n 回コインを投げて，表が奇数回でるのは，

（ i ）$n-1$ 回目までで表が奇数回でていて，n 回目には裏が出る

（ii）$n-1$ 回目までで表が偶数回でていて，n 回目には表が出る

のいずれかのとき．

（ i ）の確率は $p_{n-1}\times\left(1-\frac{1}{3}\right)$ であり，（ii）の確率は，$(1-p_{n-1})\times\frac{1}{3}$ であるので，$p_n=\frac{2}{3}p_{n-1}+\frac{1}{3}(1-p_{n-1})$

整理して，$p_n=\frac{1}{3}p_{n-1}+\frac{1}{3}$

これを，$p_n-\frac{1}{2}=\frac{1}{3}\left(p_{n-1}-\frac{1}{2}\right)$ と変形すれば，

$\left\{p_n-\frac{1}{2}\right\}$ は公比 $\frac{1}{3}$ の等比数列とわかり，コインを一度も投げていない状態のとき，表の出た回数は偶数（=0）回なので $p_0=0$ だから，

$$p_n-\frac{1}{2}=\left(\frac{1}{3}\right)^n\left(p_0-\frac{1}{2}\right)=-\frac{1}{2}\left(\frac{1}{3}\right)^n$$

よって，$p_n=\frac{1}{2}-\frac{1}{2}\left(\frac{1}{3}\right)^n$ ■

まともに計算するのも，漸化式を立てるのも，カギになっているのは「くだらないともいえる場合わけ」のみだ，と認識できたでしょうか？

§2 難しく見える問題だって

この構造，すなわち，私たちが全精力をつぎ込むべきは「どんなパターンがありうるのかを懇切丁寧に調べ上げる」ということだ，ということが一度見えたならば，以下にみるような問題の場合であっても，攻め手には困らないことかと思います．では，ここからは演習に参りましょう．

> **問題 2-2.3** 4人でじゃんけんをし，一人ないし二人の勝者を決める．すなわち，くりかえしじゃんけんをし，一度負けた人は次の回以降参加しないことにし，じゃんけんに参加する人が二人以下になった瞬間，勝者が決定することとする．
>
> 例えば，はじめのじゃんけんで「二人がパー，二人がグー」を出せば，一度目のじゃんけんで二人の勝者が決定することになり，また，はじめのじゃんけんで「三人がパー，一人がグー」をだすなら，次以降は三人でのじゃんけんとなり，次に「二人がパー，一人がチョキ」を出せば，二度目のじゃんけんで一人の勝者が決まる．
>
> （1） 一度目のじゃんけんで勝者が決定する確率 p_1 を求めよ．
>
> （2） 一度目のじゃんけんであいこになる確率を求めよ．
>
> （3） n 度目のじゃんけんで勝者が決定する確率 p_n を求めよ．

（3）で要求されるのは，単に「n 度目のじゃんけんで勝者が決定するようなパターンって，どんなパターンがあるか，きちんと考えられますか？」ということのみです．あとは落ち着いて計算を処理すればよろしい．なかなか一発では合せにくいですが，複数の視点で考えることで，結果に確信が持てるまで何度も確認すれば，最終的には正解にたどりつけるでしょう．

解 （1） 一度目のじゃんけんで勝者が決定するのは，

（ⅰ） ある一人のみが勝つ場合
（ⅱ） ある二人のみが勝つ場合
のいずれかのとき．

4人の手の出し方は $3^4=81$ で，このうち，ある一人のみが勝つような手の出し方は（だれが勝つか，どの手で勝つか，で）$4\times 3=12$ 通り，ある二人のみが勝つような手の出し方は（どの二人が勝つか，どの手で勝つか，で）${}_4C_2\times 3=18$ 通りであるから，$p_1=\dfrac{12+18}{81}=\dfrac{\mathbf{10}}{\mathbf{27}}$

（2） 前問において，ある三人のみが勝つような手の出し方は，だれが負けるか，どの手で負けるか，で $4\times 3=12$ 通りあると分かる．あいこにならないのは，一人勝ち，二人勝ち，三人勝ち，のいずれかのときであるから，余事象を考えれば，求めるべき確率は
$$1-p_1-\dfrac{12}{81}=\dfrac{\mathbf{13}}{\mathbf{27}}$$

（3） n 度目のじゃんけんで勝者が決定するのは，
（ⅰ） $n-1$ 回目までずっとあいこで，n 回目で勝者が決まる
（ⅱ） 途中 k 回目で4人から3人となり，n 回目で勝者が決まる
のいずれかのとき．

（ⅰ）の確率は，$\left(\dfrac{13}{27}\right)^{n-1}\times p_1 = \dfrac{10}{27}\left(\dfrac{13}{27}\right)^{n-1}$

（ⅱ）の場合の確率を考える．
一回のじゃんけんで4人から3人になる確率は（2）の過程から $\dfrac{12}{81}=\dfrac{4}{27}$ とわかり，また3人の状態であいこになる確率は，3人の手の出し方 $3^3=27$ 通りのうち，あいこになる手の出し方が（みな同じ手，みな異なる手，の二つの場合の数の和で）$3+3!=9$ 通りであることから，$\dfrac{9}{27}=\dfrac{1}{3}$ であるとわかる．

従って，途中 k 回目で4人から3人となり，n 回目で勝者が決まる確率は
（4人であいこが $k-1$ 回，4人→3人が1回，3人であいこが $n-k-1$ 回，3人→（3人以外）が1回，で）
$\left(\dfrac{13}{27}\right)^{k-1}\times \dfrac{4}{27}\times \left(\dfrac{1}{3}\right)^{n-k-1}\times \dfrac{2}{3}$ とわかるから，（ⅱ）の場合の確率は，これを $k=1\sim n-1$ で和をとって，
$$\sum_{k=1}^{n-1}\left(\dfrac{13}{27}\right)^{k-1}\times \dfrac{4}{27}\times\left(\dfrac{1}{3}\right)^{n-k-1}\times\dfrac{2}{3}$$
$$=\dfrac{8}{81}\cdot\left(\dfrac{1}{3}\right)^{n-2}\sum_{k=1}^{n-1}\left(\dfrac{13}{27}\right)^{k-1}\times\left(\dfrac{1}{3}\right)^{-(k-1)}$$
$$=\dfrac{8}{81}\left(\dfrac{1}{3}\right)^{n-2}\sum_{k=1}^{n-1}\left(\dfrac{13}{9}\right)^{k-1}=8\left(\dfrac{1}{3}\right)^{n+2}\cdot\dfrac{\left(\dfrac{13}{9}\right)^{n-1}-1}{\dfrac{13}{9}-1}$$
$$=2\left(\dfrac{1}{3}\right)^n\left\{\left(\dfrac{13}{9}\right)^{n-1}-1\right\}=\dfrac{2}{3}\left\{\left(\dfrac{13}{27}\right)^{n-1}-\left(\dfrac{1}{3}\right)^{n-1}\right\}$$
（$n=1$ のとき，この式は0となる）

以上から，
$$p_n=\dfrac{10}{27}\left(\dfrac{13}{27}\right)^{n-1}+\dfrac{2}{3}\left(\dfrac{13}{27}\right)^{n-1}-\dfrac{2}{3}\left(\dfrac{1}{3}\right)^{n-1}$$
$$=\dfrac{\mathbf{28}}{\mathbf{27}}\left(\dfrac{\mathbf{13}}{\mathbf{27}}\right)^{n-1}-\dfrac{\mathbf{2}}{\mathbf{3}}\left(\dfrac{\mathbf{1}}{\mathbf{3}}\right)^{n-1}$$ 🈁

n 回後に4人残っている確率は $\left(\dfrac{13}{27}\right)^n$，3人残っている確率は $\sum_{k=1}^{n}\left(\dfrac{13}{27}\right)^{k-1}\times\dfrac{4}{27}\times\left(\dfrac{1}{3}\right)^{n-k}$
$$=\dfrac{4}{27}\left(\dfrac{1}{3}\right)^{n-1}\sum_{k=1}^{n}\left(\dfrac{13}{9}\right)^{k-1}=\dfrac{4}{27}\left(\dfrac{1}{3}\right)^{n-1}\times\dfrac{\left(\dfrac{13}{9}\right)^n-1}{\dfrac{13}{9}-1}$$
$$=\left(\dfrac{1}{3}\right)^n\left\{\left(\dfrac{13}{9}\right)^n-1\right\}=\left(\dfrac{13}{27}\right)^n-\left(\dfrac{1}{3}\right)^n$$
なので，n 回目までに勝者が決定している確率 q_n は
$q_n=1-\left\{2\left(\dfrac{13}{27}\right)^n-\left(\dfrac{1}{3}\right)^n\right\}$ と分かります．よって，
$$p_n=q_n-q_{n-1}=2\left(1-\dfrac{13}{27}\right)\left(\dfrac{13}{27}\right)^{n-1}-\left(1-\dfrac{1}{3}\right)\left(\dfrac{1}{3}\right)^{n-1}$$
$$=\dfrac{28}{27}\left(\dfrac{13}{27}\right)^{n-1}-\dfrac{2}{3}\left(\dfrac{1}{3}\right)^{n-1}$$
このように求めることで，結果の検算をすることも可能です．

では，もうひとつゆきましょう．

問題 2-2.4 n を3以上の整数とする．A，B，Cの3氏は，1から n までの数がひとつずつ書かれた，n 枚1組のカードを一組ずつ持っている．

A氏は，n 枚のカードの中から異なる2枚を無作為に選び，その2枚のカードに書かれている数の，より大きい方の数を紙に書く．

B氏は，n 枚のカードの中からまず1枚を無作為に選び，書かれている数を記憶してからそのカードを戻し，再度 n 枚のカードの中から1枚を無作為に選び，そのカードに書かれている数と，記憶していた数の，より大きい方（等しい場合はその数自身）を紙に書く．

C氏は，n 枚のカードの中から異なる3枚を無作為に選び，その中で一番小さい数の書かれたカードを捨て，残った二枚の中から無作為に一枚を選び，そのカードに書かれた数を紙に書く．

この3氏が，「紙を同時に開き，大きい方の数を書いていた人が勝ち（等しい場合は引き分け）」というゲームを行うとき，以下の問いに答えよ．

（1） AとBが対戦する場合，どちらのほうが勝つ確率が大きいか．

（2） AとCが対戦する場合，どちらのほうが勝つ確率が大きいか．

　具体的に確率を求める必要はありません．直感的に，誰が一番強そうか，分かりますか？　私は，C氏が強いのか弱いのか，さっぱり想像がつきませんでした．

解　紙に書かれている数を，各氏の「点数」と表現することにする．

（1）Aのカードの選び方 ${}_nC_2 = \dfrac{n(n-1)}{2}$ 通りのうち，Aの得点が k となる選び方が $k-1$ 通りあり，Bのカードの選び方 n^2 通りのうち，Bの得点が $k-1$ 点以下となる選び方が $(k-1)^2$ 通りであることから，Aが k 点でBに勝つ確率は，

$$p_k = \underbrace{\dfrac{2(k-1)}{n(n-1)}}_{\text{Aが}k\text{点である確率}a_k} \times \underbrace{\dfrac{(k-1)^2}{n^2}}_{\text{Bが}k-1\text{点以下である確率}b_k'} = \dfrac{2(k-1)^3}{n^3(n-1)}$$

また，Aのカードの選び方 ${}_nC_2 = \dfrac{n(n-1)}{2}$ 通りのうち，Aの得点が $k-1$ 以下となる選び方が ${}_{k-1}C_2$ 通りあり，Bのカードの選び方 n^2 通りのうち，Bの得点が k 点となる選び方が

$$(1, k), (2, k), (3, k), \cdots, (k-1, k), (k, k)$$
$$(k, 1), (k, 2), (k, 3), \cdots, (k, k-1)$$

の $2k-1$ であることから，Bが k 点でAに勝つ確率は

$$q_k = \underbrace{\dfrac{(k-1)(k-2)}{n(n-1)}}_{\text{Aが}k-1\text{点以下である確率}a_k'} \times \underbrace{\dfrac{2k-1}{n^2}}_{\text{Bが}k\text{点である確率}b_k}$$
$$= \dfrac{(k-1)(k-2)(2k-1)}{n^3(n-1)}$$

（これらは，$k=1, 2$ のときも正しい．）

ゆえにAの勝つ確率 $\sum\limits_{k=1}^{n} p_k$ とBの勝つ確率 $\sum\limits_{k=1}^{n} q_k$ の大小は，

$$\sum_{k=1}^{n} p_k - \sum_{k=1}^{n} q_k = \sum_{k=1}^{n}(p_k - q_k)$$
$$= \dfrac{1}{n^3(n-1)} \sum_{k=1}^{n}\{2(k-1)^3 - (k-1)(k-2)(2k-1)\}$$
$$= \dfrac{1}{n^3(n-1)} \sum_{k=1}^{n} k(k-1) > 0$$

（∵ $k(k-1)$ は，$k=1$ のときは 0 で，$k \geq 2$ のときは正）から $\sum\limits_{k=1}^{n} p_k > \sum\limits_{k=1}^{n} q_k$ と分かるので，**Aの勝つ確率の方が大．**

（2）Cのカードの選び方 ${}_nC_3$ 通りのうち，捨てられずに残る2枚のカードの中に「k」が残るような取り出し方は

$$_{k-1}C_2 + (k-1) \times (n-k)$$
$$= \dfrac{k-1}{2}(k-2+2n-2k) = \dfrac{(k-1)(2n-k-2)}{2}$$

通り（3枚が k, $k-1$ 以下，$k-1$ 以下の場合と，k, $k-1$ 以下，$k+1$ 以上の場合で分ける．$k=1, 2, n$ のときも正しい）．

従って，Cの点数が k 点となる確率 c_k は

$$\dfrac{1}{2} \times \dfrac{3!}{n(n-1)(n-2)} \times \dfrac{(k-1)(2n-k-2)}{2}$$
$$= \dfrac{3(k-1)(2n-k-2)}{2n(n-1)(n-2)}$$

で，Cの得点が $k-1$ 点以下となる確率 c_k' は

$$c_k' = \sum_{i=1}^{k-1} \dfrac{3(i-1)(2n-i-2)}{2n(n-1)(n-2)}$$
$$= \dfrac{6n-6}{2n(n-1)(n-2)} \sum_{i=1}^{k-1}(i-1)$$
$$\quad - \dfrac{3}{2n(n-1)(n-2)} \sum_{i=1}^{k-1} i(i-1)$$
$$= \dfrac{3}{n(n-2)} \cdot \dfrac{(k-1)(k-2)}{2}$$
$$\quad - \dfrac{3}{2n(n-1)(n-2)} \sum_{i=1}^{k-1} \dfrac{(i+1)i(i-1) - i(i-1)(i-2)}{3}$$
$$= \dfrac{3(k-1)(k-2)}{2n(n-2)} - \dfrac{k(k-1)(k-2)}{2n(n-1)(n-2)}$$
$$= \dfrac{(3n-3-k)(k-1)(k-2)}{2n(n-1)(n-2)}$$

である．

よって，Aが k 点で勝つ確率 $\sum\limits_{k=1}^{n} a_k c_k'$ と，Cが k 点で勝つ確率 $\sum\limits_{k=1}^{n} a_k' c_k$ の差は

$$\sum_{k=1}^{n}(a_k c_k' - a_k' c_k)$$
$$= \sum_{k=1}^{n}\left\{\dfrac{2(k-1)}{n(n-1)} \cdot \dfrac{(3n-3-k)(k-1)(k-2)}{2n(n-1)(n-2)}\right.$$
$$\quad \left. - \dfrac{(k-1)(k-2)}{n(n-1)} \cdot \dfrac{3(k-1)(2n-k-2)}{2n(n-1)(n-2)}\right\}$$

で，$\{\ \} = \dfrac{k(k-1)^2(k-2)}{2n^2(n-1)^2(n-2)}$ と整理すれば，この値は $k=1, 2$ で 0，$k \geq 3$ で正なので，$\sum\limits_{k=1}^{n} a_k c_k' > \sum\limits_{k=1}^{n} a_k' c_k$

よって，**Aの勝つ確率の方が大．**

ちなみに，BとCの対決では，$n \geq 4$ においてはBの方が有利になりますが，それを得るには，確率の差を計算する必要がでてきますので，余力のある人向けの課題としておきましょう．

参考：BとCの対決において，

（Bの勝つ確率）−（Cの勝つ確率）$= \dfrac{(n+1)(n-3)}{10n^2}$

第 2 章　確率

◆3 何が対等かが問題だ

数 AB
問題編

チェック！

難易度
★

問題 2-3.1

　A〜H の 8 チームが，少し変わったトーナメント戦を戦い，優勝チームを決めることになった．どのチームも力は拮抗しており，2 チームが対戦したときに，どちらのチームも勝つ確率は $\dfrac{1}{2}$ であるとする．

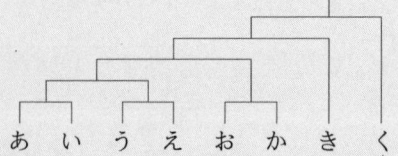

あ　い　う　え　お　か　き　く

あ〜く，のどこにどのチームが入るかは，くじ引きで決めることにする．
(1)　チーム B が決勝戦（最後の 2 チームの戦い）に残る確率 p を求めよ．
(2)　チーム A は「あ」に入ることに決まった．残りのチームがトーナメントのどこに入るかはまだ決まっていない．このとき，チーム B が決勝戦に残る確率 q を求めよ．
(3)　チーム A は「あ」に入ることに決まった．残りのチームがトーナメントのどこに入るかはまだ決まっていない．このとき，チーム A がチーム B に敗れる確率 r を求めよ．

チェック！

難易度
★★

問題 2-3.2

　正 4 面体のサイコロがあり，各面には 1, 2, 3, 4 と書かれている．地面と接している面に書かれている数を「目」と表現する．目が 1 の状態からこのサイコロを無作為に「ころがして」ゆくとき，n 回ころがしたときのサイコロの目が 1 である確率 p_n，2 である確率 q_n を求めよ．ただし，多面体のサイコロを「ころがす」とは，地面と接している辺のうちの任意の一辺を選択し，その辺が動かぬように，かつ「目」が変わるように多面体を動かすことを表わすものとする（この注釈，および「目」の定義は，本稿の他の問題においても同様とする）．

◇3 何が対等かが問題だ

2-3

チェック！

難易度 ★★

問題 2-3.3
　正6面体のサイコロがあり，各面には 1，2，3，4，5，6 と書かれている．目が1の状態からこのサイコロを無作為にころがしてゆくとき，n 回ころがしたときのサイコロの目が1である確率 p_n（$n=0, 1, 2, \cdots$）を求めよ．

チェック！

難易度 ★★

問題 2-3.4
　正8面体のサイコロがあり，各面には 1～8 の整数が一つずつ書かれており，1の向かいの面には 8 が書かれている．目が1の状態から無作為に n 回ころがしてゆくとき，目が1または8である確率を求めよ．

チェック！

難易度 ★★★

問題 2-3.5
　表が白，裏が黒のカードが6枚，全てが表の状態で横一列に並んでいる．
　正6面体のサイコロを振り，出た目を k として，左から k 番目のカードをひっくり返すという操作を繰り返すとき，n 回の操作後にカードの色が「白黒白黒白黒」となる確率 p_n を求めよ．

チェック！

難易度 ★★★

問題 2-3.6
　白の碁石3つと，黒の碁石3つを，横一列に並べる．そして，次の操作を繰り返し行う．
　（操作）正6面体のサイコロを順に2回振り，出た目をそれぞれ k，l とする．$k=l$ の場合は何もせず，$k \neq l$ の場合は左から k 番目と l 番目の碁石の位置を変える．
n 回の操作後，碁石の配列が「白黒白黒白黒」または「黒白黒白黒白」となっている確率 p_n を，次の各々の場合について求めよ．
　（1）　はじめ，白黒3つを無作為に横一列に並べる場合．
　（2）　はじめ，「黒黒黒白白白」に並べる場合．

◇3 何が対等かが問題だ　数AB　解説編

本稿では，確率分野の総合的な実力確認＋養成の意味もこめて，少し重めの問題を扱ってゆくことにします．テーマは「対等性」．もう少し言うなれば，「着目すべき対等性はなにか？」です．

論ずるより問題を見るが早し，さっそく次の問題を考えてみてください．

問題 2-3.1 A〜Hの8チームが，少し変わったトーナメント戦を戦い，優勝チームを決めることになった．どのチームも力は拮抗しており，2チームが対戦したときに，どちらのチームも勝つ確率は $\frac{1}{2}$ であるとする．

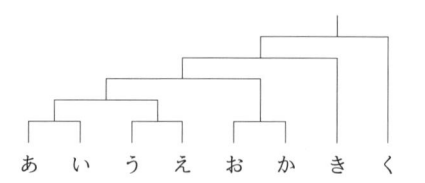

あ　い　う　え　お　か　き　く

あ〜く，のどこにどのチームが入るかは，くじ引きで決めることにする．

(1) チームBが決勝戦（最後の2チームの戦い）に残る確率 p を求めよ．

(2) チームAは「あ」に入ることに決まった．残りのチームがトーナメントのどこに入るかはまだ決まっていない．このとき，チームBが決勝戦に残る確率 q を求めよ．

(3) チームAは「あ」に入ることに決まった．残りのチームがトーナメントのどこに入るかはまだ決まっていない．このとき，チームAがチームBに敗れる確率 r を求めよ．

ありえるパターンを全て考え，それぞれの確率の和を求めてもそんなに大変ではありませんが，「対等なものは何か？」に着目すると，計算自体は暗算レベルです．

解 （1） くじを引く前は，A〜Hの8チームは対等であるので（つまり，どのチームが勝ちやすい，負けやすいはないので），いずれのチームも決勝に残る確率は等しい．決勝に残るチームは8チーム中2チームであるから，チームBが決勝に残る確率は $p = \frac{2}{8} = \frac{1}{4}$

（2） B〜Hの7チームは対等であるから，いずれのチームも決勝に残る確率は等しい．

(ⅰ) チームAが決勝に残る場合：Bが決勝に残るもう1チームである確率は $\frac{1}{7}$

(ⅱ) チームAが決勝に残らない場合：B〜Hのうち，決勝に残るチームは2チームであるから，チームBが決勝に残る確率は $\frac{2}{7}$

チームAが決勝に残るのは，初戦から4連勝する場合であるから，その確率は $\frac{1}{2^4} = \frac{1}{16}$

従って，$q = \frac{1}{16} \times \frac{1}{7} + \frac{15}{16} \times \frac{2}{7} = \frac{31}{112}$

（3） チームAが「敗れる」のは，チームAが優勝しないときで，そのような確率は $1 - \left(\frac{1}{2}\right)^5 = \frac{31}{32}$

チームAに勝つのがB〜Hのいずれになるかは対等であるから，求めるべき確率は $r = \frac{31}{32} \times \frac{1}{7} = \frac{31}{224}$　㊙

この解答だけを見ると「奇抜」なように見えるかもしれませんが，確率を考える上で「対等性」を利用するという行為自体は，実は当たり前のように使っていることです．例えば，誰も次のような問題を「計算で」求めたりはしませんよね．

問題 大，中，小の3つの玉が入った箱から，玉を2つ順に取り出す．2つ目の玉が中の玉である確率は？

問題 10本中3本が「当たり」のくじを，次々と引いてゆく．3人目の人が当たりくじを引く確率は？

一つ目の問題なら，「1つ目も2つ目も対等だから」1つ目が中である確率と同じで $\frac{1}{3}$，二つ目の問題なら，「1人目も3人目も対等だから」1人目が当たりくじを引く確率と同じで $\frac{3}{10}$，とやるのが普通です．「重い問題の思考過程のなかに，この，ある意味ばかばかしい"対等性"を活かして考えやすくしよう」が今回のテーマです．

では，さっそく出発しましょう．ここからが本番！

問題 2-3.2 正4面体のサイコロがあり，各面には 1，2，3，4と書かれている．地面と接している面に書かれている数を「目」と表現する．目が1の状態からこのサイコロを無作為に「ころがして」ゆくとき，n 回ころがしたときのサイコロの目が1である確率 p_n，2である確率 q_n を求めよ．ただし，多面体のサイコロを「ころがす」とは，地面と接している辺のうちの任意の一辺を選択し，その辺が動かぬように，かつ「目」が変わるように多面体を動かすことを表わすものとする（この注釈，および「目」の定義は，本稿の他の問題においても同様とする）．

ころがす，とは，図で描くとこういうことです．

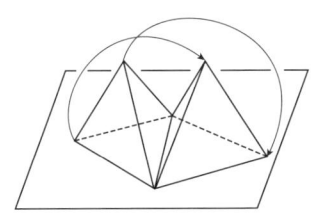

滑らずに指一本で移動させる，とでも言えばよいのでしょうか．

「目が1の状態」からころがすと，必ず目は 2，3，4 となります．つまり，「ころがす」とは「もとの目を，その目以外の3つのいずれかに変える」ということに過ぎませんから，「目が1」を主役に考えると，2，3，4の目は「1以外の目」ということで対等な立場です．もっといえば，「はじめ」は目が1だったので，n 回目の目が2である確率，3である確率，4である確率はみな同じです．ということで，以下のように解答をまとめればよろしい．

解 n 回目に1の目となるのは，$n-1$ 回目に目が1でなく，かつその次に目が1となる場合のみで，「1の目でない」状態から1回ころがすことで1の目となる確率は $\frac{1}{3}$ だから，$p_n = \frac{1}{3}(1-p_{n-1})$

ゆえに $p_n - \frac{1}{4} = -\frac{1}{3}\left(p_{n-1} - \frac{1}{4}\right)$ であるから，$p_0 = 1$ も加味して，$p_n - \frac{1}{4} = \left(-\frac{1}{3}\right)^n\left(p_0 - \frac{1}{4}\right) = \frac{3}{4}\left(-\frac{1}{3}\right)^n$

従って，$p_n = \frac{1}{4} + \frac{3}{4}\left(-\frac{1}{3}\right)^n$ で，2，3，4の目のどの目が出やすいか，については対等なので，2の目が出る確率は $q_n = \frac{1-p_n}{3} = \frac{1}{4} - \frac{1}{4}\left(-\frac{1}{3}\right)^n$ ■

⇨**注** かつて東大でこのような問題が出たときには，「n 回後に2の目，3の目，4の目が出る確率はみな等しいことを数学的帰納法で示せ」という小問がついていました．「出題者側が何を求めているか？」を考えた上で解答するのは試験の鉄則ですが，この問題のような場合，出題者側がもし「対等性の正当性」を聞きたいのなら，それを聞く小問をつけたり，問題文に明言がある，という解釈が妥当でしょう．

え，これぐらい簡単だって？ では「拡張」です．

問題 2-3.3 正6面体のサイコロがあり，各面には 1，2，3，4，5，6と書かれている．目が1の状態からこのサイコロを無作為にころがしてゆくとき，n 回ころがしたときのサイコロの目が1である確率 p_n（$n=0, 1, 2, \cdots$）を求めよ．

1と向かい合う面は6としておきましょう．「対等性」をうまく使えるようにするには一工夫必要です．以下，カギとなること以外は略解形式になります．

解 n 回ころがしたのちに，1でも，その向かい合う面の数6でもない目がでる確率を q_n とおく．まず，$p_0 = 1$ であり，「1回ころがした」状態を考えると，1と6の書かれた面はどちらも正6面体の側面にあるので対等である．

従って，$n \geqq 1$ においては，$p_n = \frac{1-q_n}{2}$ である．

2〜5の目の書かれた面を「黒い面」，それ以外の面を「白い面」と表現すれば，黒い面はいずれも2つの黒い面と2つの白い面と辺を共有しており，白い面と辺を共有する面は全て黒い面であるので，

$$q_{n+1} = \frac{1}{2}q_n + 1 \times (1-q_n)$$

$$\therefore \quad q_{n+1} - \frac{2}{3} = -\frac{1}{2}\left(q_n - \frac{2}{3}\right)$$

$q_1 = 1$ であるから，$q_n = \frac{2}{3} + \frac{1}{3}\left(-\frac{1}{2}\right)^{n-1}$ $(n \geq 1)$

従って，$p_n = \begin{cases} 1 \quad (n=0) \\ \frac{1}{6}\left\{1 - \left(-\frac{1}{2}\right)^{n-1}\right\} \quad (n \geq 1) \end{cases}$ 終

はじめの目が1なので，1と6の目は対等ではありません．しかし，1回ころがすだけで1と6の目は対等になってしまいます．ここがミソなわけ．

⇨ **注** 実戦では，極限が $\frac{1}{6}$ となることを確かめ，「感覚と一致している」喜びを噛みしめるようにしましょう．

ついでに，もう一問．正8面体が「イメージ」できるかの確認もかねてやっておきましょう．

問題 2-3.4 正8面体のサイコロがあり，各面には1〜8の整数が一つずつ書かれており，1の向かいの面には8が書かれている．目が1の状態から無作為に n 回ころがしてゆくとき，目が1または8である確率を求めよ．

正8面体は，正6面体の各面の中心を頂点とする8面体です．このイメージがある方が考えやすいでしょう．

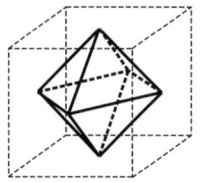

解 n 回ころがした後，目が1または8である状態をA，それ以外の状態をBとすると，状態Aから1回ころがすと必ず状態Bとなり，状態Bからは確率 $\frac{1}{3}$ で状態Aとなるので，n 回ころがした後に状態Aとなっている確率を p_n とおけば，

$$p_{n+1} = 0 \times p_n + \frac{1}{3}(1-p_n)$$

$$\iff p_{n+1} - \frac{1}{4} = -\frac{1}{3}\left(p_n - \frac{1}{4}\right)$$

$p_0 = 1$ であるから，

$$p_n - \frac{1}{4} = \left(-\frac{1}{3}\right)^n \left(1 - \frac{1}{4}\right)$$

$$\therefore \quad \boldsymbol{p_n = \frac{1}{4}\left\{1 + 3\left(-\frac{1}{3}\right)^n\right\}}$$

サイコロを「ころがす」のは飽きましたね．はい，ここで一気に難度があがります．「ひとまとめにできる状態は何か？」に，「対等性」の精神をからませて，次の問題に挑戦してみましょう．

問題 2-3.5 表が白，裏が黒のカードが6枚，全てが表の状態で横一列に並んでいる．

正6面体のサイコロを振り，出た目を k として，左から k 番目のカードをひっくり返すという操作を繰り返すとき，n 回の操作後にカードの色が「白黒白黒白黒」となる確率 p_n を求めよ．

どのカードも「対等」なので，白3枚，黒3枚の配列（「黒黒白白黒白」とか「黒白黒白黒白」とか）は全て対等です（起こりやすさは等しい）．従って，n 回の操作後に白が3枚となっている確率を考えれば十分です．「白黒白黒白黒」には，サイコロを奇数回振った時にしかなり得ないことには30秒で気づいてくださいね．

解 まず，黒の枚数の偶奇と，操作の回数の偶奇は等しいので，$\boldsymbol{n}$ **が偶数のときは** $\boldsymbol{p_n = 0}$ である．

$2k-1$ 回の操作後に，黒の枚数が3枚である確率を q_k とおくと，黒3枚の状態から2回操作を行って黒3枚の状態となるのは，1回目の操作によって4枚になった色のカードのいずれかが2回目の操作にひっくり返されるときで，そのような確率は $\frac{4}{6} = \frac{2}{3}$ である．

黒3枚の状態でないとき，色の枚数は（5枚同色，1枚異色）という内訳になっているので，この状態から2回操作を行って黒3枚，白3枚となる確率は，2回続けて「多いほうの色のカード」がひっくり返される確率，即ち $\frac{5}{6} \times \frac{4}{6} = \frac{5}{9}$ である．

以上の考察から，

$$q_{k+1} = \frac{2}{3}q_k + \frac{5}{9}(1-q_k) \iff q_{k+1} - \frac{5}{8} = \frac{1}{9}\left(q_k - \frac{5}{8}\right)$$

$q_1 = 0$ であるから，

$$q_k - \frac{5}{8} = \left(\frac{1}{9}\right)^{k-1}\left(0 - \frac{5}{8}\right) \quad \therefore \quad q_k = \frac{5}{8}\left\{1 - \left(\frac{1}{9}\right)^{k-1}\right\}$$

6枚のカードは対等であるから，白黒3枚ずつの配列 $_6C_3 = 20$ 通りは対等である．従って，$2k-1$ 回の操作後，そのうちの一つ「白黒白黒白黒」となる確率は

$$\frac{1}{20}q_k = \frac{1}{32}\left\{1 - \left(\frac{1}{9}\right)^{k-1}\right\}$$

である．従って，$\boldsymbol{n}$ **が奇数のときは**，$n = 2k-1$ とおいて

$$p_n = \frac{1}{32}\left\{1 - \left(\frac{1}{9}\right)^{k-1}\right\}$$
$$= \frac{1}{32}\left\{1 - \left(\frac{1}{9}\right)^{\frac{n-1}{2}}\right\} = \frac{1}{32}\left\{1 - \left(\frac{1}{3}\right)^{n-1}\right\}$$

である. 終

「白黒白黒白黒」という配列は，たしかにきれいではあるのですが，単に「黒3つの配列のうちのひとつ」にすぎません．この見方がカギとなるわけです．

では，最後の問題です．

問題 2-3.6 白の碁石3つと，黒の碁石3つを，横一列に並べる．そして，次の操作を繰り返し行う．
（操作）正6面体のサイコロを順に2回振り，出た目をそれぞれ k，l とする．$k = l$ の場合は何もせず，$k \neq l$ の場合は左から k 番目と l 番目の碁石の位置を変える．
n 回の操作後，碁石の配列が「白黒白黒白黒」または「黒白黒白黒白」となっている確率 p_n を，次の各々の場合について求めよ．
（1）はじめ，白黒3つを無作為に横一列に並べる場合．
（2）はじめ，「黒黒黒白白白」に並べる場合．

「白白白黒黒黒」または「黒黒黒白白白」の配列を状態 A，それ以外の配列を状態 B と表現しましょう．カギとなるのは，状態 B の配列（${}_6C_3 - 2 =$）18 パターンは，「ある特定の2つの石の位置を変えれば状態 A にできる」という点で全て対等だということです．

解 （1）黒3つ，白3つを横一列に並べて得られる順列は ${}_6C_3 = 20$ 通りで，はじめの配列は無作為に決められるので，n 回目にどの順列になっているかは対等である（起こりやすさはみな等しい）．従って，n 回の操作後に「白黒白黒白黒」となる確率も「黒白黒白黒白」となる確率もどちらも $\frac{1}{20}$ であるから，
$$p_n = \frac{1}{20} + \frac{1}{20} = \frac{1}{10}$$

（2）左から3個目までにある石がみな同じ色をしている状態を A，そうでない状態を B とする．

状態 A から，1回操作を行うことで状態 A となる確率は，1回目のサイコロの目が1〜3なら2回目のサイコロの目も1〜3，1回目のサイコロの目が4〜6なら2回目のサイコロの目も4〜6となるときで，$\frac{1}{2}$ である．

従って，状態 A から，1回の操作で状態 B になる確率も $\frac{1}{2}$ である．

状態 B のとき，左側3つの石の色は，「同じ色の石が2個，その色と異なる石 X が1個」という状態であり，右側3つの石の色は，「X と同じ色の石が2個，X と違う色の石 Y が1個」という状態であるから，操作によって X と Y が入れ替わる場合のみ状態 A となる．そのような確率は（1回目の目で X, Y のいずれかが指定され，2回目の目でもう片方が指定される確率で）$\frac{2}{6} \times \frac{1}{6} = \frac{1}{18}$ であり，従って，状態 B から，1回の操作で状態 B になる確率は $\frac{17}{18}$ である．

n 回の操作後，状態 B になっている確率を q_n とおくと，以上の考察から
$$q_{n+1} = \frac{1}{2}(1 - q_n) + \frac{17}{18} q_n$$
$$\iff q_{n+1} - \frac{9}{10} = \frac{4}{9}\left(q_n - \frac{9}{10}\right)$$

$q_0 = 0$ であるから，
$$q_n - \frac{9}{10} = \left(\frac{4}{9}\right)^n\left(0 - \frac{9}{10}\right) \quad \therefore \quad q_n = \frac{9}{10}\left\{1 - \left(\frac{4}{9}\right)^n\right\}$$

さて，はじめが黒黒黒白白白であるので，「黒黒白黒白白」「黒白黒黒白白」など，左側3個のうち一つが白であるような配列 3×3 通りは対等であり（起こりやすさが等しいということ），「黒白黒白黒白」など，左側3個のうち二つが白であるような配列 3×3 通りも対等であるから，n 回目に「白黒白黒白黒」となる確率，「黒白黒白黒白」となる確率，の合計は $\frac{1}{9} q_n$ である．従って，
$$p_n = \frac{1}{9} q_n = \frac{1}{10}\left\{1 - \left(\frac{4}{9}\right)^n\right\} \quad 終$$

⇨注 n 回の操作後に「白黒白黒白黒」となる確率と「黒白黒白黒白」となる確率は異なります．

⇨注 操作を行えば行うほど，「初期状態」への依存性は薄れてきますから，（2）の結果の極限は（1）の結果に収束するはずです．この見方は，結果の妥当性の吟味に使えます．

えっ，サイコロを「振る」方が難しいから，やっぱり「ころがす」方が良いですって？

もう残っているのは正12面体と正20面体だけですから．

◆4 耐えて耐えての確率

問題 2-4.1
　赤，白，青のカードが2枚ずつ合計6枚ある．これを3人に2枚ずつ配るとき，3人とも異なる色の2枚を受け取る確率を求めよ．

問題 2-4.2
　赤，白，青のカードが2枚ずつ合計6枚ある．これらを無作為に円形に並べるとき，同色のカードが隣り合わない確率を求めよ．

問題 2-4.3
　9人が3人ずつのグループに分かれることになった．
（1）仲のよいA，B，Cの3人がみな同じグループに入る確率pを求めよ．
（2）互いに仲の悪いD，E，Fの3人のどの2人も異なるグループに入る確率qを求めよ．

◇4 耐えて耐えての確率

2-4

チェック！

難易度 ★★

問題 2-4.4
　男 A，B，C，D と女 P，Q，R，S の 8 人がいる．各人は，他の人に影響されることなく，無作為に異性の一人を指名する．互いの指名が一致したとき，その男女は「カップル」となる．カップルの組数を X とするとき，
（1）$X=4$ となる確率 $P(X=4)$ を求めよ．
（2）$X=3$ となる確率 $P(X=3)$ を求めよ．
（3）$X=2$ となる確率 $P(X=2)$ を求めよ．

チェック！

難易度 ★★

問題 2-4.5
　9 枚のカードがあり，おのおののカードには $1, \sqrt{2}, \sqrt{3}, 2, \sqrt{5}, \sqrt{6}, \sqrt{7}, \sqrt{8}, 3$ が書かれている．
　これらのカードを横一列に並べるとき，どの無理数のカードの右側にも，その数よりも大きい整数のカードがあるような確率を求めよ．

チェック！

難易度 ★★

問題 2-4.6
　A，A，A，B，B，C，C の 7 文字を横一列に並べる．並べ方の総数 $_7C_3 \times _4C_2 = 210$ 通りのうち，B，C がこの順で隣り合って並ぶ箇所がちょうど 1 箇所であるようなものは何通りあるか．

第2章 確率

◇4 耐えて耐えての確率

数A
解説編

さっそく問題です．

問題 10本中3本があたりであるくじ引きがある．このくじをA，B，Cの3人がこの順に引いてゆく．引いたくじは戻さない．
Cがあたりを引く確率pを求めよ．

Aがあたりを引く確率は$\frac{3}{10}$ですから，pが$\frac{3}{10}$と異なれば，非復元型のくじ引きは，引く順番によって有利不利が生じることになります．従って$p=\frac{3}{10}$です．そんな感覚的な（？）解答は許されるのか！と次のような説明をつける人も多いことでしょう．

【解説】（？） 10本のくじを1，2，3，…，10とし，1，2，3があたりくじ，その他がはずれくじとする．このとき，A，B，Cの引くくじの順列は$_{10}P_3=720$通りで，これらはみな等確率におこる．Cがあたりとなる順列は，Cが1，2，3のどれを引くかで3通り，A，Bがどのくじを引くかで$_9P_2=72$通り．従って，

$$p=\frac{3\times 72}{720}=\frac{3}{10}$$ 　終

実にもっともらしい説明なのですが，実はこの説明は，先に述べた「感覚的な」解答と同じです．下線部に注目しましょう．下線部の主張は，例えばくじの順列が「1，2，3」となる起こりやすさも「2，3，1」となる起こりやすさも等しい，ということです．では，なぜこの2つの順列の起こりやすさが等しいのでしょうか？ 理由は，A，B，C三君の立場が対等であるからです．立場が対等なことから，順列の起こりやすさが等しい（即ち，Aが1を引き，Bが2を引き，Cが3を引くのも，Aが2を引き，Bが3を引き，Cが1を引くのも同様に起こりやすい），としているわけですから，「前者の感覚的な解答は誤りだよ．きちんと順列で考えて，同様に確からしい事象に分けて考えなくてはいけないんだよ．」という論法は抜本的な解決案とはならないわけです（！）．

どうせ同じなんだったら，はじめの説明のように，「くじ引きでは何番目に引いても有利不利はないから

$p=\frac{3}{10}$」と答えるほうがよっぽど分かりが良いですね．この例題で注目してほしいことは，

対等であるものを対等であると認識して考えれば，結局それは同様に確からしい順列や組合せで考えることと同じ

ということです．

今回は，「何が対等か」に極端（extremely）にこだわって，さまざまな確率の問題+αを，あえていつもとは違った方法で考えてゆくことにします．いずれの問題も，自分で結果を出してから解説を読むようにしてください．

問題 2-4.1 赤，白，青のカードが2枚ずつ合計6枚ある．これを3人に2枚ずつ配るとき，3人とも異なる色の2枚を受け取る確率を求めよ．

受け取る3人をA，B，Cとすると，この3人は対等です．イメージを良くするために，カード配りの人間を設定し，彼をマイケルと呼ぶことにしましょう．考えるべきは，「マイケルが適当に6枚のカードを3人に分配するときに，各人に異なる色の2枚を渡しきれる確率」です．より理解の助けとなるよう，ここでは「マイケルが条件を満たすようにカードを配れなかったら，彼は大金を失い破産してしまう」という設定を設け，マイケルの立場になって考えてみることにします．

まずマイケルはカードを1枚，Aに配ります．このとき，マイケルがどのカードをAに配っても，大金を失うことはありません．しかし，Aに2枚目のカードを配るときは，一歩間違えると破産してしまう可能性があります．

そこで，マイケルはこう念じながら，2枚目のカードを残る5枚から無作為に1枚を引いてAに配ることになります．（別に2枚目のカードはBやCに配っても良いのですが，じらされたのちに破産することはマイケルにとって本望ではありません．）

たのむから，1枚目と異なる色を引いてくれ！

マイケルが破産せずにすむ確率は $\frac{4}{5}$ です．

さて，この確率に耐えたマイケル．手元に残るのは同色が2枚，異色が1枚ずつです．（赤く塗っておけば残りやすい，などといったことはないので）ここでは，残った同色2枚が赤であるとしても対等性を失いません．さあ，このあとマイケルが破産するような展開はどのような場合でしょうか？

そうです．赤をうっかり一人に2枚とも配ってしまう場合のみです．そこでマイケルはこう考えます．

どうせなら，この一番怖い赤をさっさと配っちまおう！

いま，BとCはともに「何もカードを配られていない」という点で対等ですから，Bに1枚赤のカードを配ったと考えて問題ありません．状況はどうなっているでしょうか？

A：白，青　　B：赤　　C：なにもない

マイケルの立場で考えます．

Bにもう一枚配ってしまおう！　赤以外を配れたら俺は助かるぞ！

そう，決着がつく最短コースで，かつ対等な条件のもと，カードを配ることを心掛けるわけです．手元にある赤，白，青，1枚ずつの計3枚から，無作為に選んでBにもう1枚を配ることになったマイケル．心の中で念じることはただ一つ，

たのむ，赤以外を引いてくれ！

耐える確率は $\frac{2}{3}$ です．

無事に赤以外を引いたマイケルは，無事破産することなくカードを配り終えることになります．さて，マイケルが生き残る（？）確率はいくらでしょうか？　そう，2回のピンチをのりきる確率で $\frac{4}{5} \times \frac{2}{3} = \frac{8}{15}$．これがもとの問題の答となります．

このような考え方を，私は「耐えて耐えての確率」と表現しています．

問題 2-4.2 赤，白，青のカードが2枚ずつ合計6枚ある．これらを無作為に円形に並べるとき，同色のカードが隣り合わない確率を求めよ．

$\frac{\text{場合の数}}{\text{場合の数}}$ で考えようとすると，なかなかこんがらがってきます．やはり「耐えて耐えて」で考えてみましょう．

あらかじめ6つのカードの置き場所があると考えて，それに図の様に①〜⑥と番号をつけます．赤のカードをあらかじめ①に入れておいても，なんら有利不利はありません（つまり，赤を①に入れて

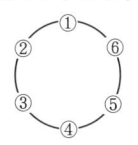

おいたからといって，条件を満たすように配りやすくなったとか，配りにくくなったとか，ということはありません）．ここでも架空の配り人，マイケルに登場してもらいましょう．マイケルが残る5枚から無作為に1枚選んで，②にカードを置くのが普通ですが，仮に②に赤以外のカードを置いても，⑥に赤のカードを置いてしまっては駄目です．②にカードを置いてぬか喜びするよりも，さっさと残りの赤のカードを置いてしまったほうが精神的にも楽です．

そこで，マイケルは残る1枚の赤のカードを，②〜⑥のいずれかに無作為に置くことにします．「無作為にカードを配る」という観点からでは，2つの下線部の手法はどちらも対等であることに注意してください．

このとき，③または⑤に配られる確率は $\frac{2}{5}$，④に配られる確率は $\frac{1}{5}$ です．

（③または⑤に残る赤のカードが配られる場合）

位置的な対称性から，③に赤のカードが配られたと考えてかまいません．このもとで，②にカードを配ることにしましょう．マイケルの手元に残っているカードは，青と白が2枚ずつで，これまた青と白について対等ですから，②には青が配られると考えられます．怖いのは，白がうっかり隣り合ってしまう場合ですから，次は⑤にカードを配ります．ここに青を置くことができれば，最終的に条件を満たすように配れることになり，そのような確率は $\frac{1}{3}$ です．

（④に残る赤のカードが配られる場合）

とりあえず②に1枚配りましょう．それが青と考えても差し支えありません．このとき，③に白を配ることができれば「耐えた」ことになります．そのような確率は $\frac{2}{3}$ です．

以上から，求めるべき確率は $\frac{2}{5} \times \frac{1}{3} + \frac{1}{5} \times \frac{2}{3} = \frac{4}{15}$ となります．

要領を得てきたところで，次からはテンポ良く解説してゆくことにします．

問題 2-4.3 9人が3人ずつのグループに分かれることになった．
(1) 仲のよいA，B，Cの3人がみな同じグループに入る確率 p を求めよ．
(2) 互いに仲の悪いD，E，Fの3人のどの2人も異なるグループに入る確率 q を求めよ．

第2章 確率

グループに名前をつけない場合，グループの分かれ方は $_9C_3 \times _6C_3$ とはなりませんので，場合の数派の人は注意しましょう．

解 9個の椅子があり，3つずつに分けられているものとします．
（1） A，B，Cの順に椅子に適当に座ってゆくとしましょう．Aが椅子に座った状態で，Bは空いている8個の椅子から無作為に一つを選び，座ることになります．うち2つがAと同じグループの椅子ですから，BがAと同じグループになる確率は $\frac{2}{8}$ です．このもとで，CがA，Bと同じグループに入るには，空いている7個の椅子から，見事A，Bと同じグループの1つの椅子を当てなければいけませんから，CがA，Bと同じグループに入る確率は $\frac{1}{7}$．従って，$p = \frac{2}{8} \times \frac{1}{7} = \frac{1}{28}$

（2） D，E，Fの順に椅子に適当に座ってゆくとしましょう．先ほどと同様に考えると，

EがDと異なるグループになる確率：$\frac{6}{8}$

FがD，Eと異なるグループになる確率：$\frac{3}{7}$

なので，$q = \frac{6}{8} \times \frac{3}{7} = \frac{9}{28}$ **終**

▷**注** （1）は，3つの事象を
A：Aが椅子に座る
B：AとBが同じグループの椅子に座る
C：AとBとCが同じグループの椅子に座る
として，
$p = P(C) = P(A \cap B \cap C) = P(A) \times P_A(B) \times P_{A \cap B}(C)$
と計算したことになります．用いているのは「条件付の積法則」に他なりません．（2）も同様です．

問題 2-4.4 男A，B，C，Dと女P，Q，R，Sの8人がいる．各人は，他の人に影響されることなく，無作為に異性の一人を指名する．互いの指名が一致したとき，その男女は「カップル」となる．カップルの組数を X とするとき，
（1） $X = 4$ となる確率 $P(X=4)$ を求めよ．
（2） $X = 3$ となる確率 $P(X=3)$ を求めよ．
（3） $X = 2$ となる確率 $P(X=2)$ を求めよ．

やはり，「耐えて耐えて」で考えます．8人が順に指名してゆくと考えても対等性はかわりません．「どの順で」指名してゆくかも関係ありません．仮に女Pが男Aを指名したならば，男B，C，Dは女Pを指名した時点で「不幸せ」確定であることに注意しましょう．（1）では，「みんな幸せになって帰ろうぜ！」と息巻く仲良し男子4人が実際に女の子を指名している「合コン」の

様子を想像してみると良いでしょう．

解 （1） まずAが異性を指名する．その指名相手はAを指名しなければならず，その確率は $\frac{1}{4}$．次はBの番としよう．BはP以外を指名しなければならず，そのような確率は $\frac{3}{4}$．その相手がBを指名する確率は $\frac{1}{4}$ である．次はCの番である．CはA，Bが指名した相手以外を指名しなければならず，そのような確率は $\frac{2}{4}$．その相手がCを指名する確率は $\frac{1}{4}$ である．最後にDがA，B，Cの指名した女性以外を指名し，かつその相手がDを指名すれば，$X = 4$ となるので，
$P(X=4) = 1 \times \frac{1}{4} \times \frac{3}{4} \times \frac{1}{4} \times \frac{2}{4} \times \frac{1}{4} \times \frac{1}{4} = \frac{3}{8192}$

（2） AとBとCの3人のみが幸せになる（=カップルの一員となる）確率を求めて，$_4C_3 = 4$ 倍すればよい．
AとBとCの3人が幸せになる（Dは幸せでも不幸せでも良い）確率は，（1）と同様に考えて
$1 \times \frac{1}{4} \times \frac{3}{4} \times \frac{1}{4} \times \frac{2}{4} \times \frac{1}{4} = \frac{3}{512}$

よって，A，B，C**のみ**が幸せになる確率は
$\frac{3}{512} - P(X=4) = \frac{45}{8192}$

だから，$P(X=3) = 4 \times \frac{45}{8192} = \frac{45}{2048}$

（3） やはり，AとBのみが幸せになる確率を求めて $_4C_2 = 6$ 倍すればよい．
AとBが幸せになる確率は，（1）と同様に考えて
$1 \times \frac{1}{4} \times \frac{3}{4} \times \frac{1}{4} = \frac{3}{64}$

これから，（AとBとCのみが幸せになる確率），（AとBとDのみが幸せになる確率），（A〜D全員が幸せになる確率）を除いたものが，AとB**のみ**が幸せになる確率で，その値は（2）の過程の数値も用いて
$\frac{3}{64} - 2 \times \frac{45}{8192} - \frac{3}{8192} = \frac{291}{8192}$

従って，$P(X=2) = 6 \times \frac{291}{8192} = \frac{873}{4096}$ **終**

次は少し難問です．

問題 2-4.5 9枚のカードがあり，おのおののカードには1，$\sqrt{2}$，$\sqrt{3}$，2，$\sqrt{5}$，$\sqrt{6}$，$\sqrt{7}$，$\sqrt{8}$，3が書かれている．
これらのカードを横一列に並べるとき，どの無理数のカードの右側にも，その数よりも大きい整数のカードがあるような確率を求めよ．

1，2，3 以外はみな無理数です．解答に入る前に，9枚のカードを次のようなルールで並べても，全ての順列が等確率に起こることを確かめてください．

（ルール）　まず 1 枚のカードをおく．これを A とする．2 枚目のカード B は，A の右か左かを確率 $\frac{1}{2}$ で無作為に選択して，それに従ってカードをおく．仮に A, B と並んでいるとするならば，3 枚目のカード C は「A の左か，A と B の間か，B の右か」を確率 $\frac{1}{3}$ で選択して，それに従ってカードを置く．仮に B, A と並んでいても同様にして C を置く．4 枚目以降のカードも同様に置いてゆく．

このルールに従うと，カードは例えば
A → AB → ACB → ADCB → EADCB → EADCBF → ……
…… → GHEADCIBF
となって最終的に 9 枚が横一列に並ぶことになります．

解　数値の大きいカードから順に，先に述べたルールでカードを並べてゆくことにする．このとき，$\sqrt{8}$〜$\sqrt{5}$ は，3 の右側以外の場所に置いてゆかなければならず，そのような確率は $\frac{1}{2}\times\frac{2}{3}\times\frac{3}{4}\times\frac{4}{5}=\frac{1}{5}$ である．2 はどこに配置しても良い．

$\sqrt{3}, \sqrt{2}$ は，(2 がどこにあろうとも) 右端以外の場所に置かなければならず，そのような確率は $\frac{6}{7}\times\frac{7}{8}=\frac{3}{4}$ である．最後の 1 はどこに配置しても良い．

以上から，求めるべき確率は $\frac{1}{5}\times\frac{3}{4}=\frac{3}{20}$ となる．　**終**

重複を引いたり割ったりすることが必要な，少し危なっかしい順列の問題を考える際に，耐えて耐えての確率を用いることも有効です．最後に，次の問題に対する 2 通りの解答の，どちらのどこが間違っているのかを考えてみてください．（結果の数値が違いますから，明らかにどちらかは誤りです．のこる片方は正解です．話の展開からして，前者が誤り…!?）

問題 2-4.6　A, A, A, B, B, C, C の 7 文字を横一列に並べる．並べ方の総数 $_7C_3\times{}_4C_2=210$ 通りのうち，B, C がこの順で隣り合って並ぶ箇所がちょうど 1 箇所であるようなものは何通りあるか．

解 ?　B, C がこの順で現れる箇所が 2 箇所あるような順列は，A, A, A, (BC), (BC) の 5 文字の並び替えと考えて $_5C_3=10$ 通り．

B, C がこの順で現れる箇所が 1 箇所以上あるような順列は，A, A, A, B, C, (BC) の 6 文字の並び替えと考えて $_6C_3\times 3\times 2=120$ 通りあるので，これから先の 10 通りを引いて $120-10=110$ 通り．これが答（?）．

解 ??　任意に 7 文字を並べたときに条件を満たすような確率 p を考える．置き場所を①②③④⑤⑥⑦としよう．

(BC がこの順で隣り合うのが①②の場合)

左から順にカードを並べる．①，②が B, C となる確率は $\frac{2}{7}\times\frac{2}{6}$．このとき，残った手持ちのカードは A, A, A, B, C である．手持ちの B を，③〜⑦のうちの一箇所に無作為に置く．このとき，⑦に B が置かれれば必ず条件は満たされ，⑦以外に B が置かれた場合は，その右側に C が置かれなければ条件が満たされる．従って，このときの確率は $\frac{2}{7}\times\frac{2}{6}\times\left(\frac{1}{5}+\frac{4}{5}\times\frac{3}{4}\right)=\frac{8}{105}$

(B, C がこの順で隣り合うのが⑥⑦の場合)

まず⑥，⑦の順でカードを並べると考えると，先の場合と全く同様の考え方ができ，この場合の確率も $\frac{8}{105}$

(B, C がこの順で隣り合うのが②③，③④，④⑤，⑤⑥の場合)

B, C がこの順で隣り合うのが③④の場合を考える．まず，③，④の順でカードを並べる．③，④が B, C となる確率はやはり $\frac{2}{7}\times\frac{2}{6}$．残った手持ちのカード A, A, A, B, C のうちの B を，①，②，⑤，⑥，⑦のうちの一箇所に無作為に置く．このとき，②か⑦に B が置かれれば必ず条件は満たされ，②，⑦以外に B が置かれた場合は，その右側に C が置かれなければ条件が満たされる．このような確率は $\frac{2}{7}\times\frac{2}{6}\times\left(\frac{2}{5}+\frac{3}{5}\times\frac{3}{4}\right)=\frac{17}{210}$ である．BC がこの順で隣り合うのが②③の場合や，④⑤，⑤⑥の場合も同じであるから，結局この場合の確率は
$$\frac{17}{210}\times 4=\frac{34}{105}$$

以上から，$p=\frac{8}{105}+\frac{8}{105}+\frac{34}{105}=\frac{10}{21}$ とわかる．

よって，210 通りの並べ方（これらは等確率におこる）のうち，条件を満たす順列の総数を P とすれば，$\frac{P}{210}=\frac{10}{21}$ であるから，$P=100$ で，これが答（?）．

▷**注**　例えば「7 文字のうち 4 文字を選んで横一列に並べる」のような，全ての並べ方が等確率に起こらないような設定の場合，このような方針はとれません．

「耐えて耐えての確率」も，なかなかのものでしょう？

◆5 有名問題でおもてなし

数AB 問題編

チェック!

難易度 ★★

問題 2-5.1
　赤球，白球がそれぞれ 300 個，500 個はいったつぼがある．このつぼの中から，無作為に球をひとつ取り出し，さらにその球と同じ色の球をつぼの中からひとつ取り出す．取り出した球は二つとも捨てるとするとき，100 回目に取り出した球が赤である確率を求めよ．

チェック!

難易度 ★★★

問題 2-5.2
　赤球，白球がそれぞれ 99 個，101 個はいったつぼがある．このつぼの中から，無作為に球をひとつ取り出し，さらにその球と同じ色の球をつぼの中からひとつ取り出す．取り出した球は二つとも捨てるとするとき，40 回目に取り出した球が赤である確率は $\dfrac{99}{200}$ であることを示せ．

チェック!

難易度 ★

問題 2-5.3
　100 勝先取で優勝が決まる勝負を A と B が行う．A が優勝するような勝敗のパターン（100 連勝，初戦で負けてその後 100 連勝，50 連勝のち 2 連敗，1 勝するもその後 3 連敗，そののち 49 連勝，などなど）は何通りあるか．ただし，引き分けは考えないものとする．

◇5 有名問題でおもてなし

2-5

チェック！

難易度
★

問題 2-5.4
　箱の中に，10個の赤球と，7個の白球が入っている．箱の中から，球を無作為に一つ取り出しては捨てるという行為を繰り返せば，いつかは赤球あるいは白球の片方が箱の中から尽きることになる．赤球よりも先に，白球の方が箱の中から尽きてしまう確率pを求めよ．

チェック！

難易度
★★★

問題 2-5.5
　最初，Aは3点，Bは8点持っている．この状態から，「AとBが公平なゲームをし，勝った方が負けた方から1点を奪う」ということを繰り返す．どちらかが0点となったら試行をやめて，0点となった方を「破産」＝「負け」としてゲームを終えることにするとき，Bが負ける確率を求めよ．ただし，このゲームが無限に続くことはないと考えてよい．（即ち，この試行をn回繰り返しても勝負がついていない確率をp_nとしたときに，$\lim_{n \to \infty} p_n = 0$ となることは認めてよい．）

第 2 章　確率

◇5 有名問題でおもてなし

数 AB
解説編

　昔から有名な（よく知られている）問題というのは，私は原則的に興味がなかったのですが，この間，ちょっとしたことから，有名な話題の周辺を探る楽しみをおぼえてしまいました．

　今回は，そのお話をストーリー仕立てで，ちょっぴり紹介したいと思います．すこし「攻撃的」な部分もありますが，笑い飛ばして読み進めてください．

§1. ポリアの壺で倍返し

　有名な話題に，次の問題があります．提起した人の名前にちなんで，ポリアの壺の問題などと言われます．

> **問題**　つぼの中に，赤球が a 個，白球が b 個入っている．この状態から，無作為につぼの中から球を一つ取り出し，取り出した球と同じ色の球を別の場所から持ってきて，取り出した球とともにつぼの中に戻す．（従って，n 回目の試行の後には，$a+b+n$ 個の球が入っていることになる．）
> 　n 回目の試行において取り出された球が赤球である確率 p_n を求めよ．

　問題自体はよく知られており，ここでこの問題の解説をするというのは野暮というものです．結論は，試行回数によらずに（はじめの 1 回目と同じで），確率は $\dfrac{a}{a+b}$ となります．最近はインターネットという，子供には有害なものが発達していますから，いわゆる「検索マシーン先生」に尋ねれば，どうやって結論を得るのかはすぐに調べられるかとおもいます．（念の為に，p.63 に解答をのせておきますが．）

　ひょんなことからこの問題が私の仲間と話題にあがりました．そして，仲間の一人，木村（仮名）氏が，こんなことをいったのです．

「逆ポリア，なんてのはどうだろう？」

彼のいったのは，問題ふうに言うならこういうことです．

> **問題 2-5.1**　赤球，白球がそれぞれ 300 個，500 個はいったつぼがある．このつぼの中から，無作為に球をひとつ取り出し，さらにその球と同じ色の球をつぼの中からひとつ取り出す．取り出した球は二つとも捨てるとするとき，100 回目に取り出した球が赤である確率を求めよ．

　もとのポリアの壺の問題では，一回の試行ごとに全体の球の個数が一つずつ増えてゆく形でしたが，この問題の場合は，全体の球が一つずつ減ってゆく形になっています．少し，考えてみてください．

　みなさんと同じように，このやりとりの際，私もちょっぴり考えました．なるほどね，とアバウトに頭の中で考えがまとまった後で，私はすでに結論を得ている木村氏に言いました．「なるほど，あほあほなわけですね．」
あほあほは言いすぎだと思うが，と木村氏は返してきましたが，およそ私たちの考えは，以下のような内容で共通していました．

解（あほあほ）

　赤球，白球の個数はともに偶数個であるから，あらかじめ，赤球同士，白球同士で 150 組，250 組にペアにしておき，試行においてペアの片方が選ばれたら，必然的にペアのもう片方を取り出すと考える．

　すると，題意の試行は，計 400 組の「ペア」から，無作為に 1 ペアずつとってゆくことであると考えられる．求めるべきは，100 回目に取り出される「ペア」が赤球ペアである確率で，その確率は（くじ引きの原理より）

$$\frac{150}{400} = \frac{3}{8} \quad \blacksquare$$

　くじ引きの原理とは，次のことを言います．表現を正確にするならば，「くじ引きの公理」と表現するほうが適切でしょう．

【原理】 くじ引きとは，引く順番によらず有利不利のないものである．

先の問題においては，「赤ペア」なるくじが150枚，「白ペア」なるくじが250枚箱に入っているとき，100番目に「赤ペアくじ」を引く確率も，1番目に「赤ペアくじ」を引く確率も同じである，という形でこの原理を用いました．

さて，木村氏と意見が一致した上で，木村氏は次のようなことを言ってきました．
「しかし，これが赤，白の球の個数が奇数になったらこううまくは考えられないんだな」
木村氏曰く，漸化式を立ててまともに解けば，赤，白の個数が奇数の場合（正確には，少なくとも一方の球の個数が奇数の場合）にも，どちらかの球が尽きる可能性のある場合以外は，試行回数によらず，赤球を取り出す確率ははじめの赤，白の比率に依存するらしいのです．
つまり，こういうことが成り立つというのです．

問題 2-5.2 赤球，白球がそれぞれ99個，101個はいったつぼがある．このつぼの中から，無作為に球をひとつ取り出し，さらにその球と同じ色の球をつぼの中からひとつ取り出す．取り出した球は二つとも捨てるとするとき，40回目に取り出した球が赤である確率は $\dfrac{99}{200}$ であることを示せ．

最悪の場合，49回目の試行が終わった後に「赤球1個，白球101個」となっている可能性があります．もしもその次の試行で赤球を取り出してしまうと，つぼの中には赤球はもうありませんから，「どうしていいのかわからない」状態になってしまいます．

どうしたらいいかわからない状態になる前で話を終わらせるなら，球の個数がともに偶数個であるときと話は同じなんだけど，それをどう「説明」する？
というのが彼，木村氏の主張です．
私はどちらかというと，物事をストレートに表現するほうの人間です．ですが，私の周りは，ストレートに自分を表現してくれない人が余りにも多いのです．
木村氏もその中の一人．私は考えます．彼は，私を試そうとしている．いや，そうじゃないかもしれないし，そうじゃないと信じたいが．

いずれにせよ，「まともに解く」のはしゃくなので，私は次のように考えてみました．

解（ひねくれ）
一回の試行では，二つの球がつぼの中から取り出される．その二つの球を，「捨てられる球」と表現することにし，赤球99個の中の，特定の一つAが k（$1 \leq k \leq 40$）回目で「捨てられる」確率 p_k を考える．各試行の前に，Aの「相棒」を赤球の中から一つ選んでおき，もしも次の試行でその相棒がつぼから取り出されれば，Aをその球とともに捨てることにし，「A又はAの相棒」以外の赤球が選ばれた場合は，A以外の赤球を捨てることにする．右図の様に，残っている赤球にも「相棒」を定めれば（相棒の相棒はもとの球ではないことに注意），試行前の赤球同士に有利不利（捨てられやすさの違い）はない．

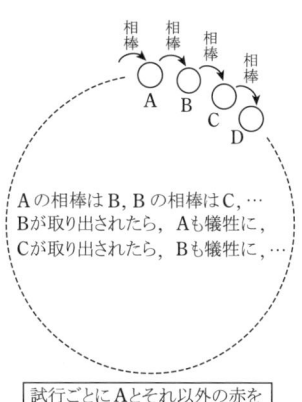

Aの相棒はB，Bの相棒はC，…
Bが取り出されたら，Aも犠牲に，
Cが取り出されたら，Bも犠牲に，…

試行ごとにAとそれ以外の赤を円形に並べて，その都度「相棒」を決める．

このとき，Aが k 回目の試行で捨てられる確率 p_k は，$1 \sim k-1$ 回目でAおよびAの相棒が取り出されず，かつ k 回目でAあるいはAの相棒が取り出される確率だから，$n = 200$ とおいて計算すれば

$$p_k = \frac{n-2}{n} \times \frac{n-4}{n-2} \times \frac{n-6}{n-4} \times \cdots \times \frac{n-2k}{n-(2k-2)} \times \frac{2}{n-2k}$$
$$= \frac{2}{n} = \frac{2}{200}$$

k 回目でAが捨てられるとき，k 回目の試行で取り出された球がAである確率は（取り出されたのはAか，その相棒のどちらかだから）$\dfrac{1}{2}$ であるので，k 回目でAが取り出される確率は $\dfrac{1}{2} p_k = \dfrac{1}{200}$

赤球99個を $A_1, A_2, \ldots, A_{99}$ としたとき，A_i（$1 \leq i \leq 99$）が100回目で取り出される確率はいずれも $\dfrac{1}{200}$ であるから，求める確率は確かに

$$\underbrace{\frac{1}{200} + \frac{1}{200} + \cdots + \frac{1}{200}}_{99 \text{個}} = \frac{99}{200}$$ **終**

おおざっぱに言うと，「毎回，箱の中で「当たりくじ」が変化する」くじ引きを引いてゆくイメージです．当たりは確かに2枚はいっているのだけれど，前に引いた人があたりを引かなかったのなら，箱の中でこっそり「当たりくじ」が入れ替わっても問題ないでしょう？ という

第 2 章　確率

まぁ，分かるような分からんような，という木村氏をよそ目に，私は次のようなことに興味のほこさきが向き始めました．（ですから，木村氏が私を試そうとしていたのかどうかはもはや永遠の－forever－謎です．）

> えてして，このような問題は
> ・試行回数によらず
> ・はじめの球の個数の比率のみにより確率が決まる
> というところに面白みがあるのだが，似たような設定で同じような結論になるような話題は，果たして他に．

§2.「その後」を考えるなんて，ワイルドだろぉ？

少年少女の時代の「よき仲間」は，かけがえのないものです．壮年期の「よき仲間」は，人生のスパイスです．私はどうもよき仲間に恵まれているようでして，かつて，私の仲間の一人，岡本（仮名）氏に次のような話題を振られたことがあります．せっかくですから，まず考えてみてから先を読み進めてください．

> **問題 2-5.3** 100 勝先取で優勝が決まる勝負を A と B が行う．A が優勝するような勝敗のパターン（100 連勝，初戦で負けてその後 100 連勝，50 連勝のち 2 連敗，1 勝するもその後 3 連敗，そののち 49 連勝，などなど）は何通りあるか．ただし，引き分けは考えないものとする．

私は素直に考えました．

解　（素直だけがとりえ）

$k+1$ 戦目で A が優勝するのは（$99 \leq k \leq 198$），k 戦目までに A が 99 勝して，$k+1$ 戦目で A が勝つとき．そのような場合の数は $_kC_{99}$ であるから，求めるべき場合の数は $\sum_{k=99}^{198} {_kC_{99}}$ である．

$_kC_{99} = {_{k+1}C_{100}} - {_kC_{100}}$ であるから，

$$\sum_{k=99}^{198} {_kC_{99}} = 1 + \sum_{k=100}^{198} ({_{k+1}C_{100}} - {_kC_{100}})$$
$$= 1 + ({_{199}C_{100}} - {_{100}C_{100}}) = {_{199}C_{100}}　■$$

これに対して，岡本氏の用意した答えは次のようなものでした．

解　（かっこいいだけがとりえ）

A と B はあわせて 199 戦（勝敗がつくまでにかかる試合数として考えられる最大の回数）すると考え，A が 100 勝したのちは，B が全て勝つと考える．

すると，A，B の勝敗の順列は，（A が 100 勝，B が 99 勝）の勝敗の順列と 1 対 1 に対応する．
（例えば，A の勝ち，負けを○，×で表わすなら，
○○…○（100 連勝）は $\underbrace{○○…○}_{100個}\underbrace{××…×}_{99個}$ に対応．）

従って，（A が 100 勝，B が 99 勝）の順列の総数が求めるべきもので，$_{100+99}C_{100} = {_{199}C_{100}}\ (= {_{199}C_{99}})$　■

はぁ，なるほどね，と，ちょっぴりほっこりしたものでした．言われてみれば，「定石どおり」な発想なわけで，そんなことを考えずとも解決するということに甘えて，ただ考えてもいなかっただけだったわけです．

まあそんなこんなで，しばらく箱と球の確率を考えていたのですが，この，ある種の定石ともいえる，「その後」を考えるということが効果的な，そして，展開までもそっくりな一題にめぐり合ってしまったものですから，縁というものを考えさせられます．

それが次の設定です．まずは自由に求めてみてください．その後で，「うまい」方法を考えてみましょう．

> **問題 2-5.4** 箱の中に，10 個の赤球と，7 個の白球が入っている．箱の中から，球を無作為に一つ取り出しては捨てるという行為を繰り返せば，いつかは赤球あるいは白球の片方が箱の中から尽きることになる．赤球よりも先に，白球の方が箱の中から尽きてしまう確率 p を求めよ．

まともにやるとすると，「何回目で白球が尽きるか」で場合わけをすることになります．ですが，（本質的には異なるものの）先ほどの問題と同じように，「その後」を考えることで，さっくりくりくり解決してしまうのです．

解　（さっくりくりくり）

どちらかの球が尽きた後も，試行を繰り返すと考えると，最後に取り出した球が白の場合は，先に尽きたのは赤球であり，最後に取り出した球が赤の場合は，先に尽きたのは白球ということになる．

従って，求めるべき確率 p は，10 個の赤球，7 個の白球が入った箱から，順に一つずつ取り出しては捨ててゆくという試行において，17 回目に取り出した球が赤である確率で，それはくじ引きの原理より，$p = \dfrac{10}{17}$ である．　■

数学の問題の解答というよりも，寒い冬に，心温かく

してくれる，ちょっぴりいい話，という感じがしませんか？

さて，ここまでにみてきた問題には，先ほども述べたとおり，いずれも「はじめの状態での個数比（回数比）が直接的に結果に登場する」ものでしたが，似たような話はなかったかな？と思い返して，今度はまた別の「有名な」話題に行き着きました．

§3. 破産はダメよー，ダメダメ

その話題とは，いわゆる「破産の確率」というものです．

> **問題 2-5.5** 最初，Aは3点，Bは8点持っている．この状態から，「AとBが公平なゲームをし，勝った方が負けた方から1点を奪う」ということを繰り返す．どちらかが0点となったら試行をやめて，0点となった方を「破産」=「負け」としてゲームを終えることにするとき，Bが負ける確率を求めよ．ただし，このゲームが無限に続くことはないと考えてよい．（即ち，この試行をn回繰り返しても勝負がついていない確率をp_nとしたときに，$\lim_{n\to\infty} p_n = 0$となることは認めてよい．）

「普通はどうやるか」の話は後回しにしましょう．逆ポリア事件から始まった一連の話を経て，私は「この話題も，全く異なるアプローチで攻めることは可能なのではないか？」と考えました．そして，さっくりさくさく，とまではいかないのですが，少し意外なアプローチに出会うことになったのです．

一見，無関係に見える，次の問題をまず考えてみてください．これが「破産の確率」につながるのです．

> **問題** $a_1 = \dfrac{3}{11}$,
> $$a_{n+1} = \begin{cases} 2a_n & (2a_n < 1) \\ 2a_n - 1 & (2a_n \geq 1) \end{cases} \quad (n=1, 2, 3, \cdots)$$
> で数列$\{a_n\}$を定める．また，0か1のみで構成される数列$\{b_n\}$を，
> $$b_n = \begin{cases} 0 & (2a_n < 1) \\ 1 & (2a_n \geq 1) \end{cases} \quad (n=1, 2, 3, \cdots) \text{で定める．}$$
> 二進法で表わされた小数$A = 0.b_1 b_2 b_3 \cdots$を10進法表示で表わすとどうなるか．（無限小数$_{(2)}$となる場合は，分数形で答えよ．）

a_nを順番に求めてゆくと，

n	1	2	3	4	5	6	7	8	9	10	11	12	13	14
a_n	$\frac{3}{11}$	$\frac{6}{11}$	$\frac{1}{11}$	$\frac{2}{11}$	$\frac{4}{11}$	$\frac{8}{11}$	$\frac{5}{11}$	$\frac{10}{11}$	$\frac{9}{11}$	$\frac{7}{11}$	$\frac{3}{11}$	$\frac{6}{11}$	$\frac{1}{11}$	$\frac{2}{11}$

となって，周期10で繰り返す様子が分かります．もちろん，答案に起こすとするなら，そのこと自体を示す必要がありますが，おおざっぱにみるなら，これから$\{b_n\}$は
$$\underbrace{0,1,0,0,0,1,0,1,1,1}_{\text{繰り返し単位}}, 0,1,0,0,\cdots$$
と続くと分かりますから，
$$A = 0.0100010111\,0100010111\cdots_{(2)}$$
です．10進法で表わせば，
$$A = \underbrace{\frac{1}{2^2} + \frac{1}{2^6} + \frac{1}{2^8} + \frac{1}{2^9} + \frac{1}{2^{10}}}_{0.0100010111_{(2)}\text{に対応}} + \frac{1}{2^{12}} + \cdots$$
なので，$2^{10}A = (2^8 + 2^4 + 2^2 + 2^1 + 1) + A$
つまり，$1023A = 256 + 16 + 4 + 2 + 1 = 279$ですから，
$$A = \frac{279}{1023} = \boldsymbol{\frac{3}{11}} \text{と分かります．}$$

このAがa_1と一致するのはたまたまではないことが，次の解で理解できると思います．

解 （真相究明）

$\dfrac{3}{11}$を二進小数展開したものを
$$\frac{3}{11} = 0.c_1 c_2 c_3 \cdots_{(2)} = \frac{c_1}{2} + \frac{c_2}{2^2} + \frac{c_3}{2^3} + \cdots$$
とする（c_iは0または1）．

$2\left(\dfrac{c_1}{2} + \dfrac{c_2}{2^2} + \dfrac{c_3}{2^3} + \cdots\right) = c_1 + \dfrac{c_2}{2} + \dfrac{c_3}{2^2} + \cdots$ は，

$\dfrac{1}{2} + \dfrac{1}{2^2} + \dfrac{1}{2^3} + \cdots = 1$であることから，その値が1より大ならば$c_1 = 1$で，1より小ならば（当然）$c_1 = 0$となる．従って，$\dfrac{6}{11}$が1より小であることから，$c_1 = 0$と決まる．すると，$\dfrac{6}{11} = \dfrac{c_2}{2} + \dfrac{c_3}{2^2} + \dfrac{c_4}{2^3} + \cdots$ なので，同様に $2 \times \dfrac{6}{11} > 1$であることから$c_2 = 1$と分かり，従って，
$$\frac{6}{11} \times 2 - 1 = \frac{c_3}{2} + \frac{c_4}{2^2} + \frac{c_5}{2^3} + \cdots \text{となる．}$$

この操作を$n-1$回繰り返したときを考えれば，
$\dfrac{c_n}{2} + \dfrac{c_{n+1}}{2^2} + \dfrac{c_{n+2}}{2^3} + \cdots$ に等しくなるのは，先の問題で定めたa_nに他ならず，従って，$c_n = b_n$ ($n=1, 2, 3, \cdots$) でもある．ゆえに，$0.c_1 c_2 c_3 \cdots_{(2)} = 0.b_1 b_2 b_3 \cdots_{(2)} = \dfrac{3}{11}$ である．■

▶注 全ての実数は，無限二進小数で表現できます．
有限小数で表わせるもの以外は，その表わし方は一通
りです（有限小数の場合の反例は
$1_{(2)}=0.111111\cdots_{(2)}$ など）．

さて，この問題と「破産の問題」がどう結びつくので
しょうか？ 少し考えてみた上で，読み進めてください．
では，破産の問題の解答に参ります．

解 （青木猟奇的）

A が 3 点，B が 8 点持っている状態を単に $(3, 8)$ と
表現する．このとき，$(3, 8)$ から $(0, 11)$ あるいは
$(6, 5)$ にはじめてなったところでいったんゲームを中
断することにすると，$(0, 11)$ となる確率も $(6, 5)$ と
なる確率も等しい（どちらも，片方がもう片方に勝ち星
の差を 3 つつける確率）ので，その確率は $\frac{1}{2}$ である
（問題文の注釈から，勝ち星の差が 3 つつかずに永遠に
続くことはないと考えてよい）．

$(0, 11)$ となった場合は A の負けであり，$(6, 5)$ と
なった場合は，引き続き $(11, 0)$ あるいは $(1, 10)$ と
なるまでゲームを繰り返す．やはり，中断時に $(11, 0)$
となる確率も，$(1, 10)$ となる確率も等しく $\frac{1}{2}$ となる．

このことから，$(3, 8) \to (6, 5) \to (11, 0)$ と推移し
て A が勝つ（B が負ける）確率は $\frac{1}{2} \times \frac{1}{2} = \frac{1}{2^2}$ である
とわかる．

以下，同様にして，$(a, 11-a)$ の状態から，
$2a < 11$ のとき $\cdots (2a, 11-2a)$ あるいは $(0, 11)$ に
$2a \geq 11$ のとき $\cdots (11, 0)$ あるいは $(2a-11, 22-2a)$
になるまでゲームを繰り返し，どちらかの状態になった
ら中断する，ということを繰り返すことにすると，n 回
目の中断時にありえるのは
$(11a_n, 11-11a_n)$ あるいは $(11, 0)$ あるいは $(0, 11)$
のいずれかで，$(11, 0)$ がありうるのは $2a_n \geq 1$ のとき
だけであることが分かる．

n 回目の中断時に $(11, 0)$ となりえる場合，そのよ
うになる確率は $\frac{1}{2^n}$ であり，先ほどの $\{b_n\}$ の定め方か
ら，n 回目の中断時に $(11, 0)$ となりえるかどうかは，
b_n が 1 か 0 かで判定できるので，結局 A が勝つ確率は
$\sum_{n=1}^{\infty} \frac{b_n}{2^n} = \sum_{n=1}^{\infty} \frac{c_n}{2^n} = 0.c_1c_2c_3\cdots_{(2)} = \frac{3}{11}$ であるとわかる．■

A が勝つパターンを細かく分ければ，

$(3, 8) \to (6, 5) \to (11, 0) \cdots \frac{1}{2^2}$

$(3, 8) \to (6, 5) \to (1, 10) \to (2, 9)$
$\to (4, 7) \to (8, 3) \to (11, 0) \cdots \frac{1}{2^6}$

$(3, 8) \to (6, 5) \to (1, 10) \to (2, 9) \to (4, 7)$
$\to (8, 3) \to (5, 6) \to (10, 1) \to (11, 0) \cdots \frac{1}{2^8}$

$(3, 8) \to (6, 5) \to (1, 10) \to (2, 9)$
$\to (4, 7) \to (8, 3) \to (5, 6) \to (10, 1)$
$\to (9, 2) \to (11, 0) \cdots \frac{1}{2^9}$

$(3, 8) \to (6, 5) \to (1, 10) \to (2, 9)$
$\to (4, 7) \to (8, 3) \to (5, 6) \to (10, 1)$
$\to (9, 2) \to (7, 4) \to (11, 0) \cdots \frac{1}{2^{10}}$

....

となるから，それぞれの確率の和が A の勝つ確率にな
る，ということです．

一般に，A が a 点，B が b 点でスタートする場合に
は，A が勝つ確率は $\frac{a}{a+b}$ となることが知られており，
次のように漸化式を立てて計算するのが普通（のよう）
です．

解 （世間一般的）

A が k 点の状態からはじめて，A が勝てる確率を p_k
とおく．$(0 \leq k \leq a+b)$

$1 \leq k \leq a+b-1$ のとき，A が k 点の状態から一度だ
けゲームを行えば，A は確率 $\frac{1}{2}$ ずつで $k+1$ 点あるい
は $k-1$ 点となるので，$p_k = \frac{1}{2}p_{k+1} + \frac{1}{2}p_{k-1}$

これを $p_{k+1} - p_k = p_k - p_{k-1}$ と変形することで，
$p_0, p_1, p_2, \cdots, p_{a+b}$ は等差数列をなすとわかる．
$p_0 = 0, p_{a+b} = 1$ であるから，公差は $\frac{1}{a+b}$ であり，従っ
て求める確率は $p_a = \dfrac{a}{a+b}$ である．■

スマートなのは断然，こちらのほうでしょうが，ひね
くれた発想でも通用してしまうところに，私は大いに満
足したのです．

    ＊   ＊   ＊   ＊   ＊

これでお話はおしまいです．ちょっとした「事件」か
ら始まった一連のひねくれストーリーが，受験生のみな
さんの癒しになってくれればなと思って，筆を執りまし
た．

【おまけ】
　「まともな」ポリアの壺の問題は，一般的にはどう解決できるのでしょうか．一応の解答を紹介しましょう．

解

$p_n = \dfrac{a}{a+b}$ …＊ であることを n についての帰納法で示す．

（ⅰ）$n=1$ のとき：はじめ，つぼには球は合計 $a+b$ 個入っており，赤球はそのうちの a 個であるから，1回目の試行において赤球が取り出される確率は $p_1 = \dfrac{a}{a+b}$ であり，従って $n=1$ のときは＊は正しい．

（ⅱ）$n=k$ のときに＊が正しいとする．$k+1$ 回目に取り出す球が，

　（あ）k 回目に新たに追加された球である
　（い）k 回目までに存在した球である

のいずれかで場合わけをして考えると，

（あ）のとき：新たに追加された球と，k 回目に取り出された球の色は同じであるので，それが赤球である確率は $p_k = \dfrac{a}{a+b}$ である．

（い）のとき：この条件のもとでは，$k+1$ 回目に赤球を取り出す確率が，k 回目に赤球を取り出す確率と同じであるから，その確率は $p_k = \dfrac{a}{a+b}$ である．

となるので，（あ），（い）となる確率がそれぞれ

$\dfrac{1}{a+b+k}$，$\dfrac{a+b+k-1}{a+b+k}$ であることより

$p_{k+1} = \dfrac{1}{a+b+k}p_k + \dfrac{a+b+k-1}{a+b+k}p_k = p_k = \dfrac{a}{a+b}$

従って，$n=k+1$ のときも＊は正しい．

（ⅰ）（ⅱ）より，全ての正の整数 n に対して＊が正しいことが示されたので，$p_n = \dfrac{a}{a+b}$

せっかくですので，途中過程をすこし「くどめに」書いてみました．だって，ここまで書けば「ある意味逆ポリア」な次の問題も，たやすく解決できてしまいますからね．

問題（ある意味逆ポリア）
　つぼの中に，赤球が2個，白球が1個入っている．この状態から，無作為につぼの中から球を一つ取り出し，取り出した球と異なる方の（赤か白かの）球を別の場所から持ってきて，取り出した球とともにつぼの中に戻す．（従って，n 回目の試行の後には，$3+n$ 個の球が入っていることになる．）
　n 回目の試行において取り出された球が赤球である確率 p_n を求めよ．

どうですか？　さらりと漸化式をたてられるでしょう？

解

n 回目の試行で赤球が取り出される確率を p_n とおく．$n+1$ 回目に赤球が取り出されるのは

　（あ）n 回目に白球を取り出し，$n+1$ 回目には，n 回目に新たに追加された赤球を取り出す
　（い）n 回目に新たに追加された球以外を取り出し，かつその球が赤である

のいずれかのとき．

n 回目に白球が取り出される確率は $1-p_n$ であり，$n+1$ 回目に，n 回目に新たに追加された赤球を取り出す確率は $\dfrac{1}{n+3}$ であるから，（あ）となる確率は $\dfrac{1}{n+3}(1-p_n)$

$n+1$ 回目に，n 回目までに存在した球を取り出す確率は $\dfrac{n+2}{n+3}$ であり，その球が赤球である確率は p_n なので，

（い）となる確率は $\dfrac{n+2}{n+3}p_n$

従って，$p_{n+1} = \dfrac{1}{n+3}(1-p_n) + \dfrac{n+2}{n+3}p_n$　整理して

$p_{n+1} = \dfrac{n+1}{n+3}p_n + \dfrac{1}{n+3}$

この式の両辺を $(n+3)(n+2)$ 倍して変形すると，

$(n+3)(n+2)p_{n+1} = (n+2)(n+1)p_n + n+2$

となるので，$a_n = (n+2)(n+1)p_n$ とおけば

$a_{n+1} = a_n + n + 2$

$p_1 = \dfrac{2}{3}$ であるから，$a_1 = 3 \cdot 2 \cdot \dfrac{2}{3} = 4$ なので，

$a_n = a_1 + \sum_{k=1}^{n-1}(k+2) = 1 + 1 + 2 + \sum_{k=3}^{n+1}k = 1 + \sum_{k=1}^{n+1}k$

$= 1 + \dfrac{(n+2)(n+1)}{2}$

（これは $n=1$ でも正しい）

ゆえに，$p_n = \dfrac{a_n}{(n+2)(n+1)} = \dfrac{1}{(n+2)(n+1)} + \dfrac{1}{2}$　**終**

p_n の極限は $\dfrac{1}{2}$ となりますが，これは直感的にもうなずけますね．

第 3 章 整数，多項式，論証

◇1 余りから学ぶ「あたりまえ」

数 A
問題編

チェック！

難易度
★

問題 3-1.1
次のそれぞれを 11 で割った余りを求めよ．
（1） $1102208 + 330445$
（2） 1102208×330445
（3） 1102208^{100}

チェック！

難易度
★★

問題 3-1.2
n を整数とする．
（1） 25^2 を 19 で割った余りを a とする．n^2 を 19 で割った余りが a となるための n の条件を求めよ．
（2） 25^3 を 19 で割った余りを b とする．n^3 を 19 で割った余りが b となるための n の条件を求めよ．

チェック！

難易度
★

問題 3-1.3
$7n$ を 18 で割ると余りが 1 となるような，整数 n の条件を求めよ．

◇1 余りから学ぶ「あたりまえ」

3-1

チェック！

難易度
★

問題 3-1.4
　整数 n を 33 で割った余りは 4 であり，61 で割った余りは 16 である．n を 2013 で割った余りを求めよ．

チェック！

難易度
★★

問題 3-1.5
　互いに素な整数 a と b がある．次の 2 つを証明せよ．
（1）　$a+b$ と ab は互いに素
（2）　$a+b$ が奇数ならば，a^2+b^2 と a^3+b^3 は互いに素

チェック！

難易度
★★

問題 3-1.6
　n を 3 以上の整数とし，r を $1 \leqq r \leqq n-2$ を満たす整数とする．となりあう 2 項係数 $A={}_n C_r$, $B={}_n C_{r+1}$ は互いに素でないことを示せ．

第3章 整数，多項式，論証

◇1 余りから学ぶ「あたりまえ」

数A 解説編

　一口に「整数の問題」といっても，その話題は豊富です．本稿では，「あたりまえをあたりまえと認識することこそが大切」をテーマに，余りの世界の探求をしてみたいと思います．最終的には，ちょっとした論証問題へと進みます．では参りましょう．

§1 合同記法自体がえらいわけじゃない

　「1234567×89 の一の位は？」と問われて，皆さんが困ることはないでしょう．全てを計算などせず，一の位のみに着目して，（しちく63だから）答えは **3** とすぐに答えることだと思います．また，次のような問いかけが並んでも，躊躇することなくすぐに答えられることでしょう．

> **問題 3-1.1** 次のそれぞれを 11 で割った余りを求めよ．
> （1）　$1102208 + 330445$
> （2）　1102208×330445
> （3）　1102208^{100}

直感的に答えるなら，次のような感じでしょうか．
「1102208 は 11 で割ると余り 8 で，330445 を 11 で割ると余り 5 なことはすぐに分かるから，
（1）　$8+5$ を 11 で割った余りで，答えは **2**
（2）　8×5 を 11 で割った余りで，答えは **7**
（3）　1102208 を 100 回かけた数だけれど，1102208 は 11 で割ると余りが 8 だから，たぶん 8^{100} を 11 で割った余りと同じ．」

　私たちは，生まれつき「余りのことは，余りの世界で考えれば十分」という直感を持っています．ですから，上のような考え方自体に抵抗を持つことはありません．この抵抗なき考え方を，ダイレクトに表現しよう，というのが「合同記法」です．

> **定義** 整数 a, b と，0 でない整数 m に対して
> 　$a-b$ が m で割り切れるとき，$a \equiv b \pmod{m}$
> 　そうでないとき，$a \not\equiv b \pmod{m}$
> と表わす．このような表現を，合同記法と呼ぶ．

　　$a-b$ が m で割り切れる
　$\iff a, b$ を m で割った余りが同じ
なので，簡単に言うと，

> 割った余りが等しい 2 つは，$\equiv$ で結んでしまおう

という考え方です．特に，$a \equiv b \pmod{m}$, $0 \le b < |m|$ のときは，a を m で割った余りが b である…★ ことを意味します．

　▷**注**　余りの定義は「整数 a と 0 でない整数 b に対して，$a = bq + r$, $0 \le r < |b|$ をみたす整数 q, r がただ一組存在し，この q, r をそれぞれ a を b で割った商，余りという」ですから，例えば，-2 を 7 で割った余りは 5 と計算されます（$-2 = 7 \cdot (-1) + 5$）．したがって，★は a が負の場合でも成り立ちます．

　すると，先ほどの例題の「直感的な」考え方は，次のようにまとまります．
「$1102208 \equiv 8 \pmod{11}$, $330445 \equiv 5 \pmod{11}$ だから，
（1）　$1102208 + 330445 \equiv 8 + 5 = 13 \equiv \mathbf{2} \pmod{11}$
（2）　$1102208 \times 330445 \equiv 8 \times 5 = 40 \equiv \mathbf{7} \pmod{11}$」

この直感を，式できちんと表現したものが，次です．

> 【性質 1】　$a \equiv b$, $c \equiv d \pmod{m}$ のとき，
> （あ）　$a + c \equiv b + d \pmod{m}$
> （い）　$a - c \equiv b - d \pmod{m}$
> （う）　$ac \equiv bd \pmod{m}$

　文字と記号で表現すると「かっこよい」ですが，性質自体は「あたりまえ」なものです．あたりまえ，でおしまいにせず，きちんとその成立を確かめるなら，例えば（う）は次の手順でおしまいです．（あ）（い）の確認はみなさんにおまかせします．
「$a \equiv b$, $c \equiv d \pmod{m}$ なので，整数 k, l を用いて $a - b = km$, $c - d = lm$ とおけば，
$ac - bd = a(lm + d) - (a - km)d = (la + kd)m$
で，これは確かに m の倍数だから $ac \equiv bd \pmod{m}$」

（3）の考え方は，（う）から派生すると考えれば自然です．また，（う）において，$c=d$ のケースを考えると，感覚的にあたりまえな結果が得られます．（う）の系を，合同記法でまとめましょう．

【性質2】 $a \equiv b \pmod{m}$ とする．このとき，整数 c，正の整数 n に対して，
（え） $ca \equiv cb \pmod{m}$ （お） $a^n \equiv b^n \pmod{m}$

0は全ての整数の倍数ですから，任意の m に対して $c \equiv c \pmod{m}$ であることに注意してください．（お）は，$a \equiv b \pmod{m}$, $a \equiv b \pmod{m}$, $\cdots$, $a \equiv b \pmod{m}$ という n 本の式の辺々をかけた，と考えるのです．

これをふまえて，（3）の解答をまとめるなら，次のようになります．

「$1102208 \equiv 8 \equiv -3 \pmod{11}$ だから，
$1102208^{100} \equiv (-3)^{100} = 3^{100} \pmod{11}$
ここに，$3^2 = 9$, $3^3 = 27 \equiv 5$, $3^4 = 3^3 \cdot 3 \equiv 5 \cdot 3 \equiv 4$
$3^5 = 3^4 \cdot 3 \equiv 4 \cdot 3 \equiv 1 \pmod{11}$
だから，$3^{100} = (3^5)^{20} \equiv 1^{20} = 1 \pmod{11}$
従って，余りは1」

以上をみてもわかるように，合同記法というのは，
「余りの世界で考えるのなら，余りが等しい別の数に置き換えて，足したり引いたり，かけたりしてもよい」
ということを記号で表現したに過ぎません．ですから，まず覚えておいてほしいのは，

合同記法＝「あたりまえ」の記法化

ということです．
「≡を用いれば解ける」＝「余りの世界で考えればよい」という認識は OK ですが，「≡を用いれば何でも解決できる」とか，「≡を用いなければ考えられない」というのは，大いなる幻想です．まして，何も考えずただ形式的に，（3）を
「$1102208 \equiv 8 \pmod{11}$, $100 \equiv 1 \pmod{11}$ だから，$1102208^{100} \equiv 8^1 = 8 \pmod{11}$ よって余りは8」
などとするのは天罰ものです．

⇒注 単なる記法にすぎない，ということを前面に出すために，本稿では「合同記法」と表現していますが，通例は「合同式」と呼ばれることが多いです．

§2 記法から学ぶ「あたりまえ」

さて，単なる記法にすぎない，と述べたこの合同記法ですが，先に挙げた【性質】をみても分かるように，普通の等式と同じように処理することができる，という利点は利点です．では，他の「普通の等式ならばいえること」は，合同記法においては成立するのでしょうか．次の2つを考えてみます．

【疑惑1】 普通の等式なら，
$ab = 0$ ならば，$a = 0$ または $b = 0$
では，$ab \equiv 0 \Longrightarrow a \equiv 0$ または $b \equiv 0 \pmod{m}$ $\cdots$ ＊
はいえるか？

【疑惑2】 普通の等式と同じように，両辺を0でない同じ数で割ることは可能か？ 即ち，a, b, c ($c \neq 0$) を整数として
$ca \equiv cb \Longrightarrow a \equiv b \pmod{m}$ $\cdots$ ☆
はいえるか？

形式的にもっともな表現でも，それを信頼する根拠はありません．合同記法の定義に立ち戻って考えてみましょう．まず，【疑惑1】ですが，＊を合同記法を用いずに表現するなら，
「ab が m の倍数
$\Longrightarrow a$, b の少なくとも一方が m の倍数」$\cdots$ ＊′
となります．こうしてみると，「常にはいえない」ことが明らかです．2×3 は6の倍数ですが，2も3も6の倍数ではありませんから．

ですが，m が特別な数の場合は，全ての a, b に対して＊が成り立つといえます．整数の論証の基本に位置する，

（素数の基本性質）
p が素数のとき，ab が p の倍数
$\Longrightarrow a$, b の少なくとも一方が p の倍数

を思い出してください．形が＊′とまったく同じですね．ということは，この「あたりまえ」の性質に対応する合同記法の性質として，

【性質3】
（か） p が素数のとき，
$ab \equiv 0 \Longrightarrow a \equiv 0$ または $b \equiv 0 \pmod{p}$

が成り立つと分かります．
「あたりまえ」を表現しなおしただけですから，大したことはないようにも見えますが，ここまでくると「表わし方の効能」もうかがえます．次の問題に取り組んでみてください．

問題 3-1.2 n を整数とする．
（1） 25^2 を19で割った余りを a とする．n^2 を19で割った余りが a となるための n の条件を求めよ．

第3章　整数，多項式，論証

（2）25^3 を 19 で割った余りを b とする．n^3 を 19 で割った余りが b となるための n の条件を求めよ．

実際に a（$=17$）や b（$=7$）を求める必要はありません．

解（1）即ち $n^2 \equiv 25^2 \pmod{19}$ となる n の条件を求めればよい．以下，mod 19 で考えると，
$n^2 \equiv 25^2 \Longleftrightarrow n^2 \equiv 6^2 \Longleftrightarrow n^2 - 6^2 \equiv 0$
$ \Longleftrightarrow (n+6)(n-6) \equiv 0$
で，19 は素数だからこれは
$n+6 \equiv 0$ or $n-6 \equiv 0 \Longleftrightarrow \boldsymbol{n \equiv \pm 6} \pmod{19}$ と同値で，これが求めるべき条件．**解終**

（2）やはり，$n^3 \equiv 25^3$ となる n の条件を考えればよい．
$n^3 \equiv 25^3 \Longleftrightarrow n^3 - 6^3 \equiv 0 \Longleftrightarrow (n-6)(n^2+6n+36) \equiv 0$
$ \Longleftrightarrow n-6 \equiv 0$ or $n^2+6n+36 \equiv 0$
ここに，$n^2+6n+36 = (n+3)^2+27$ だから，
$n^2+6n+36 \equiv 0 \Longleftrightarrow (n+3)^2 \equiv -27 \Longleftrightarrow (n+3)^2 \equiv 11$
$11 \equiv 30 \equiv 49$ で平方数を見つければ，
$n^2+6n+36 \equiv 0 \Longleftrightarrow (n+3)^2 \equiv 7^2$
$ \Longleftrightarrow (n+10)(n-4) \equiv 0$
$ \Longleftrightarrow n+10 \equiv 0$ or $n-4 \equiv 0$
従って，$\boldsymbol{n \equiv 6, 4, -10} \pmod{19}$ が求めるべき条件．**解終**
$(n+3)^2 \equiv 11$ となる n の条件は，$t^2 \equiv 11 \pmod{19}$ となる t の条件を，$t=0, \pm 1, \pm 2, \cdots, \pm 9$ のときの t^2 の値を

t	0	± 1	± 2	± 3	± 4	± 5	± 6	± 7	± 8	± 9
t^2	0	1	4	9	16	6	17	11	7	5

$\pmod{19}$

と計算して求めてもよいでしょう．

⇨ **注**　答えとしてまとめる際は，解答の様に「$n \equiv 6, 4, -10 \pmod{19}$」としても，「$n$ を 19 で割った余りが 6 か 4 か 9」としてもどちらでもよいので，しっくりくる方の形で答えればよいでしょう．また，解答作成において，合同記法の利用をためらう必要はありません．

引き続いて【疑惑2】です．やはり，☆を合同記法を用いずに表現してみるところから参りましょう．
$ca \equiv cb \pmod{m} \Longrightarrow a \equiv b \pmod{m}$ …☆ は，
「$c(a-b)$ が m の倍数 $\Longrightarrow a-b$ は m の倍数」…☆′
で，形としては，
「cN が m の倍数 $\Longrightarrow N$ は m の倍数」…………☆″
です．やはり，「常にはいえない」ですね．先と同じように，「2×3 は 6 の倍数だが，3 は 6 の倍数でない」という反例がありますから．しかし，やはり c と m がある条件をみたすなら，任意の N について☆″が成り立つといえます．☆″の形が登場する，整数についてのあの性質，そうです，

（整数の基本性質）
A，B（$\neq 0$）を互いに素な整数，C を整数とするとき，
AC が B の倍数ならば，C は B の倍数

です．
素数の基本性質と違って，題意が理解しにくい面もあるので，具体例を添えると，「21 と 32 は互いに素なので，$21n$ が 32 の倍数なら，整数 n は 32 の倍数といえる」，この性質のことです．
「A 君が C 子さんと話しているところに，A 君とは犬猿の仲である B 君が首をつっこんでくる．ということは，B 君は C 子さんのことが大好きである」といったイメージだと，私は認識しています．
$A=c$，$B=m$，$C=N$ とみれば，☆″は，基本性質そのままの表現ですが，基本性質には，A，B が互いに素，という文言が入りますから，☆″は「c，m が互いに素」という条件のもとでは正しいということがわかります．
従って，整数の基本性質という「あたりまえ」に対応する合同記法の性質として，

【性質4】
（き）　c が m と互いに素な整数のとき，
$ca \equiv cb \Longrightarrow a \equiv b \pmod{m}$

と，まとまります．（逆は(え)で確かめていますから，$ca \equiv cb \Longleftrightarrow a \equiv b$ でもあります．）
この合同記法における m を，「法」と表現しますが，口語調で表わすなら，

式の両辺を，法と互いに素な整数で割ってもよい

となります．ちなみに「mod」をなんと読むかは諸説ありますが，私はふつうに「もど」と読んでいます．「a と b は，もど m で等しい」とか，「a と b は m を法として等しい」などと話すことが多いです．
この「合同記法の割り算」を身につけると，形式的に一次の合同方程式を解くことが可能になります．

問題 3-1.3 $7n$ を 18 で割ると余りが 1 となるような，整数 n の条件を求めよ．

つまり，「$7n \equiv 1 \pmod{18}$ を解け」ということです．両辺を 7 で割ろうにも，1 は 7 の倍数ではないので不可能です．ですから，問題 8.1（2）でみたように，右辺の 1 を，mod 18 で等しい数にどんどんと置き換えてゆきましょう．7 の倍数が登場すればおしまいです．
$1 \equiv 19 \equiv 37 \equiv 55 \equiv 73 \equiv 91 \pmod{18}$ で，7 の倍数が登場

しましたから，
「$7n \equiv 1 \pmod{18} \Longleftrightarrow 7n \equiv 91 \pmod{18}$
7と18は互いに素なので，両辺を7で割って
$$7n \equiv 91 \Longleftrightarrow n \equiv 13 \pmod{18}$$
で，これが求めるべきnの条件」でおしまいです．
では，次の問題はどうですか？

問題 3-1.4 整数nを33で割った余りは4であり，61で割った余りは16である．nを2013で割った余りを求めよ．

実は，これでも一次の合同方程式が解けることが大いに役立ちます．

解 nを61で割った余りが16なので，nは整数tを用いて$n = 61t + 16$とおける．一方，$n \equiv 4 \pmod{33}$であるから，$61t + 16 \equiv 4 \pmod{33} \cdots *$ $61 \equiv -5$に注意すると，
$$* \Longleftrightarrow -5t \equiv -12 \Longleftrightarrow -5t \equiv -45 \pmod{33}$$
-5と33は互いに素なので，両辺を-5で割って
$t \equiv 9 \pmod{33}$ ゆえに，tは整数sを用いて$t = 33s + 9$とおける．ゆえに，
$$n = 61t + 16 = 61(33s + 9) + 16 = 2013s + 565$$
と分かるので，nを2013で割った余りは **565**

§3 基本性質は論証の要

結局は，合同記法を用いようと用いまいと，大切なのは「どんな"あたりまえ"からいえるのか」ということです．形式的な性質（か）（き）も，おおもとには2つの基本性質が隠れていました．あたりまえを「あたりまえ」と認識することは，それはそれで重要だし，そしておいしいのです．最後に，先にあげた整数・素数の基本性質が「おいしく」活きる，余りの話題以外の問題を2つ紹介して，終わりにしましょう．

問題 3-1.5 互いに素な整数aとbがある．次の2つを証明せよ．
（1） $a + b$とabは互いに素
（2） $a + b$が奇数ならば，$a^2 + b^2$と$a^3 + b^3$は互いに素

互いに素，の定義は「最大公約数が1」ですが，素数の基本性質の利用を意識して，「素数の公約数を持たない」という定義を頭に入れておくのがよいでしょう．

解 （1） $a + b$とabが互いに素でないとすると，$a + b$，abは素数の公約数pをもつ．このとき，abは素数pの倍数であるから，a，bの少なくとも一方はpの倍数である．aがpの倍数であるとすると，$a + b$もpの倍数であることから，$(a + b) - a = b$もpの倍数．従って，a，bはpを公約数に持つことになり，a，bが互いに素であることに反する．bがpの倍数であるとしても同様に不合理なので，$a + b$，abは確かに互いに素である．

（2） 同様に，$a^2 + b^2$，$a^3 + b^3$が素数の公約数pを持つと仮定し，矛盾を導く．ここに，a，a^2の偶奇，b，b^2の偶奇は一致するので，$a^2 + b^2$は奇数だから，pは奇数である．

さて，この仮定のもとでは，$a(a^2 + b^2)$も$a^3 + b^3$もpの倍数であるから，その差$(b - a)b^2$もpの倍数である．従って，$b - a$，b^2の少なくとも一方はpの倍数である．
b^2がpの倍数のとき：$b \times b$がpの倍数であるから，b，bの少なくとも一方がpの倍数，即ちbはpの倍数である．$a^2 + b^2$もpの倍数なので，$(a^2 + b^2) - b^2 = a^2$もpの倍数．先と同様にしてaがpの倍数となり，従ってa，bは素数の公約数pを持つことになり，不合理．
$b - a$がpの倍数のとき：$(a^2 + b^2) - (b - a)^2 = 2ab$も$p$の倍数なので，2，$ab$の少なくとも一方は$p$の倍数．$p$は奇数（の素数）だから，$ab$が$p$の倍数となる．ゆえに，$a$，$b$の少なくとも一方が$p$の倍数と分かるが，$b - a$も$p$の倍数なので，（1）と同様にして$a$，$b$が$p$を公約数に持つことがいえ，不合理．

以上から，題意は示された．

■**参考** $a + b$が奇数，という条件を除けば，$a^2 + b^2$，$a^3 + b^3$の最大公約数は1か2になります．腕に自信のある人は証明してみるとよいでしょう．

問題 3-1.6 nを3以上の整数とし，rを$1 \leq r \leq n - 2$を満たす整数とする．となりあう2項係数$A = {}_nC_r$，$B = {}_nC_{r+1}$は互いに素でないことを示せ．

やはり，否定をとって矛盾を示すのがよいでしょう．今度は整数の基本性質が使えます．

解 $B = \dfrac{n - r}{r + 1} A$であるから，$(r + 1)B = (n - r)A$
ここに，AとBが互いに素であるとすると，$(r + 1)B$がAの倍数であることから，整数の基本性質より$r + 1$はAの倍数である．ここに，$1 \leq r \leq n - 2$から$A \geq {}_nC_1 = n$であるので，$0 < r + 1 \leq n - 1 < A$
$r + 1 = kA$をみたす整数kは存在しないので，$r + 1$はAの倍数ではなく，これは不合理なので，AとBは互いに素ではない．

論拠を持って論証を制する，これは整数の問題に限らず常に心がけたい姿勢そのものです．

◇2 有理数・無理数とその論証

問題 3-2.1

次のうち,正しい主張を全て選べ.ただし,$\sqrt{2}$,$\log_2 3$ が無理数であることは認めてよい.

(あ) 無理数と無理数の和は無理数である
(い) 無理数と無理数の積は無理数である
(う) 無理数と有理数の和は無理数である
(え) 無理数と有理数の積は無理数である
(お) 正の無理数の無理数乗は無理数である
(か) 正の有理数の無理数乗は無理数である

問題 3-2.2

(1) $A = \sqrt{2}$ が無理数であることを示せ.
(2) $B = \log_2 3$ が無理数であることを示せ.

問題 3-2.3

$f(n) = \sqrt{2 \times 10^n + 5}$ が有理数となるような非負整数 n を全て求めよ.

問題 3-2.4

(1) 1 が 2014 個並んだ整数を $A = 111\cdots 11$ とする.$\sqrt{A}$ は無理数であることを証明せよ.
(2) a, b を,互いに素な 2 以上の整数とする.$B = \log_a b$ は無理数であることを証明せよ.

問題 3-2.5
難易度 ★★

(1) a, b, c, d を整数とし,$ad \neq 0$ とする.x の 3 次方程式 $f(x)=ax^3+bx^2+cx+d=0$ が有理数解 α をもち,α が,互いに素な整数 p, q を用いて $\alpha=\dfrac{q}{p}$ と既約分数で表わされるとき,p は a の約数であり,かつ q は d の約数であることを示せ.

(2) (1)の結果を用いて,正の整数 n について,$\sqrt[3]{n}$ が有理数となるのは,n が立方数のときに限ることを示せ.(ある整数の 3 乗で表わされる数を,立方数という.)

問題 3-2.6
難易度 ★★

$\cos 20°$ は無理数であることを示せ.

問題 3-2.7
難易度 ★★

$\tan 1°$ は無理数であることを示せ.

問題 3-2.8
難易度 ★★★

(1) p, q, r, s を有理数とする.このとき,
$$p+q\sqrt{2}+r\sqrt{3}+s\sqrt{6}=0 \Longrightarrow p=q=r=s=0 \quad \cdots\cdots\cdots ①$$
であることを示せ.

(2) $\sqrt{2}+\sqrt{3}+\sqrt{5}+\sqrt{7}$ は無理数であることを示せ.ただし,$\sqrt{2}, \sqrt{3}, \sqrt{5}, \sqrt{6}, \sqrt{7}$ が無理数であることは断りなく用いてよい.

問題 3-2.9
難易度 ★★★

a, b を実数とし,$f(x)=x^2+ax+b$ とする.このとき,$f(1), f(1+\sqrt{2}), f(\sqrt{3})$ の少なくとも一つは無理数であることを示せ.

第3章 整数, 多項式, 論証

◆2 有理数・無理数とその論証

数ⅠAⅡ
解説編

　本稿では，有理数・無理数，をテーマに，整数問題の論証の基本部分をお話ししたいと思います．それを通して，論述の上でもカギとなることがらを整理してゆきたいと思います．では，参りましょう．

§1 有理数，無理数の性質

　有理数とは，皆さんもよくご存知の通り，整数の比で表わされる数のことをいいます．$\dfrac{5}{3}$ や $-2\left(=\dfrac{-2}{1}\right)$ などのことです．無理数とは，有理数ではない実数のことをいいます．後に示すように $\sqrt{2}$ は無理数ですし，また π（円周率）も無理数であることが知られています．
　一般に，有理数については，次のことが基本になります．

【性質】
A，B が有理数であるとき，$A+B$，$A-B$，$A\times B$ はいずれも有理数である．また，$B\neq 0$ のとき，$\dfrac{A}{B}$ も有理数である．

　証明は至って簡単で，有理数の定義から，整数 a〜d を用いて（$bd\neq 0$）$A=\dfrac{a}{b}$，$B=\dfrac{c}{d}$ とおけば，

$$A\pm B=\dfrac{a}{b}\pm\dfrac{c}{d}=\dfrac{ad\pm bc}{bd}$$

$$A\times B=\dfrac{ac}{bd}\quad \dfrac{A}{B}=\dfrac{ad}{bc}\quad (c\neq 0)$$

で，いずれも整数の比で表わされているので，確かに有理数と分かります．
　なぁんだ，そんな簡単なこと，とお思いかもしれませんが，そんな「簡単なこと」くらいしか，有理数についていえることはありません．この他に断言できる性質は，ほんのわずかしかないのです．
　それを確かめてもらうために，次の問題をみてもらいましょう．

問題 3-2.1
　次のうち，正しい主張を全て選べ．ただし，$\sqrt{2}$，$\log_2 3$ が無理数であることは認めてよい．
（あ）　無理数と無理数の和は無理数である
（い）　無理数と無理数の積は無理数である
（う）　無理数と有理数の和は無理数である
（え）　無理数と有理数の積は無理数である
（お）　正の無理数の無理数乗は無理数である
（か）　正の有理数の無理数乗は無理数である

　正しいものは，一つだけしかないのですが，正しく判定できましたか？

解　（あ）　$\sqrt{2}$，$-\sqrt{2}$ はともに無理数で，
$\sqrt{2}+(-\sqrt{2})=0$ は有理数（$0=\dfrac{0}{1}$）であるので，これは必ずしも**正しくない**．
（い）　$\sqrt{2}$，$\sqrt{2}$ は無理数で，その積は 2 であるので有理数である．従って，これも必ずしも**正しくない**．
（う）　A を無理数，B を有理数とする．$A+B=C$ が有理数であるとすると，$A=C-B$ は有理数同士の差であるから，有理数となる．これは不合理であるので，C は有理数でない．従って，C は無理数であるので**正しい**．
（え）　A を無理数，B を有理数とする．$AB=C$ が有理数として，$B\neq 0$ とすると，$AB=C$ の両辺を $\dfrac{1}{B}$ 倍すれば $A=\dfrac{C}{B}$．右辺は有理数で，左辺は無理数なのでこれは不合理．従って，$B\neq 0$ のとき，AB は無理数である．しかし，$B=0$ のケースを考えると，無理数 $\sqrt{2}$ と，有理数 0 で，その積が有理数 0 となる場合が見つかる．従って，これは必ずしも**正しくない**．
（お）　（え）の過程より，$2\log_2 3$ は無理数であり，また $\sqrt{2}$ は正の無理数である．しかし，
$\sqrt{2}^{2\log_2 3}=(\sqrt{2}^2)^{\log_2 3}=2^{\log_2 3}=3$ は有理数である．従って，これも必ずしも**正しくない**．

（か）2 は正の有理数，$\log_2 3$ は無理数だが，$2^{\log_2 3}=3$ は有理数である．従って，やはり必ずしも**正しくない**．

一番引っかかりやすいのが（え）ですが，「ひっかけ」の要素を除いた結果，即ち

　　　無理数と，0 でない有理数の積は無理数である

は，

　　　無理数と有理数の和は無理数である

（唯一の「正解」！）とともに，数少ない有用な結果です．そもそもにして，「無理数」とは，否定的な定義による数なわけでして，ネガティブな定義に属するもの同士では，ろくな結果が生まれないというのは，なにも数学に限った話ではありません．私は，マイケルジャクソンが昔から大好きなのですが，

「マイケルファン同士は気があう」

は正しいような気もしますが，

「マイケルが嫌いな人同士は気があう」

というのは，ぜんぜん正しい気がしなくありませんか？（アンチマイケル，な人と，そもそもマイケルに興味のない人，では，むしろ気があわない気がします．）

　　　無理数同士の論証では，ろくなことがいえない

ことを，有理数・無理数がらみの論証では気をはらう必要があり，その結果として，無理数性を論じるうえでは背理法の形式をとり，「無理数でないとすると…」で議論を始めることによって，ポジティブな表現のもとで議事進行を行うことが基本となるわけです．実際，（う）や（え）の過程では，背理法の形式をとっていますね．

では，本格的に論証の話題へと参りましょう．まずは，先ほど用いた 2 つの数の無理数性の証明からです．

問題 3-2.2
（1）$A=\sqrt{2}$ が無理数であることを示せ．
（2）$B=\log_2 3$ が無理数であることを示せ．

（1）は，経験したことがある人も多いでしょう．ひとまず，解決を急ぎましょうか．

解　（1）$A=\sqrt{2}$ が無理数でないとすると，$\sqrt{2}$ は正の有理数であるので，正の整数 a, b を用いて $\sqrt{2}=\dfrac{b}{a}$ と表わせる．

従って，$\sqrt{2}\,a=b$ であるので，両辺を 2 乗すれば，$2a^2=b^2$ である．正の整数 a が 2 でちょうど α 回，正の整数 b が 2 でちょうど β 回割り切れるとすると，$2a^2$ は 2 で $2\alpha+1$ 回，b^2 は 2 で 2β 回割り切れることになるが，α, β は整数なので，$2\alpha+1 \neq 2\beta$ である．これは不合理であるので，A は無理数である．

（2）$B=\log_2 3$ が無理数でないとすると，B は有理数で，$\log_2 3 > \log_2 1 = 0$ より，正である．従って，正の整数 a, b を用いて，$\log_2 3 = \dfrac{b}{a}$ と表わせる．

このとき，$2^{\frac{b}{a}}=3$ だから，両辺を a 乗すれば，$2^b=3^a$ 左辺は偶数，右辺は奇数であるので，これはおかしい．ゆえに，B は無理数である．■

▷**注**　（2）では，「2^b が偶数，3^a が奇数」ということに着目していますが，それが正しいのは，a が非負の整数，b が正の整数の場合のみですから，a, b の符号についての言及は欠かせません．

では，これをふまえて少し演習です．細部にまで注意してください．

問題 3-2.3
$f(n)=\sqrt{2\times 10^n+5}$ が有理数となるような非負整数 n を全て求めよ．

解　$f(n)$ が有理数とすると，互いに素な整数 p, q を用いて $f(n)=\dfrac{q}{p}$ とおけるので，分母をはらって両辺を 2 乗することで，$(2\times 10^n+5)p^2=q^2$ ……①
とおける．以下，添え字のついた文字は全て整数とする．
（$n=0$ のとき）
$7p^2=q^2$ より，q は素数 7 の倍数．$q=7q_0$ と置けば $p^2=7q_0^2$ なので，p も素数 7 の倍数であるから，p, q がともに 7 の倍数となり，互いに素であることに反する．
（$n=1$ のとき）
$f(1)=\sqrt{25}=5$ なので，条件を満たす．
（$n\geq 2$ のとき）
①の左辺は素数 5 の倍数だから，q は 5 の倍数．従って，$q=5q_0$ と置いて両辺を 5 で割ると
$$(4\times 10^{n-1}+1)p^2=5q_0^2$$
ここに，$4\times 10^{n-1}+1$ は，10^{n-1} が 5 の倍数なので，5 の倍数ではないが，右辺は素数 5 の倍数だから，p は 5 の倍数である．ゆえに p, q は 5 の倍数となるので，p, q が互いに素であることに反するから，$f(n)$ は無理数である．

以上から，求めるべき n は **$n=1$ のみ**とわかる．■

$n\geq 2$ の場合には，$2\times 10^n+5$ は 5 でちょうど 1 回割り切れる，というところのみに着目すれば十分なわけです．

むろん，自然数の平方根については，

> **定理**
> n が平方数でない正の整数のとき，$\sqrt{n}$ は無理数である．

がいえますから，それに頼るというのも一手ですが，以下に見るように，その証明は少し煩雑ですから，「手の届くところにある材料」を効率よく使って示すほうがよいでしょう．カレーづくりのようなものです．

（定理の証明）

n が平方数でないとき，n はある素数 P で丁度奇数回割り切れる．その回数を $2k+1$（k は非負整数）とおく．$n=P^{2k}\times N$ とおけば，$\sqrt{n}=\sqrt{P^{2k}N}=P^k\sqrt{N}$ なので，P^k が 0 でない有理数であることを加味すれば，$\sqrt{N}$ が無理数であることを示せば十分である．

$\sqrt{N}$ が有理数であるとし，互いに素な整数 p, q を用いて $\sqrt{N}=\dfrac{q}{p}$ とおけば，$p^2N=q^2$ で，N は素数 P の倍数なので q は P の倍数．N は P で丁度 1 回しか割れないので，$N=Pm$ とおけば m は P の倍数でない整数．

$q=Pq_0$（q_0 は整数）とおけば $p^2Pm=P^2q_0^2$ より $p^2m=Pq_0^2$ だから，p^2m は素数 P の倍数で，m は P の倍数でないから p は P の倍数．従って，p, q は P の倍数となり，互いに素であることに反し不合理である．■

▷**注** 問題 **3-2.3** の解は，n を負の整数まで広げても解は $n=1$ のみになります．余力があれば示してみてください．

問題 3-2.4
（1）1 が 2014 個並んだ整数を $A=111\cdots11$ とする．$\sqrt{A}$ は無理数であることを証明せよ．
（2）a, b を，互いに素な 2 以上の整数とする．$B=\log_a b$ は無理数であることを証明せよ．

論証の決め手が何か，を考えましょう．

（1）整数の平方根は，必ずしも無理数とは限りません．$\sqrt{4}$ などは有理数（整数）です．「そのようなことはない」を言うには，A が平方数でないことをいえばよいですが，

> **【平方数を割った余りの特殊性】**
> 整数 n に対して，
> （あ）n^2 を 3 で割った余りは 0 か 1 である
> （い）n^2 を 4 で割った余りは 0 か 1 である

を常識にしておけば，その論証は容易いでしょう．

解（1）$A=111\cdots1100+11$ であるから，
$A \equiv 11 \equiv 3 \pmod{4}$
ここに，n が偶数のとき，整数 m を用いて $n=2m$ とおけば，$n^2=4m^2\equiv 0 \pmod{4}$
n が奇数のときは，$n=2m+1$ とおけば
$$n^2=4m^2+4m+1\equiv 1 \pmod{4}$$
なので，平方数を 4 で割った余りは 0 か 1 である．（ここに，$p\equiv q \pmod{M}$ で，p, q を M で割った余りが等しいことを表わしている．）

よって，A は平方数ではないので，ある素数 p ではちょうど奇数回割り切れる．

さて，$\sqrt{A}$ が無理数でないとすると，$\sqrt{A}$ は正の有理数であるから，正の整数 a, b を用いて $\sqrt{A}=\dfrac{b}{a}$ と表わせる．従って，$a\sqrt{A}=b$ であるので，$a^2A=b^2$

ここに，a, b がそれぞれ素数 p で α, β 回割り切れ，A が素数 p で $2\gamma+1$ 回割り切れるとすると，a^2A は p で $2(\alpha+\gamma)+1$ 回，つまり奇数回割り切れ，b は p で 2β 回，つまり偶数回割り切れることになる．これは不合理であるから，$\sqrt{A}$ は無理数である．■

▷**注** 前述の（あ）も，解答中の（い）の証明と同様に行うことができます．

▷**注** A が平方数でないことは，
「A が平方数 $\Longrightarrow 9A$ が平方数」と，
$(10^{1007}-1)^2 < 9A < (10^{1007})^2$ であることからも示すことができます．

（2）2 つの整数が互いに素であるとは，2 つの整数の「最大公約数が 1」であることを意味します．一見，普通の表現にも見えますが，「2 以上の公約数を持たない」という表現に改めれば，無理数であること同様，ネガティブな表現であると認識できます．

互いに素，の扱いも，基本的には無理数の扱い同様，否定をとる方が勝手がよいのです．

「互いに素」も，「無理数」も，同時に否定形で扱うには，対偶を示すのが良さそうです．

解（2）2 以上の整数 a, b に対して，$B=\log_a b$ が無理数でないとすると，B は有理数であり，$\log_a b > \log_a 1 = 0$ より，正の数である．従って，正の整数 k, l を用いて，$B=\log_a b=\dfrac{l}{k}$ とおけるので，$a^{\frac{l}{k}}=b$
従って，$a^l=b^k$ である．

b は 2 以上の整数であるから，素数の約数を少なくとも一つ持つ．それを p とすれば，a^l は p の倍数である

から，a は素数 p の倍数．ゆえに，a, b は 1 より大きい公約数 p を持つ．

従って，

B が有理数である $\Longrightarrow a$, b は互いに素でない

がいえたので，対偶をとることで題意は示された． 終

$a^l = b^k$ の段階で，a, b が互いに素でないのは「ほぼ明らか」ですが，それを自明扱いするのは好ましくありません．

【素数の基本性質】
a, b を整数，p を素数とするとき，
　ab が p の倍数
　　$\Longrightarrow a$, b の少なくとも一つは p の倍数

が，かゆいところに手を伸ばしてくれる孫の手のような役割を果たしてくれます．

a^l が素数 p の倍数 $\Longleftrightarrow \underbrace{a \times a \times \cdots \times a}_{l\text{個}}$ が p の倍数

　　　　　$\Longrightarrow a$, a, …, a の少なくとも一つは p の倍数
　　　　　$\Longleftrightarrow a$ は p の倍数

という論証を可能にしてくれるのです．

このように，「素数の」公約数もまた，議論においては扱いやすいものなので，

　「互いに素」の否定…素数の公約数を持つ

という言い換えは定石にしておくとよいでしょう．

では，素数についての論述の仕方に注意して，次の問題に挑んでみてください．今回，テーマにしたいのは（1）の証明過程の部分なのですが，せっかくですから，＋α をつけてみました．

問題 3-2.5

（1） a, b, c, d を整数とし，$ad \neq 0$ とする．
x の 3 次方程式 $f(x) = ax^3 + bx^2 + cx + d = 0$ が有理数解 α をもち，α が，互いに素な整数 p, q を用いて $\alpha = \dfrac{q}{p}$ と既約分数で表わされるとき，p は a の約数であり，かつ q は d の約数であることを示せ．

（2） （1）の結果を用いて，正の整数 n について，$\sqrt[3]{n}$ が有理数となるのは，n が立方数のときに限ることを示せ．（ある整数の 3 乗で表される数を，立方数という．）

（1）の結果は，高次式の因数分解の際に良く用いる結果ですが，その成り立ちをきちんと理解することは，ちょっとした勉強になります．まず，「許されるであろう」証明のつくりをみましょう．

解 （1） $f\left(\dfrac{q}{p}\right) = 0$ より，$\dfrac{aq^3}{p^3} + \dfrac{bq^2}{p^2} + \dfrac{cq}{p} + d = 0$

であるから，分母をはらえば，

$aq^3 + bpq^2 + cp^2 q + dp^3 = 0$ ……………………… ＊

＊ を $dp^3 = -q(aq^2 + bpq + cp^2)$ とみれば，dp^3 は q の倍数であり，p, q は互いに素なので p^3, q は互いに素…①である．ゆえに，d は q の倍数……② なので，q は d の約数である．

＊ を $aq^3 = -p(bq^2 + cpq + dp^2)$ とみれば，全く同様にして p が a の約数であることもいえるので，題意は示された． 終

みておきたいのは，①と②の成立の部分です．

①は，感覚的に「あたりまえ」ととらえられるものでしょうが，きちんと説明をつけられるでしょうか．

p, q が互いに素で，p^3, q が互いに素でないとします．このとき，p^3, q は素数の公約数 r を持つとでき，p^3 が素数 r の倍数であることから，素数の基本性質を利用することで，p が r の倍数であるといえます．

ゆえに，p, q が r（＞1）を公約数に持つことになり，これは p, q が互いに素であることに反します．

②はどうでしょうか？
第 3 章 ◇1 でみたように，

【整数の基本性質】
A, B（$\neq 0$）を互いに素な整数，C を整数とするとき，
　AC が B の倍数ならば，C は B の倍数

が成り立ち，この②は $A = p^3$, $B = q$, $C = d$ のケースにあたるものなわけですが，せっかくですから，この基本性質も示してみましょう．

AC が B（$\neq 0$）の倍数で，C が B の倍数でないとします．（これから述べることは，簡単にいうと，素因数分解形を考えていることに他ならないのですが，）どのような素数 P に対しても，

（C が P で割り切れる回数）≧（B が P で割り切れる回数）

が成り立つなら，C は B の倍数となるので，ある素数 P について，C, B が P で割り切れる回数 k, l が，$k < l$ を満たすと仮定することができます．すると，$AC = BM$

となる整数 M が存在することから，A はこの素数 P で少なくとも $l-k$（$\geqq 1$）回割り切れることになり，従って A，B は素数 P（$\geqq 2$）を公約数に持つので，A，B が互いに素であることに反します．

▷注　0は任意の素数で無限回割り切れると考えます．

ここで登場した，整数の基本性質，および素数の基本性質は，証明なしで用いてよいことがらと認識してもらってかまいません．また，これらの基本性質から「簡単に」導けることがらも，特に断りなく用いてよいとおもって構いません．ですが，それはあくまでも「答案作成の上で」のお話であって，自分が論じようとしていることが正しいかどうかを，これらの基本性質に立ち戻って検証する必要があるのは，いうまでもありません．

おっと．今回のテーマからすると，ある意味「本題」は（2）でしたね．忘れていました．

解　（2）$\sqrt[3]{n}$ は，x の 3 次方程式 $x^3-n=0$ の解であるから，$\sqrt[3]{n}$ が有理数であるとし，互いに素な正の整数 p，q を用いて $\sqrt[3]{n}=\dfrac{q}{p}$ と既約分数で表わせるとすると，p は（3次の係数）1の約数である．従って，$p=1$ であるから，$\sqrt[3]{n}=q$

従って $n=q^3$ であるから，n は立方数である．■

（2）のからくりは，さまざまな無理数性の証明に役立ちます．例えば，

問題 3-2.6
$\cos 20°$ は無理数であることを示せ．

も，以下のように示すことができます．

解　$t=\cos 20°$ とおくと，3倍角の公式
$$\cos 3\theta = 4\cos^3\theta - 3\cos\theta$$
で $\theta=20°$ の場合を考えることにより，
$$\cos 60° = 4t^3 - 3t$$
従って，$8t^3-6t-1=0$
とわかるので，t は，整数係数の3次方程式
$$f(x)=8x^3-6x-1=0$$
の解である．
ここに，t が有理数であるとすると，先の結果より，
$$t=\dfrac{1 \text{の約数}}{8 \text{の約数}} \quad \cdots\cdots\cdots ☆$$
の形で表わせる．$t=\cos 20°$ は
$$\cos 60° < t < \cos 0°$$

つまり $\dfrac{1}{2}<t<1$ を満たすが，この範囲に，☆の形の有理数は存在しないので，不合理である．

ゆえに，$t=\cos 20°$ は無理数である．■

問題 3-2.7
$\tan 1°$ は無理数であることを示せ．

攻め方はいろいろあるでしょうが，素直に加法定理を利用するのが良いでしょう．cos，sin の加法定理は「相互的」，即ち，他方がもう一方の加法定理に登場する形ですが，tan の加法定理は「完結的」，即ち，tan のみでの表現が可能ですから．

解　$a=\tan 1°$ とし，$x_n=\tan n°$ で $\{x_n\}$（$n=1$, 2, $\cdots$, 30）を定める．加法定理から，
$$x_{n+1}=\tan(n°+1°)=\dfrac{x_n+a}{1-ax_n}$$
であるから，a が有理数とすると，
$$x_n \text{ が有理数} \Longrightarrow x_{n+1} \text{ が有理数}$$
従って，$x_1=a$ が有理数であることから x_{30} が有理数であることが導けるが，$x_{30}=\dfrac{\sqrt{3}}{3}$ は無理数である（証明は略）ので，これは不合理．■

いろいろな三角関数値について，それが有理数か無理数かを考察する（大半のケースは無理数になりますが）のは，よい訓練となります．

いろいろと探ってみるとよいでしょう．

§2 独立性の話題

α が無理数のとき，0 でない有理数 p に対しては $p\alpha$ は無理数となりました．このことから，無理数 α に対して

p，q が有理数のとき，$p\alpha+q=0 \Longrightarrow p=q=0$

がいえることが分かります．

一般に，有理数 p，q，$\cdots$，r に対して，
$$p\alpha+q\beta+\cdots+r\gamma=0 \text{ ならば } p=q=\cdots=r=0$$
が成り立つとき，α，β，$\cdots$，γ は有理数の上で独立である，と表現することにしましょう．先の話は，「無理数 α と 1 は有理数の上で独立である」ということになりますが，では，3つ以上のものが独立になる例はあるでしょうか．そのあたりをモチーフにした問題もみておきましょう．

問題 3-2.8

（1） p, q, r, s を有理数とする．このとき，
$$p+q\sqrt{2}+r\sqrt{3}+s\sqrt{6}=0 \Longrightarrow p=q=r=s=0$$
……①

であることを示せ．

（2） $\sqrt{2}+\sqrt{3}+\sqrt{5}+\sqrt{7}$ は無理数であることを示せ．ただし，$\sqrt{2}, \sqrt{3}, \sqrt{5}, \sqrt{6}, \sqrt{7}$ が無理数であることは断りなく用いてよい．

$\sqrt{}$ の種類が豊富ですから，まずは $\sqrt{}$ の種類を減らしにかかりましょう．ですが，安易な「2乗」はよろしくありません．

解（1） $p+q\sqrt{2}+r\sqrt{3}+s\sqrt{6}=0$
$\iff p+q\sqrt{2}=-\sqrt{3}(r+s\sqrt{2})$
$\Longrightarrow (p+q\sqrt{2})^2=3(r+s\sqrt{2})^2$
$\iff p^2+2q^2-3(r^2+2s^2)+2(pq-3rs)\sqrt{2}=0$

$\sqrt{2}$ は無理数であるから，
$$p^2+2q^2=3(r^2+2s^2), \quad pq=3rs$$
従って $p^2+2q^2-2pq\sqrt{2}=3(r^2+2s^2-2rs\sqrt{2})$ だから，
$$(p-q\sqrt{2})^2=3(r-s\sqrt{2})^2$$
ゆえに，$p-q\sqrt{2}=\pm\sqrt{3}(r-s\sqrt{2})$ であるから，$p+q\sqrt{2}=-\sqrt{3}(r+s\sqrt{2})$ との辺々の和を考えれば
$$2p=-2s\sqrt{6} \text{ ……② または } 2p=-2r\sqrt{3} \text{ ……③}$$
である．

②のとき：$2p+2s\sqrt{6}=0$ と $\sqrt{6}$ が無理数であることから，$p=s=0$ である．従って，$q\sqrt{2}+r\sqrt{3}=0$ だが，この両辺を $\sqrt{2}$ 倍すれば $2q+r\sqrt{6}=0$ なので，$2q=r=0$ をも得る．

③のとき：$2p+2r\sqrt{3}=0$ と $\sqrt{3}$ が無理数であることから，$p=r=0$ である．従って，$q\sqrt{2}+s\sqrt{6}=0$ だが，やはりこの両辺を $\sqrt{2}$ 倍すれば $2q+2s\sqrt{3}=0$ なので，$2q=2s=0$

いずれにせよ $p=q=r=s=0$ なので，①は示された．

（2） $\sqrt{2}+\sqrt{3}+\sqrt{5}+\sqrt{7}=a$ とし，a を有理数とする．$\sqrt{2}+\sqrt{3}-a=-(\sqrt{5}+\sqrt{7})$ と変形して，両辺を 2 乗すると，$a^2+5+2\sqrt{6}-2a\sqrt{3}-2a\sqrt{2}=12+2\sqrt{35}$ だから $a^2-7+2\sqrt{6}-2a\sqrt{3}-2a\sqrt{2}=2\sqrt{35}$ ……④ である．この両辺を 2 乗すれば，左辺は $A+B\sqrt{2}+C\sqrt{3}+D\sqrt{6}$ （$A\sim D$ は有理数）の形で，右辺は 140 となる．
$$A=(a^2-7)^2+24+12a^2+8a^2=a^4+6a^2+73$$
であるから，④の 2 乗を整理すれば（$73-140=-67$ だ

から）$(a^4+6a^2-67)+B\sqrt{2}+C\sqrt{3}+D\sqrt{6}=0$ の形となる．係数は全て有理数だから，（1）より特に $a^4+6a^2-67=0$．これを a^2 について解くと $a^2=-3\pm 2\sqrt{19}$ で，これは無理数であるから，a が有理数であることに反し不合理．ゆえに題意は示された． ■

➡ **注** 異なる素数 $p_1, p_2, \cdots, p_n$ に対し，$1, \sqrt{p_1}, \sqrt{p_2}, \cdots, \sqrt{p_n}$ は有理数の上で独立なのですが，その証明はやや難しいです．

京都大では，かつて問題 **3-2.8**（1）を示させた上で，次のような設問を出題しました．最後に考えてみてください．

問題 3-2.9

a, b を実数とし，$f(x)=x^2+ax+b$ とする．このとき，$f(1), f(1+\sqrt{2}), f(\sqrt{3})$ の少なくとも一つは無理数であることを示せ．

問題 **3-2.8**（1）の結果は認めて解をまとめます．a, b は有理数とは限りませんから，これらを消去する方向で攻めましょう．「主役は有理数で」です．

解 仮に $f(1), f(1+\sqrt{2}), f(\sqrt{3})$ の全てが有理数であるとすると，$1+a+b, (1+\sqrt{2})^2+a(1+\sqrt{2})+b, 3+a\sqrt{3}+b$ の全てが有理数であるので，$a+b$ は有理数であり，
$$(1+\sqrt{2})^2+a(1+\sqrt{2})+b=3+a+b+(2+a)\sqrt{2}$$
から $(2+a)\sqrt{2}$ も有理数，$a\sqrt{3}+b$ も有理数である．$a+b=k, a\sqrt{3}+b=l$ とおくと，$(\sqrt{3}-1)a=l-k$ から $a=\dfrac{l-k}{\sqrt{3}-1}=\dfrac{l-k}{2}(\sqrt{3}+1)$ で，従って $(2+a)\sqrt{2}=m$ とおけば，$m=\left\{2+\dfrac{l-k}{2}(\sqrt{3}+1)\right\}\sqrt{2}$
$$\iff m-\left(2+\dfrac{l-k}{2}\right)\sqrt{2}-\dfrac{l-k}{2}\sqrt{6}=0$$
k, l, m は仮定よりすべて有理数だから，先の結果より $m=\underline{-\left(2+\dfrac{l-k}{2}\right)}_{\text{あ}}=\underline{-\dfrac{l-k}{2}}_{\text{い}}=0$ だが，あ と い は同時に 0 にはならないので不合理．ゆえに題意は示された． ■

無理数性の証明には，論証の基本が多く潜んでいます．ここで取り上げた問題たちが，皆さんの論証力のみがきに役立てればと思います．

◇3 論証問題にのぞむということ

数A 問題編

問題 3-3.1
難易度 ★

(1) 自然数 n に対して，n と $n+1$ の最大公約数が 1 であることを示せ．

(2) 自然数 n に対して，$n \cdot {}_{2n}C_n = (n+1) \cdot {}_{2n}C_{n-1}$ を示し，${}_{2n}C_n$ が $n+1$ の倍数であることを示せ．

問題 3-3.2
難易度 ★★★

(1) 5 以上の素数は，ある自然数 n を用いて $6n+1$ または $6n-1$ の形で表わされることを示せ．

(2) N を自然数とする．$6N-1$ は $6n-1$（n は自然数）の形で表わされる素数を約数に持つことを示せ．

(3) $6n-1$（n は自然数）の形で表わされる素数は無限に存在することを示せ．

問題 3-3.3

整数を未知数とする方程式
$$x^4+y^4+z^4=x^2y^2 \quad \cdots\cdots(*)$$
を考える．

（1） 3つの整数 a, b, c が互いに素であるとはどういうことか．その定義を述べよ．

（2） a, b, c が互いに素な整数であるとき，
$(x, y, z)=(a, b, c)$ は $(*)$ の解とならないことを示せ．

（3） $(*)$ の整数解を全て求めよ．

問題 3-3.4

0以上の整数を未知数とする方程式
$$x^2+y^2+z^2=xyz \quad \cdots\cdots(☆)$$
を考える．

（1） $(x, y, z)=(a, b, c)$ が $(☆)$ の解であるならば，$(x, y, z)=(a, b, ab-c)$ も $(☆)$ の解であることを示せ．

（2） $(☆)$ の整数解は無数に存在することを示せ．

第3章 整数，多項式，論証

◇3 論証問題にのぞむということ

数A 解説編

本稿では，整数の話題を中心に，論証問題に取り組む上での基本姿勢をみてゆきたいと思います．

いずれも，「主張しなければいけないことはなにか？」を考えてもらう形にしました．要はこういうことですね，とわかった上でも，答案に「どう表現すべきか」は別に考えなければいけません．頭を使いましょう．まんまるまーるく．

§1 要求にこたえるということ

まずは，極端な例をもとに，「主張しなければいけないこと」とはどういうことなのかを見てみましょう．

問題 3-3.1 （1） 自然数 n に対して，n と $n+1$ の最大公約数が 1 であることを示せ．
（2） 自然数 n に対して，$n \cdot {}_{2n}C_n = (n+1) \cdot {}_{2n}C_{n-1}$ を示し，${}_{2n}C_n$ が $n+1$ の倍数であることを示せ．

まずは問題をながめてください．（1）は「ユークリッドの互除法」からほぼ明らかで，（2）も，題意の等式が示せさえすれば，後者は明らかな感じがします．では，本能のままに答案を作るとするならばどうなるでしょうか．みてみることにします．

解1（本能のままに）
（1） ユークリッドの互除法より，$n+1$，n の最大公約数は $(n+1) - n = 1$ と n の最大公約数であるから，たしかに 1 である． 終

（2） $n \cdot {}_{2n}C_n = n \times \dfrac{(2n)!}{(n!)(n!)} = \dfrac{(2n)!}{(n!)(n-1)!}$

$(n+1) \cdot {}_{2n}C_{n-1} = (n+1) \times \dfrac{(2n)!}{(n+1)!(n-1)!}$

$\phantom{(n+1) \cdot {}_{2n}C_{n-1}} = \dfrac{(2n)!}{(n!)(n-1)!}$

ゆえに $n \cdot {}_{2n}C_n = (n+1) \cdot {}_{2n}C_{n-1}$ ……(*) であり，（1）より n と $n+1$ は互いに素だから，${}_{2n}C_n$ は $n+1$ の倍数． 終

これでマルになるだろう，という考え方ももちろんあるでしょうが，ここでは少し警戒心をもって考えてみたいと思います．

（1）では，そのまま「互除法により」としていますが，はたしてそれは答えになっているでしょうか？「正しいのだからよい」ともいえますが，見方によっては，「差が1なら，互いに素ってあたりまえですけれど，それを示してくださいね！」という問題だ，とも考えられます．私たちは，「ユークリッドの互除法より」というせりふを神様のように扱わなくとも，（1）くらいはその場で示すことが可能です．手間も大してかかりません．ならば，安全なのは直接 n と $n+1$ が互いに素であることを示すことだ，という考え方になります．

見るからに危なっかしいのはむしろ（2）の方です．(*)を得るところまではよいですが，その後の部分は果たして「説明」になっているといえるでしょうか？
書いてあることは正しいですが，「だからなぜ？」の部分が全く抜け落ちています．無論，読み手側（採点者側）は，行間を読むことはできますが，果たして読み手側に「行間を読んでもらう」というのは許されるのでしょうか？ はたまた疑問です．

以上をもとに，解答を作り直してみましょう．（同じ過程の繰り返しとなる部分は省略します．）

解2（細心の注意で）
（1） n と $n+1$ の最大公約数が 1 でないとすると，n と $n+1$ は 2 以上の公約数 d を持つ．n，$n+1$ はともに d の倍数となるから，その差 $(n+1) - n = 1$ も d の倍数である．これは $d \geqq 2$ に反して不合理であるから，n と $n+1$ の最大公約数は 1 である． 終

（2） …… $n \cdot {}_{2n}C_n = (n+1) \cdot {}_{2n}C_{n-1}$
よって，$n \cdot {}_{2n}C_n$ が $n+1$ の倍数である …☆ とわかり，（1）より n，$n+1$ は互いに素であるから，${}_{2n}C_n$ は $n+1$ の倍数である． 終

どうですか？ 解1と解2を比較して，
・（1）では，大して手間は変わらない
・（2）では，☆の有無が見栄えを大きく変えていることが確かめられますね．

- 手間が変わらないのであれば，迷わず丁寧に述べよ
- カギとなっている見方は，必ず指摘せよ

が論証問題の基本姿勢です．あわせて，

- 論証問題においては，原則として，行間は読んでもらえないと思え

も掲げておきましょう．

どこかしら，「人に説明する」ことと似ていると考えておけば良いでしょう．やさしい事柄を正面切って問われるというのは，子供に対して丁寧に説明する感じで，そうは易しくない事柄を問われるというのは，ある程度分かりのよい大人に説明する感じで，ということです．もしも問われている問題が，大問そのまま

「${}_{2n}C_n$ が $n+1$ の倍数であることを示せ」

という重い形であったとするなら，

解 $n+1$ と n は差が 1 なので互いに素．一方で，$n\,{}_{2n}C_n=(n+1)\,{}_{2n}C_{n-1}$ であるので，$n\,{}_{2n}C_n$ は $n+1$ の倍数．ゆえに ${}_{2n}C_n$ は $n+1$ の倍数である．**終**

で，なんら問題なく許されるでしょう．（「大人に対しての」説明の例なわけですが，それでも☆にあたるカギの部分はきちんと述べていることに注意してください．大人相手であっても，飛躍のある説明は許されません．）

⇨注 $\dfrac{{}_{2n}C_n}{n+1}$ は，「カタラン数」と呼ばれる，場合の数を表わすものですが，知識があったとしても，「$\dfrac{{}_{2n}C_n}{n+1}$ はカタラン数だから」という説明はやめておきましょう．空気が読めていないとみなされるのが普通です．

戦略として，論証問題の得点評価は

- やさしい問題ほど，瑣末なところで差がつく
- 大きい問題ほど，瑣末なところは軽視してよい

と認識しておきましょう．

§2 いざ，実戦へ

以上をふまえて，問題に取り組んでみましょう．はじめは，素数が無限に存在することの証明にからんだ問題です．

問題 3-3.2（1）5 以上の素数は，ある自然数 n を用いて $6n+1$ または $6n-1$ の形で表わされることを示せ．
（2）N を自然数とする．$6N-1$ は $6n-1$（n は自然数）の形で表わされる素数を約数に持つことを示せ．
（3）$6n-1$（n は自然数）の形で表わされる素数は無限に存在することを示せ．

「もしも素数が有限個しかないとすると，それらの積に 1 を足した数は，どの素数よりも大きいので，合成数ということになるが，いかなる素数でも割り切れない．これは不合理である．」という論法を耳にした人は多いでしょう．本問はその亜形です．しかし，「　」の内容をきちんと理解していないと，いざ答案としてまとめるときに苦労することになります．（「　」は，素数が無限に存在する証明として致命的な欠陥があります．それはなにか分かりますか？）

解 （1）全ての 5 以上の整数は，自然数 n を用いて $6n$，$6n\pm1$，$6n\pm2$，$6n+3$ のいずれかの形で表わせる．しかし，$6n=2\times3n$，$6n\pm2=2(3n\pm1)$，$6n+3=3(2n+1)$ より，$6n$，$6n\pm2$，$6n+3$ はいずれも 2 以上の整数の積で表わせるので，素数となることはない．
従って，5 以上の素数は必ず $6n\pm1$ の形で表わされる．**終**

（2）$6N-1$ は，2 でも 3 でも割り切れないので，$6n\pm1$ の形の素数のみを素数の約数に持つ．
p_1，p_2，p_3，$\cdots$，p_k を素数として（同じものがあってもよい）$6N-1=p_1p_2p_3\cdots p_k$ とすれば，p_1，p_2，$\cdots$，p_k はいずれも $6n\pm1$ の形の素数である．もしもこれら全てが $6n+1$ の形の素数とすれば，
（右辺）$\equiv 1^k=1 \pmod 6$ となり，
（左辺）$\equiv -1 \pmod 6$ に反するので，p_1，p_2，$\cdots$，p_k の少なくとも一つは $6n-1$ の形の素数である．従って題意は示された．**終**

（3）$6n-1$ の形の素数が有限個しかないとして，それらを q_1，q_2，$\cdots$，q_l とする．
$P=q_1^2q_2^2q_3^2\cdots q_l^2+4$ とすれば，
$P\equiv((-1)^2)^l+4\equiv5\equiv-1 \pmod 6$ より，P は $6N-1$ の形の数（$P\geqq4$ より N は自然数）であるから，（2）より P は $6n-1$ の形の素数を約数にもつ．
それは q_1，q_2，$\cdots$，q_l のいずれかであるから，P が

q_i を約数に持つとすれば，$P-q_1^2q_2^2\cdots\cdots q_l^2=4$ は q_i の倍数となる．しかし，4 は $6n-1$ の形の素数を約数に持たないのでこれは不合理である．$\cdots\cdots\cdots\cdots\cdots\cdots$（★）

従って，もしも $6n-1$ の形の素数が一つでも存在すれば，その形の素数は無限に存在することが示され，5 は $6n-1$ の形の素数であるから，題意は示された．㊗

一つ一つの小問で，カギが何かを挙げてゆくならば，（1）は，素数は全て $6n$，$6n\pm1$，$6n\pm2$，$6n+3$ のいずれかの形で，$6n\pm1$ 以外はダメであることが述べられているか（2 の倍数だからダメ，などという論法は通用しないことに注意してください．素数でないことをいうには，2 の倍数で，かつ 2 ではないから，という必要があります），がカギで，（2）は，$6N-1$ が 5 未満の素数を約数に持つことがないことをいえているか，がカギです．

問題なのは（3）です．$6n-1$ の形の素数が有限個しかないことを仮定した上で，まずそれらのどれでも割り切れない $6N-1$ の形の数を作れるか，そして，$6n-1$ の形の素数が「一つはある」ことが指摘できているか，がカギになります．（★）のところまでで言えているのは，$6n-1$ の形の素数は「無限に存在するか，一つもないか」のどちらかであることに注意しましょう．そして，一つもないということは「明らかにない」わけですが，だからといってそれを指摘しなくてもよいということにはならないことにも注意しましょう．

ここのところは，その意味が分かりにくいかもしれません．次の「偽証明」をみて，必要性を感じ取ってください．

---

2 の自然数乗で 3 で割り切れるものが有限個しかないとして，それらを m_1，m_2，$\cdots$，m_k とする．このとき，$M=m_1^2m_2^2\cdots\cdots m_k^2$ は m_1，m_2，$\cdots$，m_k のいずれとも異なり，かつ m_1 が 3 の倍数であることから，3 の倍数である．さらに，$m_i=2^{\alpha_i}$ とおけば，$M=2^{2(\alpha_1+\alpha_2+\cdots+\alpha_k)}$ であるから，2 の自然数乗でも表わせる．ゆえに，2 の自然数乗で 3 で割り切れるものに，m_1，m_2，$\cdots$，m_k 以外のものが存在することになり不合理．従って，2 の自然数乗で 3 で割り切れるようなものは無限に存在する．

（Sonnawakenaishi）

確かに，必要でしょう？
では，次です．

問題 3-3.3　整数を未知数とする方程式
$$x^4+y^4+z^4=x^2y^2 \cdots\cdots\cdots\cdots\cdots\cdots(*)$$
を考える．
（1）3 つの整数 a，b，c が互いに素であるとはどういうことか．その定義を述べよ．
（2）a，b，c が互いに素な整数であるとき，$(x,y,z)=(a,b,c)$ は $(*)$ の解とならないことを示せ．
（3）$(*)$ の整数解を全て求めよ．

---

3 つの整数が互いに素であるとは，「どの 2 つも互いに素」という意味ではないことに注意してください．（2）は論証云々の前に，問題としててこずったかもしれません．

解　（1）a，b，c の最大公約数が 1 であること．
（2）一般に，整数 x が偶数のときは x^2 は 4 の倍数であり，x が奇数のときは，$x=2k+1$ とおけば $x^2=4k(k+1)+1$ なので，x^2 は 4 で割って 1 余ることに注意する．$x^4=(x^2)^2$ であるので，x^4 も，x が偶数のときは 4 の倍数で，x が奇数のときは 4 で割って 1 余る．

xy が偶数のとき：$(*)$ の右辺は 4 の倍数であるから，$x^4+y^4+z^4\equiv 0\pmod 4$　x^4，y^4，z^4 のそれぞれは mod 4 で 0 か 1 なので，$x^4\equiv y^4\equiv z^4\equiv 0\pmod 4$ であるから，x，y，z は偶数である．

xy が奇数のとき：$(*)$ の右辺 $(xy)^2$ は 4 で割って 1 余り，（左辺）$=x^4+y^4+z^4\equiv 1+1+z^4\equiv 2$ or $3\pmod 4$ に反して不合理である．

以上から，整数 x，y，z が $(*)$ を満たすとき，x，y，z は全て偶数であるとわかる．ゆえに，$(x,y,z)=(a,b,c)$ が $(*)$ の解であるとき，a，b，c はどれも偶数だから，2 を公約数にもつので，最大公約数が 1 となることはない．
従って，a，b，c が互いに素な整数であるとき，$(x,y,z)=(a,b,c)$ は $(*)$ の解とならない．㊗

（3）$(*)$ の解を $(x,y,z)=(a,b,c)$ とし，a，b，c の最大公約数が存在したとすると，それを d（>1）として，
$$\begin{cases} a=da',\ b=db',\ c=dc' \\ a',\ b',\ c' \text{ は整数で，互いに素}\end{cases}$$
とできる．このとき，
$(da')^4+(db')^4+(dc')^4=d^4a'^2b'^2$ なので，両辺を d^4 で割れば $a'^4+b'^4+c'^4=a'^2b'^2$ である．

従って，$(x,y,z)=(a',b',c')$ は $(*)$ の解で，しかも a'，b'，c' は互いに素である．これは（2）に反するので，a，b，c に最大公約数は存在しない．

従って，$a=b=c=0$ に限られ，$(x, y, z)=(0, 0, 0)$ は確かに（*）の解となるので，解はこれのみである． 終

0 は全ての数の倍数です（$0=n\times 0$ から），0 は任意の整数を約数に持ちます．なので，例えば 0, 3 の公約数は，$\pm 1, \pm 3$ となり，従って 0, 3 の最大公約数（＝公約数の中で最大のもの）は 3 であると表現できます．ですが，0 と 0 の公約数となると，全ての整数がそれにあたりますから，0 と 0 の最大公約数は定義できません．同様に，複数の整数の場合でも，0 以外の整数が一つでもある場合は最大公約数が定義できますが，全てが 0 であるような整数の組に対しては最大公約数が定義できません．

（3）では，「最大公約数があるなら不合理」から，「最大公約数はない，従って全部ゼロ」と導けるか，がカギになっていて，そのカギが見抜けなければ，「解なし」となるか，自分の答案の中で矛盾が生じるかのどちらかになってしまいます．「最大公約数が 1 でない→最大公約数は 2 以上，または最大公約数は存在しない」が見えたかどうか，ということです．

⇨ **注** 0 を含むいくつかの整数に対しては，そもそも最大公約数を定義しない，というのも一つの立場です．（1）でそのような立場をとるならば，（3）では a, b, c の一つが 0 の場合を考えればよろしい．$ab=0$ のときは $a^4+b^4+c^4=0$ から，$c=0$ のときは
$$a^4-a^2b^2+b^4=0 \iff \left(a^2-\frac{b^2}{2}\right)^2+\frac{3}{4}b^4=0 \text{ から，}$$
$a=b=c=0$ が導けます．

では，三度目の正直です．「主張しなければいけないことは何か」に全神経を注いで，答案を完成してみてください．

問題 3-3.4 0 以上の整数を未知数とする方程式
$$x^2+y^2+z^2=xyz \quad \cdots\cdots(☆)$$
を考える．
（1） $(x, y, z)=(a, b, c)$ が（☆）の解であるならば，$(x, y, z)=(a, b, ab-c)$ も（☆）の解であることを示せ．
（2） （☆）の整数解は無数に存在することを示せ．

（1）は「ただ代入するだけ」とはいかないことに注意してくださいね．頭の見せ所は，もちろん（2）です．

解 （1） $a^2+b^2+c^2=abc$ である．示すべきは
$$a^2+b^2+(ab-c)^2=ab(ab-c) \quad\cdots\cdots ①$$
$$a, b, ab-c \text{ が 0 以上の整数} \quad\cdots\cdots ②$$
の二つで，①は，

（左辺）－（右辺）
$=a^2+b^2+(ab-c)^2-ab(ab-c)=a^2+b^2+c^2-abc=0$
より確かに成り立つ．

また，a, b, c は仮定より 0 以上の整数であるから，②を示すには $ab-c\geq 0$ をいえばよく，もし $ab-c<0$ とすると，$ab<c$ であるから，$abc\leq c^2$
等号は $c=0$ のときであるが，このとき $ab<0 \ (=c)$ となり，$a, b\geq 0$ に反するので $abc<c^2$ である．

従って，$a^2+b^2+c^2=abc<c^2$ より $a^2+b^2<0$ となり不合理となるので，確かに $ab-c\geq 0$ である．

以上から①，②が示され，題意は示された． 終

（2） （☆）の解で，$x\geq y\geq z\geq 3 \cdots\cdots$③ を満たすものが有限個しかないとし，その中で x が最大であるものの一つを $(x, y, z)=(a, b, c)$ とする．このとき，（1）から $(x, y, z)=(a, b, ab-c)$ も（☆）の解で，（☆）は x, y, z について対称な式であるから，
$(x, y, z)=(ab-c, a, b)$ も（☆）の解である．
$ab-c-a=a(b-1)-c\geq a(b-1)-a=a(b-2)>0$
$\quad\cdots\cdots ④$

だから，$ab-c\geq a\geq b\geq 3$ であるので，
$(x, y, z)=(ab-c, a, b)$ は（☆）の解で，かつ③を満たす．しかし，④より $ab-c>a$ であるので，a の最大性に反し不合理である．

$(x, y, z)=(3, 3, 3)$ は③を満たす（☆）の解であるから，③を満たす（☆）の解は無数に存在することが言える． 終

（1）は，ばくぜんと「一つ解を見つければ，次々に解を見つけてゆくことができますよ」というヒントになっているわけですが，ばくぜんとしたままの理解では，何の解決にもなっていません．例えば，
$(x, y, z)=(0, 0, 0)$ という解からスタートしても，同じ解が繰り返し登場するだけですし，
$(x, y, z)=(3, 3, 3)$ という解からスタートしても，何の工夫もなければ
$(3, 3, 3)\to(3, 3, 6)\to(3, 3, 3)\to(3, 3, 6)\to\cdots$
と，同じ組の解が循環して登場するだけです．

「新たな解が生成できる」ことをきちんと述べられるか，がカギなわけで，それをいうには，④のところで $a(b-2)$ が正であるといえてくれないと困ります．そのために，先手を打って③のところで「3 以上」の条件を付加したのです．

頭がいいでしょう？

◆4 多項式がらみの論証

数ⅠAⅡB 問題編

問題 3-4.1
多項式 $f(x)$ が次の条件を満たすとき，その係数は全て有理数であることを示せ．
（条件） 任意の有理数 q に対して，$f(q)$ は有理数である．

問題 3-4.2
$f(x)$ を x の3次以下の式とする．全ての整数 n に対して $f(n)$ が整数となるための必要十分条件は，$f(x)$ が適当な整数 p, q, r, s を用いて
$$f(x)=\frac{p}{6}x(x+1)(x+2)+\frac{q}{2}x(x+1)+rx+s \quad \cdots\cdots *$$
と表わせることである．これを示せ．

問題 3-4.3
2以上の自然数 k に対して $f_k(x)=x^k-kx+k-1$ とおく．また，n を2以上の整数とする．n 次多項式 $g(x)$ が $(x-1)^2$ で割り切れるためには，$g(x)$ が定数 a_2, a_3, $\cdots$, a_n を用いて，
$$g(x)=\sum_{k=2}^{n}a_k f_k(x) \quad \cdots\cdots ①$$
の形に表わせることが必要十分である．このことを示せ．

◇4 多項式がらみの論証

3-4

チェック!

難易度 ★★

問題 3-4.4

a, b を正の整数とする.

$f(x)=x^{ab}+x^{a+b}+1$ が $g(x)=x^2+x+1$ で割り切れるための a, b の条件を求めよ.

チェック!

難易度 ★

問題 3-4.5

3次以下の多項式 $f(x)$ は
$$f(1)=1,\ f(2)=2^4,\ f(3)=3^4,\ f(4)=4^4$$
を満たしている.

$f(0)$ の値を求めよ.

チェック!

難易度 ★★

問題 3-4.6

n は 2 以上の整数とする.$k=1,\ 2,\ \cdots,\ n$ について,多項式 $P(x)$ を $x-k$ で割った余りが k となった.

$P(x)$ を $(x-1)(x-2)\cdots(x-n)$ で割った余り $R(x)$ を求めよ.

チェック!

難易度 ★★★

問題 3-4.7

$f(x)$ は 2 次式で,x^2 の係数は 1 であり,$f(x^2-1)$ は $f(x)$ で割り切れるという.このような $f(x)$ を全て求めよ.

第3章 整数，多項式，論証

◇4 多項式がらみの論証

数ⅠAⅡB
解説編

本稿では，多項式（整式）がらみの論証をテーマに，基本確認からちょっとした応用題までを，幅広くみてゆきます．前節につづいて，答案作りの鍛錬です．

では，参りましょう．

§1 多項式の表現の仕方

まずは，どう考えても正しそうな次の論証問題からです．

> **問題 3-4.1**
> 多項式 $f(x)$ が次の条件を満たすとき，その係数は全て有理数であることを示せ．
> （条件）　任意の有理数 q に対して，$f(q)$ は有理数である．

具体的に $f(x)$ の次数を決めて考えると，とっかかりはつかめます．例えば，$f(x)$ が2次式として，$f(x)=ax^2+bx+c$ とおけば，$f(0), f(1), f(2)$ が全て有理数であることから，
$$c\in\mathbb{Q},\ a+b+c\in\mathbb{Q},\ 4a+2b+c\in\mathbb{Q}$$
です（$\mathbb{Q}$ は有理数全体の集合）．従って，それぞれの値を $q_1, q_2, q_3 (\in\mathbb{Q})$ とおけば，a, b, c は連立方程式
$$\begin{cases} c=q_1 \\ a+b+c=q_2 \\ 4a+2b+c=q_3 \end{cases}$$
の解とわかり，これを解くことで
$$a=\frac{q_1-2q_2+q_3}{2},\ b=\frac{-3q_1+4q_2-q_3}{2},\ c=q_1\cdots *$$
とわかるので，a, b, c は全て有理数であるとわかります．ところが，同じ考え方を一般の場合に適用しようとすると，少し困ってしまいます．$f(x)$ の次数を n とおけば，$f(x)$ の係数は $n+1$ 個でこと足りますから，$n+1$ 個の数 $f(0), f(1), \cdots, f(n)$ を考えれば「うまくゆきそう」ですが，$*$ の形で係数を表現するのはとても大変そうです．「有理数係数の一次の連立方程式は有理数解しか持たないので」と逃げようとしても，「一通りに解ける」保証はありませんし，それを論ずるのも大変そうです（例えば，「一次連立方程式」$\begin{cases}a+b=1\\2a+2b=2\end{cases}$ は無理数解を持ちますし，$\begin{cases}a+b=1\\2a+2b=3\end{cases}$ は有理数解すら持ちません．そんなパターンにはなりませんよ，というのを，さらりというのは確かに大変そうでしょう？）．

さまざまな「困難」は，発想の転換ひとつで，一気に解決できてしまいます．「連立方程式」の解が「きれいに」なるように工夫しておくのです．

解　$f(x)$ の次数を n とし，
$$\begin{aligned}f(x)=&a_n(x-1)(x-2)\cdots(x-n)\\&+a_{n-1}(x-1)(x-2)\cdots(x-(n-1))\\&+\cdots+a_k(x-1)(x-2)\cdots(x-k)\\&+\cdots+a_1(x-1)+a_0 \cdots\cdots ①\end{aligned}$$
とおく．①を展開したときの係数は，$a_0, a_1, \cdots, a_n$ の整数倍の和であるから，$a_0, a_1, \cdots, a_n$ が全て有理数であることを示せばよい．

a_i が有理数 $\cdots\cdots$ ② が $i=0, 1, 2, \cdots, n$ で成り立つことを，i についての帰納法で示す．

（ⅰ）$i=0$ のとき　$f(1)=a_0$ が有理数であることから，②は正しい．

（ⅱ）$i\leqq m$ のとき②が正しいとすると（$0\leqq m\leqq n-1$），
$f(m+2)$
$\left.\begin{aligned}&=a_{m+1}(m+2-1)(m+2-2)\cdots(m+2-(m+1))\\&+a_m(m+2-1)(m+2-2)\cdots(m+2-m)\\&+a_{m-1}(m+2-1)(m+2-2)\cdots(m+2-(m-1))\\&+\quad\cdots\\&+a_1(m+2-1)+a_0\end{aligned}\right\}=A$ とおく

で，仮定より $A\in\mathbb{Q}$ だから，$a_{m+1}=\dfrac{f(m+2)-A}{(m+1)!}\in\mathbb{Q}$

従って，$i=m+1$ のときも②は正しい．

（ⅰ）（ⅱ）より，$a_0, a_1, \cdots, a_n$ は全て有理数であるから，題意は示された．　■

係数の置き方を工夫することで，難なく処理したわけですが，ひとつ疑問が残ります．

> $f(x)$ が①の形で表わせるのは，あたりまえなのか？

不用意にことを荒立てたくないので，$f(x)$ を 3 次式として説明しましょう．

$f(x)$ を $(x-1)(x-2)(x-3)$ で割った商と余り $R_1(x)$ を考えます．3 次式を 3 次式で割った商は 0 次式，即ち（0 でない）定数ですから，これを a_3 と表わします．$R_1(x)$ は 2 次以下で，これを 2 次式 $(x-1)(x-2)$ で割った商は 0 次以下，即ち定数です．商を a_2，余りを $R_2(x)$ とおきましょう．最後に，1 次以下の式 $R_2(x)$ を $x-1$ で割った商を定数 a_1，余りを a_0 とおけば，
$$f(x)=a_3(x-1)(x-2)(x-3)+R_1(x)$$
$$R_1(x)=a_2(x-1)(x-2)+R_2(x)$$
$$R_2(x)=a_1(x-1)+a_0$$
から，
$$f(x)=a_3(x-1)(x-2)(x-3)+a_2(x-1)(x-2)$$
$$+a_1(x-1)+a_0$$
つまり，①の形で表わせると分かります．入試の答案においては，「$f(x)$ を…で割った商を a_n，余りを…で割った商を a_{n-1}，…と考えることで，$f(x)$ を①の形で表わせる．」くらいの説明を添えておくのが無難でしょう．

▷注　0 でない定数は 0 次式，0 は $-\infty$ 次式と考えるのが普通です
（$f(x)g(x)$ の次数＝$f(x)$ の次数＋$g(x)$ の次数，が常に成立する）．a_3 は $\neq 0$ ですが，a_2 は「0 次以下」なので 0 の可能性もあります．説明中に「以下」がついたりつかなかったりするのは，その点に気をはらった結果です．後の問題でも，「0 は $-\infty$ 次式」を利用します．

これをふまえて，次の問題を考えてみてください．自分なりの答案を作った上で，読み進めて下さいね．

問題 3-4.2

$f(x)$ を x の 3 次以下の式とする．全ての整数 n に対して $f(n)$ が整数となるための必要十分条件は，$f(x)$ が適当な整数 p, q, r, s を用いて
$$f(x)=\frac{p}{6}x(x+1)(x+2)+\frac{q}{2}x(x+1)+rx+s$$
…＊
と表わせることである．これを示せ．

「有理数」のときとは事情が異なります．例えば，となりあう整数の積は偶数ですから，$f(x)=\dfrac{x^2(x+1)}{2}$ は任意の整数 n に対して整数値を返しますが，その係数は整数ではありません．では一体？，というのをテーマにした問題です．

解　$f(x)$ を $x(x+1)(x+2)$ で割った商を $\dfrac{p}{6}$，余りの 2 次以下の式を $x(x+1)$ で割った商を $\dfrac{q}{2}$，余りを $rx+s$ とおくことで，任意の 3 次以下の式は＊の形で表わせるとわかる．従って，
全ての整数 n で $f(n)\in\mathbb{Z}$ ……………★
$\iff f(x)$ を＊の形で表わしたときに $p,q,r,s\in\mathbb{Z}$ …☆
を示せばよい（$\mathbb{Z}$ は整数全体の集合）．

（$\Longrightarrow$ の証明）

全ての整数 n で $f(n)\in\mathbb{Z}$ だから，
$$f(0),\ f(-1),\ f(-2),\ f(-3)$$
は全て整数である．従って，
$f(0)=s\in\mathbb{Z}$, $f(-1)=-r+s\in\mathbb{Z}$ から $r,s\in\mathbb{Z}$
さらに $f(-2)=q-2r+s\in\mathbb{Z}$ だから $q\in\mathbb{Z}$ で，最後に $f(-3)=-p+3q-3r+s\in\mathbb{Z}$ から $p\in\mathbb{Z}$
従って★ $\Longrightarrow$ ☆が示された．

（$\Longleftarrow$ の証明）

n が整数のとき，n, $n+1$ の片方は偶数で，n, $n+1$, $n+2$ のひとつは 3 の倍数だから，$\dfrac{n(n+1)}{2}$，$\dfrac{n(n+1)(n+2)}{6}$ はどちらも整数である．従って，☆のとき
$$f(n)=p\times\frac{n(n+1)(n+2)}{6}+q\times\frac{n(n+1)}{2}+rn+s$$
は整数だから，☆ $\Longrightarrow$ ★は示された．

以上から，題意の主張を得る． ■

「$f(x)$ が＊の形で表わせるのは，あたりまえのことだ」
「問題は，＊の形で表わしたときの"係数"が整数になるかどうか，だ」
の 2 つを見抜くことが必要なわけです．

同じような問題をもうひとつどうぞ．

問題 3-4.3

2 以上の自然数 k に対して $f_k(x)=x^k-kx+k-1$ とおく．また，n を 2 以上の整数とする．

n 次多項式 $g(x)$ が $(x-1)^2$ で割り切れるためには，$g(x)$ が定数 a_2, a_3, …, a_n を用いて，
$$g(x)=\sum_{k=2}^{n}a_kf_k(x) \cdots\cdots ①$$ の形に表わせることが必要十分である．このことを示せ．

多項式が①の形で表わせるのは「まれ」ですが….

第3章 整数，多項式，論証

解 $f_k(x)=x^k+(x\text{の1次式})$ であるから $(k\geqq 2)$, 任意の n 次多項式 $g(x)$ は
$$g(x)=a_nf_n(x)+a_{n-1}f_{n-1}(x)+\cdots+a_2f_2(x)$$
$$+(x\text{の1次以下の式})$$
の形で表わせる．ゆえに，$g(x)$ は
$$g(x)=\sum_{k=2}^{n}a_kf_k(x)+a_1x+a_0 \cdots\cdots ②$$
の形で常に表わせるので，示すべきは，$g(x)$ を②の形で表わしたときに
$$g(x) \text{ が } (x-1)^2 \text{ で割り切れる} \cdots\cdots ③$$
$$\iff a_1=a_0=0 \cdots\cdots ④$$
が成り立つことである．
$$f_k(x)=\{(x-1)+1\}^k-kx+k-1$$
$$=(x-1)^k+{}_kC_1(x-1)^{k-1}+\cdots+{}_kC_{k-2}(x-1)^2$$
$$+\underline{{}_kC_{k-1}(x-1)+1-kx+k-1}$$
$$\underline{=kx-k+1-kx+k-1=0}$$
より，$f_k(x)$ は $(x-1)^2$ で割り切れるので，
$$③ \iff a_1x+a_0 \text{ が } (x-1)^2 \text{ で割り切れる}$$
$$\iff a_1=a_0=0 \iff ④$$
従って，題意は示された．㊙

⇒**注** 理系の人は，
$$③ \iff g(1)=g'(1)=0 \text{ と } f_k(1)=0, f_k'(1)=0 \text{ から,}$$
$$③ \iff a_1+a_0=a_1=0 \iff a_1=a_0=0$$
としても（頭を使わなくて）よいでしょう．

§2 因数定理とその周辺

ここからは，「割り切れる」をテーマにした問題を，立て続けにみてまいりましょう．

問題 3-4.4

a, b を正の整数とする．
$f(x)=x^{ab}+x^{a+b}+1$ が $g(x)=x^2+x+1$ で割り切れるための a, b の条件を求めよ．

因数定理のヨコへの拡張から，$\alpha\neq\beta$ のとき，
$$\text{多項式 } f(x) \text{ が } (x-\alpha)(x-\beta) \text{ で割り切れる}$$
$$\iff f(\alpha)=f(\beta)=0$$
が成り立ちます．これは α, β の実虚にかかわらず成立しますから，はじめの一手は自動的に決まります．

解 $g(x)=0$ の解（重解ではない）を α, β とすると，
$$f(x) \text{ が } g(x) \text{ で割り切れる} \iff \begin{cases}\alpha^{ab}+\alpha^{a+b}+1=0 \cdots① \\ \beta^{ab}+\beta^{a+b}+1=0 \cdots②\end{cases}$$
ここに，
$$x^2+x+1=0 \implies (x-1)(x^2+x+1)=0 \iff x^3=1$$
であるから，$\alpha^3=\beta^3=1$
従って，①の左辺を整理すれば，

$1+1+1=3$, $\alpha+1+1=\alpha+2$, $\alpha^2+1+1=\alpha^2+2$, $\alpha+\alpha+1=2\alpha+1$, $\underline{\alpha^2+\alpha+1}$, $\alpha^2+\alpha^2+1=2\alpha^2+1$
のいずれかとなる．しかし，波線をつけた数以外の5つは 0 ではない．
($\because \alpha$ は虚数であるから，$\alpha+2\neq 0$, $2\alpha+1\neq 0$
また，$\alpha^2+\alpha+1=0$ より $\alpha^2+2=-\alpha+1\neq 0$,
$2\alpha^2+1=-2\alpha-1\neq 0$)
従って，mod 3 として，
$$① \iff (ab\equiv 1 \text{ かつ } a+b\equiv 2) \cdots\cdots③$$
$$\text{または } (ab\equiv 2 \text{ かつ } a+b\equiv 1) \cdots\cdots④$$
とわかり，同様にして②$\iff$（③または④）もわかる．
③，④のとき，$a, b\not\equiv 0$ であるから，$a\equiv 1$ or 2, $b\equiv 1$ or 2 の場合を全て調べて③，④の条件を求めれば，
③$\iff a\equiv b\equiv 1$ で，④を満たす a, b は存在しないことが分かるから，求めるべき条件は $\boldsymbol{a\equiv b\equiv 1 \pmod 3}$ ㊙

問題 3-4.5

3 次以下の多項式 $f(x)$ は
$$f(1)=1, f(2)=2^4, f(3)=3^4, f(4)=4^4$$
を満たしている．
$f(0)$ の値を求めよ．

$f(x)=x^4$ だとありがたいのですが，残念ながらそれだと $f(x)$ は 4 次式となり，前提に反してしまいます．しかし，$f(x)$ は事実，「x^4 とそっくり」ですから…．

解 $g(x)=x^4-f(x)$ とおく．$f(x)$ は 3 次以下であるから，$g(x)$ の次数は 4 であり，最高次の係数は 1 である．…*
与えられた条件より，$g(1)=g(2)=g(3)=g(4)=0$ であるから，$g(x)$ は $x-1, x-2, x-3, x-4$ で割り切れるので，$g(x)=Q(x)(x-1)(x-2)(x-3)(x-4)$ とおけ（$Q(x)$ は多項式），*より $Q(x)=1$ とわかるから，
$$g(x)=(x-1)(x-2)(x-3)(x-4)$$
従って，$g(0)=24$ とわかるから，$0^4-f(0)=24$ より，$f(0)=\boldsymbol{-24}$ である．㊙

似たような設定でも，なぜか次のようになると論じにくさを感じてしまう人は多いでしょう．

問題 3-4.6

n は 2 以上の整数とする．$k=1, 2, \cdots, n$ について，多項式 $P(x)$ を $x-k$ で割った余りが k となった．

> $P(x)$ を $(x-1)(x-2)\cdots(x-n)$ で割った余り $R(x)$ を求めよ．

余りを考える上では，割り算の等式の利用が定石です．自ら商を設定しましょう．しょうを設定しましょう…．

解 $P(x)$ を $(x-1)(x-2)\cdots(x-n)$ で割った割り算の式を $P(x)=(x-1)(x-2)\cdots(x-n)Q(x)+R(x)$ とする．
$P(x)$ を $x-k$ で割った余りは $P(k)$ であるから，
$$R(k)=k \quad (k=1, 2, \cdots, n) \quad \cdots\cdots①$$
ここに，$S(x)=x-R(x)$ とおけば，$R(x)$ は $P(x)$ を n 次式で割った余りであるから，その次数は $n-1$ $(\geqq 1)$ 次以下であるので，$S(x)$ の次数は $n-1$ 次以下である．

①より，$S(k)=0$ $(k=1, 2, \cdots, n)$ であるから，$S(x)$ は $(x-1)(x-2)\cdots(x-n)$ で割り切れるので，$S(x)=T(x)(x-1)(x-2)\cdots(x-n)$ とおけ，従って $S(x)$ の次数は（$T(x)$ の次数）$+n$ と分かるが，$S(x)$ の次数は $n-1$ 以下であるから，（$T(x)$ の次数）$\leqq -1$
次数が -1 以下である多項式は 0 のみであるから，$T(x)=0$. 従って，$R(x)=\boldsymbol{x}$ とわかる．**終**

⇨**注** 「0 が $-\infty$ 次式」と認識したくないというなら，「積の次数=次数の和」は，0 でない多項式について成り立つ，という形で頭に入れておきましょう．

⇨**注** 「しょうがないから余りを求める」というおもしろいギャグもあります．

では最後です．ちょっぴりお気に入りの問題をどうぞ．

問題 3-4.7
> $f(x)$ は 2 次式で，x^2 の係数は 1 であり，$f(x^2-1)$ は $f(x)$ で割り切れるという．このような $f(x)$ を全て求めよ．

解 まず，$f(x)=0$ が重解 α を持つ場合を考える．
$f(x)=(x-\alpha)^2$ が条件を満たすには，
$$f(x^2-1)=Q(x)(x-\alpha)^2 \quad \cdots\cdots①$$
なる多項式 $Q(x)$ が存在することが必要十分で，この x に α を代入することで $f(\alpha^2-1)=0$ を得るので，α^2-1 が $f(x)=0$ の解であることが必要である．従って，
$$\alpha^2-1=\alpha \Longleftrightarrow \alpha^2-\alpha-1=0 \quad \cdots\cdots②$$
であり，逆に，α が②を満たすとき，
$$f(x^2-1)=(x^2-1-\alpha)^2=(x^2-\alpha^2)^2$$
$$=(x-\alpha)^2(x+\alpha)^2$$
であるから十分である．

②$\Longleftrightarrow \alpha=\dfrac{1\pm\sqrt{5}}{2}$ より，条件を満たす $f(x)$ は
$$f(x)=\left(x-\dfrac{1\pm\sqrt{5}}{2}\right)^2 \text{である．}$$

次に，$f(x)=0$ が相異 2 解 α, β を持つ場合を考える．$f(x^2-1)$ が $f(x)=(x-\alpha)(x-\beta)$ で割り切れるには，$f(\alpha^2-1)=f(\beta^2-1)=0$ であることが必要十分であり，$f(x)=0$ の解は $x=\alpha, \beta$ のみであるから，
$$(\alpha^2-1=\alpha \cdots③ \text{ または } \alpha^2-1=\beta \cdots④) \text{ かつ}$$
$$(\beta^2-1=\beta \cdots⑤ \text{ または } \beta^2-1=\alpha \cdots⑥)$$
が α, β の満たすべき条件である．

$t^2-1=t \Longleftrightarrow t^2-t-1=0$ の 2 解 $\dfrac{1\pm\sqrt{5}}{2}$ を u, v $(u<v)$ とすれば，
$$(③かつ⑤) \Longleftrightarrow (\alpha, \beta)=(u, v) \text{ or } (v, u)$$
このとき，$\alpha+\beta=u+v=1$, $\alpha\beta=uv=-1$ である．

③かつ⑥のとき，$\alpha=u$ or v であり，$\alpha=u$ とすると $\beta^2-1=u \Longleftrightarrow \beta^2=u+1=u^2$ と $\alpha\neq\beta$ より，$\beta=-u$
同様に，$\alpha=v$ とすると，$\beta=-v$
このとき，$\alpha+\beta=0$, $\alpha\beta=-u^2$ or $-v^2$ である．

④かつ⑤のときは，（③かつ⑥のとき）と α, β が入れ替わっただけであるから考察済みであり，④かつ⑥のとき，④$-$⑥より
$\alpha^2-\beta^2=\beta-\alpha$ なので，両辺を $\alpha-\beta$ $(\neq 0)$ で割れば
$\alpha+\beta=-1$, 従って④$+$⑥から
$$\alpha^2+\beta^2-2=\alpha+\beta \Longleftrightarrow (\alpha+\beta)^2-2\alpha\beta-2=\alpha+\beta$$
であるから，$1-2\alpha\beta-2=-1$. よって $\alpha\beta=0$ である．

$f(x)=x^2-(\alpha+\beta)x+\alpha\beta$ であるから，以上の考察より条件を満たす $f(x)$ が求まり，$f(x)=0$ が重解を持つ場合の結果と合わせれば，求めるべき $f(x)$ は
$$f(x)=\left(\boldsymbol{x}-\dfrac{1\pm\sqrt{5}}{2}\right)^2, \boldsymbol{x^2-x-1}, \boldsymbol{x^2-\left(\dfrac{1\pm\sqrt{5}}{2}\right)^2},$$
$$\boldsymbol{x^2+x}$$
の 6 つであると分かる．**終**

⇨**注** $f(x)=(x-\alpha)^2$ のときは，
  $g(x)=f(x^2-1)$ が $(x-\alpha)^2$ で割り切れる
  $\Longleftrightarrow g(\alpha)=g'(\alpha)=0$
で，数Ⅲの知識を使えば $g'(x)=2xf'(x^2-1)$ がわかるので，
「$g(\alpha)=0 \Longrightarrow \alpha^2-1=\alpha \Longrightarrow f'(\alpha^2-1)=f'(\alpha)$
ここに $f'(x)=2(x-\alpha)$ だから，
$g(\alpha)=0 \Longrightarrow g'(\alpha)=0$」
と処理することもできます．

解を主役に考える，のがすこしおしゃれですよね？

第3章 整数，多項式，論証

◇5 素因数分解形を考える

数 I AB 問題編

チェック！

難易度 ★

問題 3-5.1

a, b を正の整数とする．a^2 が b^2 の倍数ならば，a は b の倍数であることを示せ．

チェック！

難易度 ★★

問題 3-5.2

正の整数 a, b, c に対して，$\{a, b, c\}$ で a, b, c の最小公倍数を，$<a, b, c>$ で a, b, c の最大公約数を表わす．$\{a, b\}$ や $<b, c>$ も同様に定める．このとき，次の等式が成り立つことを示せ．

$$\frac{\{a, b, c\}^2}{\{a, b\}\{b, c\}\{c, a\}} = \frac{<a, b, c>^2}{<a, b><b, c><c, a>} \quad \cdots\cdots\cdots\cdots *$$

チェック！

難易度 ★★

問題 3-5.3

自然数 a, b, c が $3a = b^3$, $5a = c^2$ を満たし，d^6 が a を割り切るような自然数 d は $d=1$ に限るとする．a を求めよ．

問題 3-5.4

正の整数 L に対して，次の条件（i），（ii）をともに満たす正の整数 (a, b) の総数を $N(L)$ と表わす．

(ⅰ) $a < b$
(ⅱ) a, b の最小公倍数は L である．

(1) n を正の整数，p を素数とする．$N(p^n)$ を n を用いて表せ．
(2) p, q, r は全て素数で，$p < q < r$ を満たすとする．$N(pqr)$ を求めよ．
(3) $N(60^m) > 2009^3$ を満たす最小の正の整数 m の値を求めよ．

問題 3-5.5

整数 a, b, c は次の二つの条件をともに満たす．
（条件）
・$0 < a < b < c$
・a, b, c の最小公倍数は 420

このような整数の組 (a, b, c) はいくつあるか．

第3章 整数，多項式，論証

◇5 素因数分解形を考える

数ⅠAB
解説編

素因数分解，という言葉には，古くは小学生のころからなじみがあったと思います．例えば，28 を素因数分解せよ，といわれれば，$28=2^2\times 7$ と，いくつかの素数の積に表わせ，ということです．そんな，なじみのある言葉ですから，次のように「定理」といわれても少しピンとこないかもしれません．

定理 2以上の任意の整数は，いくつかの素数の積で表わすことが出来る．しかも，積の順序を無視すれば，その表わし方はただ一通りである

つまり，「どんな（大きな）数も素因数分解できます（＝可能性）．その方法は一通りしかありません（＝一意性）．」という定理です．そんなのあたりまえじゃないか！ とおっしゃる気持ちは十分わかりますが，そんなあたりまえの事実がカギとなる問題も数多く存在します．

今回は，この「素因数分解の可能性と一意性」が背景にある，さまざまな問題をみてゆくことにします．そして，「素因数分解形で考える」という発想をみにつけてもらいます．

▷注 「あたりまえ」と言いましたが，実は素因数分解の一意性は決して「あたりまえ」ではありません．例えば，2が存在しない世界を考えると，3，4，5，6，7，8 は全て素数で，全ての（3以上の）整数は素因数分解可能です．しかし，例えば 24 は $24=3\times 8=4\times 6$ と2通りに素因数分解されてしまいます．ではその「あたりまえ」の証明はどうするのか？ という話になるわけですが，それについてはここではふれません．

§1 自然数は無限次元ベクトル

話を簡単にするために，まずは素因数に 2，3，5 しか現れない自然数全体の集合 A を考えてみましょう（$1\in A$ とします）．即ち，
$A=\{1, 2, 3, 4, 5, 6, 8, 9, 10, 12, 15, \cdots\}$
$=\{x\mid ある非負整数 i, j, k が存在して，x=2^i\times 3^j\times 5^k\}$
です．A の任意の要素 x に対して，$x=2^i\times 3^j\times 5^k$ なる非負整数 i, j, k の組がただ一組決まります．逆に，非負整数 i, j, k を一組与えれば，$x=2^i\times 3^j\times 5^k$ なる A の要素 x がただ一つに定まります．従って，A の要素と非負整数の組 (i, j, k) は一対一に対応するとわかりますから，$x=2^i\times 3^j\times 5^k$ なる x を (i, j, k) と表わすこ

とにしましょう．例えば，$10=(1, 0, 1)$，$80=(4, 0, 1)$，$240=(4, 1, 1)$ といった感じです．「自然数がベクトルで表わせている」イメージがわかりますか？

しかし，このような定め方だと，素因数に 2，3，5 以外の素数を持つ数を「ベクトルのように」表わすことはできません．そこで，次のようにルールを変えます．

定義 素数を小さい順に $p_1, p_2, p_3, \cdots$ とする
（$p_1=2, p_2=3, p_3=5$ ということ）．
　自然数 x が
$$x=p_1^{\alpha_1}\times p_2^{\alpha_2}\times p_3^{\alpha_3}\times\cdots$$
と素因数分解できるとき，
$$x=(\alpha_1, \alpha_2, \alpha_3, \cdots)$$
と表わす．

素因数分解の定義から，α_i（$i=1, 2, 3, \cdots$）は非負整数であることに注意してください．A の要素は3次元ベクトルで表わせましたが，素数は無限に存在しますから，一般の場合は，自然数は無限次元ベクトルで表わせる，というイメージになるわけです．もちろん，ベクトルの成分和は有限ですから，あるところから先の成分 α_i には 0 が並ぶことになります．例えば，
$1=(0, 0, 0, \cdots)$
$1400=2^3\times 5^2\times 7=(3, 0, 2, 1, 0, 0, 0, 0, \cdots)$
$292=2^2\times 73=(2, 0, 0, \cdots\cdots, 0, 1, 0, 0, \cdots)$
です．

α_i に負の整数を用いても良いとすると，任意の正の有理数が無限次元ベクトルで表わせることになります．すなわち，正の有理数 x を，自然数 p, q を用いて
$x=\dfrac{q}{p}$ と表わすときに，$p=(\alpha_1, \alpha_2, \alpha_3, \cdots)$，
$q=(\beta_1, \beta_2, \beta_3, \cdots)$ ならば
$x=(\beta_1-\alpha_1, \beta_2-\alpha_2, \beta_3-\alpha_3, \cdots)$ と表わすことにするわけです．例えば，$\dfrac{1}{2}=(-1, 0, 0, \cdots)$，
$\dfrac{3}{4}=(-2, 1, 0, 0, \cdots)$ です．このように表現するときにも，一意性は成り立つのでしょうか？

以下，自然数 p, q, r, s を $(\alpha_1, \alpha_2, \cdots)$, $(\beta_1, \beta_2, \cdots)$, $(\gamma_1, \gamma_2, \cdots)$, $(\delta_1, \delta_2, \cdots)$ と表わすと（各成分は非負整数），$\dfrac{q}{p}=\dfrac{s}{r} \Longleftrightarrow ps=qr$ で，指数法則から
$$\Longleftrightarrow (\alpha_1+\delta_1,\ \alpha_2+\delta_2,\ \cdots)=(\beta_1+\gamma_1,\ \beta_2+\gamma_2,\ \cdots)$$
素因数分解の一意性から $\alpha_i+\delta_i=\beta_i+\gamma_i$ が全ての i で成り立つとわかるので，$\beta_i-\alpha_i=\delta_i-\gamma_i$ が全ての i で成り立つと分かります．従って，$\dfrac{q}{p}=\dfrac{s}{r}$ ならば，
$$\dfrac{q}{p}=(\beta_1-\alpha_1,\ \beta_2-\alpha_2,\ \cdots),\ \dfrac{s}{r}=(\delta_1-\gamma_1,\ \delta_2-\gamma_2,\ \cdots)$$
の各成分同士は等しいとわかります．即ち，ひとつの（正の）有理数をベクトル表記する方法はただ一通りに決まることが分かります．従って，自然数の素因数分解の可能性，一意性を認めれば，正の有理数にまで拡張しても，ベクトル表記の可能性と一意性がいえることまで確認できました．

§2 ベクトル表記のメリット

まず，指数法則から，積については次のような性質が成り立ちます．

（有理数同士の積）
$$(\alpha_1, \alpha_2, \cdots) \times (\beta_1, \beta_2, \cdots) = (\alpha_1+\beta_1, \alpha_2+\beta_2, \cdots)$$
$$(\alpha_1, \alpha_2, \alpha_3, \cdots)^n = (n\alpha_1, n\alpha_2, n\alpha_3, \cdots)$$

表現が大げさなだけで，実際には
$$(5^{-7} \times 7^{11}) \times (3^2 \times 5^{10} \times 7^{-12}) = 3^{0+2} \times 5^{-7+10} \times 7^{11-12}$$
のような性質を表わしているにすぎません．しかし，この「あたりまえ」の見方も，時として有効なカギとなってしまいます．

さっそくこの表現を用いて問題を考えてみましょう．このベクトル表記は一般には通用しないので，答案としてまとめるには一工夫必要ですが，見通しは非常にスッキリします．

問題 平方数でない自然数 n に対して，$\sqrt{n}$ は無理数であることを示せ．

【考察】 対偶を考えると，示すべきは
$\sqrt{n}$ が有理数ならば，n は平方数である ……*
ことです．

仮に $\sqrt{n}$ が有理数であるとして，$\sqrt{n}$ のベクトル表記を $\sqrt{n}=(\alpha_1, \alpha_2, \alpha_3, \cdots)$ としましょう．このとき，両辺を 2 乗すれば，$n=(2\alpha_1, 2\alpha_2, 2\alpha_3, \cdots)$ です．一方，n は自然数なので，ベクトル表記したときの各成分は 0 以上．従って，n の各成分は非負偶数であるとわかりますが，これは n が平方数であることを表わすに他なりません．では，これを答案としてまとめると…

解 $\sqrt{n}$ が有理数とすると，正の整数 p, q を用いて $\sqrt{n}=\dfrac{q}{p}$ と表せる．両辺 2 乗して分母を払うと，$p^2 n = q^2$．ここに，q^2 を素因数分解したときの各指数は全て偶数であるから，（素因数分解の一意性より）$p^2 n$ を素因数分解したときの各指数も全て偶数．ここに，p^2 を素因数分解したときの各指数も全て偶数だから，n を素因数分解したときの各指数も全て偶数．これは，n が平方数であることを意味するに他ならない． ■

素因数分解形をイメージしやすいように，「有理数」＝「ベクトル」という見方をして考えたうえで，答案としては，まとまった発想を正当化する，というのがおすすめです．

次に，倍数，約数の関係についてです．

（倍数・約数） 自然数 $a=(\alpha_1, \alpha_2, \cdots)$, $b=(\beta_1, \beta_2, \cdots)$ に対して（各成分は非負整数），a が b の倍数であることは，全ての i に対して $\alpha_i \geqq \beta_i$ が成り立つことと同値である．従って，a が b の約数であることは，全ての i に対して $\alpha_i \leqq \beta_i$ が成り立つことと同値である．

主張そのままでも自明だと思えるかもしれませんが，

（逆数） $(\alpha_1, \alpha_2, \cdots)^{-1} = (-\alpha_1, -\alpha_2, \cdots)$

の性質を踏まえれば，
a が b の倍数 $\Longleftrightarrow \dfrac{a}{b}$ が自然数 $\Longleftrightarrow \dfrac{a}{b}$ の各成分が非負
から自然に導けます．

この見方をすると，例えば次のような問題は，直感的には瞬殺です．

問題 3-5.1 a, b を正の整数とする．a^2 が b^2 の倍数ならば，a は b の倍数であることを示せ．

【考察】 $a=(\alpha_1, \alpha_2, \cdots)$, $b=(\beta_1, \beta_2, \cdots)$ とおくと，
$a^2=(2\alpha_1, 2\alpha_2, \cdots)$ が $b^2=(2\beta_1, 2\beta_2, \cdots)$ の倍数
$\Longleftrightarrow$ 全ての i について $2\alpha_i \geqq 2\beta_i$
$\Longleftrightarrow$ 全ての i について $\alpha_i \geqq \beta_i$
$\Longleftrightarrow a=(\alpha_1, \alpha_2, \cdots)$ が $b=(\beta_1, \beta_2, \cdots)$ の倍数
で，あっさり示せてしまいました．正当化する際には，「どの性質を使ったか」を意識して，その点をきちんと

述べればよいわけです．今回の場合は，さりげなく1行目から2行目の言い換えがカギになるわけですから，そこをふまえて次のようにまとめるとよいでしょう．「全ての…」については論証しにくいので，やはり対偶を示すことにします．

解 a が b の倍数でなければ，ある素数 p が存在して，a は p でちょうど k 回割り切れ，b は p でちょうど l（$>k$）回割り切れる，として良い．このとき，a^2 は p でちょうど $2k$ 回割り切れ，b^2 は p でちょうど $2l$（$>2k$）回割り切れるので，a^2 は b^2 の倍数でない．よって対偶が示されたので，もとの主張も示された． 終

最小公倍数，最大公約数については，ベクトル表記が最も力を発揮します．まずは例題．

例 $3^{11} \times 4^5 \times 7^8 \times 12$ と $8^6 \times 9^4 \times 11$ の最小公倍数および最大公約数を求めよ．

素因数分解した形で2数を表すと，
$$3^{11} \times 4^5 \times 7^8 \times 12 = 2^{12} \times 3^{12} \times 7^8$$
$$8^6 \times 9^4 \times 11 = 2^{18} \times 3^8 \times 11$$

ですから，最小公倍数は，各素因数の指数の大きいほうを採用した $2^{18} \times 3^{12} \times 7^8 \times 11$，最大公約数は，各素因数の指数の小さいほうを採用した $2^{12} \times 3^8$ であるとわかります．このからくりを一般化したものが次の結果です．

（**最小公倍数・最大公約数**）　いくつかの正の整数 $(\alpha_1, \alpha_2, \cdots)$, $(\beta_1, \beta_2, \cdots)$, $\cdots$, $(\gamma_1, \gamma_2, \cdots)$ の最小公倍数 L，および最大公約数 G は，α_i, β_i, $\cdots$, γ_i の中で最大のものを M_i，最小のものを m_i として，
$L = (M_1, M_2, \cdots, M_i, \cdots)$, $G = (m_1, m_2, \cdots, m_i, \cdots)$
で表わされる．

このからくりを記憶するに一番効果的な問題をひとつ紹介しますので，少し考えてみてください．アメリカの数学オリンピック（USAMOといいます）からの問題ですが，大したことはありません．

問題 3-5.2 正の整数 a, b, c に対して，$\{a, b, c\}$ で a, b, c の最小公倍数を，$\langle a, b, c \rangle$ で a, b, c の最大公約数を表わす．$\{a, b\}$ や $\langle b, c \rangle$ も同様に定める．このとき次の等式が成り立つことを示せ．
$$\frac{\{a, b, c\}^2}{\{a, b\}\{b, c\}\{c, a\}} = \frac{\langle a, b, c \rangle^2}{\langle a, b \rangle \langle b, c \rangle \langle c, a \rangle} \quad \cdots\cdots *$$

【**考察**】$a = (\alpha_1, \alpha_2, \cdots)$, $b = (\beta_1, \beta_2, \cdots)$, $c = (\gamma_1, \gamma_2, \cdots)$ とし，$\alpha_i, \beta_i, \gamma_i$ を大きい順に並べたものを l_i, m_i, n_i としておきます．すると，$\{a, b, c\}^2 = (2l_1, 2l_2, \cdots)$ はすぐわかり，左辺の分母も $(2l_1 + m_1, 2l_2 + m_2, \cdots)$ と表わせます．よって，左辺は $(-m_1, -m_2, \cdots)$ とわかります．同じように右辺についても調べれば，どうやら証明できそうです．答案としてなら，次のようにするのが良いでしょう．

解 $*$ の分母を払った式
$$\{a, b, c\}^2 \langle a, b \rangle \langle b, c \rangle \langle c, a \rangle$$
$$= \langle a, b, c \rangle^2 \{a, b\}\{b, c\}\{c, a\} \quad \cdots **$$
を示すには，任意の素数 p について，左辺が p で割り切れる回数と，右辺が p で割り切れる回数が等しいことをいえばよい．

いま，素数 p で a, b, c がそれぞれ l, m, n 回割り切れるとする．式は a, b, c について対称なので，$l \geq m \geq n$ として一般性を失わない．このとき，$\{a, b, c\}$, $\{a, b\}$, $\{b, c\}$, $\{c, a\}$ はそれぞれ p で l, l, m, l 回割り切れ，$\langle a, b, c \rangle$, $\langle a, b \rangle$, $\langle b, c \rangle$, $\langle c, a \rangle$ はそれぞれ p で n, m, n, n 回割り切れるので，$**$ 式の左辺は p でちょうど $2l + m + n + n = 2l + m + 2n$ 回，右辺は p でちょうど $2n + l + m + l = 2l + m + 2n$ 回割り切れる．つまり，左辺，右辺が p で割り切れる回数は等しいことがいえる．p はいかなる素数であっても良いから，このことは，$**$ の両辺を素因数分解したものが一致していることを表わすに他ならない．ゆえに $**$ が示された． 終

§3 入試問題では

実際の入試では，どのように出題されるのかを見てみましょう．今までの内容をふまえて考えてみてください．

問題 3-5.3 自然数 a, b, c が $3a = b^3$, $5a = c^2$ を満たし，d^6 が a を割り切るような自然数 d は $d = 1$ に限るとする．a を求めよ．

【**考察＋解説**】「d^6 が…」の一節は，a（をベクトル表記したとき）のどの成分も 5 以下であることを意味するに他なりません．$3a = b^3$, $5a = c^2$ を満たす自然数 b, c が存在する，とは，$3a$ の成分が全て 3 の倍数であり，$5a$ の成分が全て 2 の倍数であることを表わします．以上をふまえて，$a = (\alpha_1, \alpha_2, \cdots)$ とおけば，（3, 5 は 2 番目，3 番目の素数なので）

$3a = (\alpha_1, \alpha_2 + 1, \alpha_3, \alpha_4, \cdots)$ の各成分は 3 の倍数
$5a = (\alpha_1, \alpha_2, \alpha_3 + 1, \alpha_4, \alpha_5, \cdots)$ の各成分は 2 の倍数
となるので，$\alpha_1, \alpha_4, \alpha_5, \alpha_6, \cdots$ は 3 の倍数かつ 2 の

倍数の非負整数,即ち6の倍数である非負整数です.ところが,各成分は5以下なので,α_1, α_4, α_5, α_6, …は全て0とわかります.残るはα_2, α_3ですが,α_2+1が1以上6以下の3の倍数なので,$\alpha_2=2$, 5で,α_2は2の倍数だから$\alpha_2=2$,また,α_3+1は1以上6以下の偶数なので,$\alpha_3=1$, 3, 5で,α_3は3の倍数だから$\alpha_3=3$と決まります.従って,$a=(0, 2, 3, 0, 0, \cdots)$
$=3^2\times 5^3=\mathbf{1125}$ とわかります.

▷注 答案的には,aが3,5以外の素因数pを持つとして矛盾を示し,次いでaが3,5でそれぞれ何回割り切れるか,を求めるのが良いでしょう.

問題 3-5.4 正の整数Lに対して,次の条件(ⅰ),(ⅱ)をともに満たす正の整数(a, b)の総数を$N(L)$と表わす.
  (ⅰ) $a<b$
  (ⅱ) a, bの最小公倍数はLである.
(1) nを正の整数,pを素数とする.$N(p^n)$をnを用いて表わせ.
(2) p, q, rは全て素数で,$p<q<r$を満たすとする.$N(pqr)$を求めよ.
(3) $N(60^m)>2009^3$を満たす最小の正の整数mの値を求めよ.

ベクトル表記が大切,というよりは,素因数分解形に着目,という手法が活きる一題です.

解 (1) a, bの最小公倍数がp^nのとき,a, bはp以外に素因数を持たない.$a=p^i$, $b=p^j$とおくと,$a<b$から$i<j$で,a, bの最小公倍数はp^jなので,$j=n$であり,iは$n-1$以下の非負整数.従って,i, jの組は
$(i, j)=(0, n), (1, n), (2, n), \cdots, (n-1, n)$
のn組あるので,$N(p^n)=\mathbf{n}$

(2) a, bの最小公倍数がpqrのとき,a, bはp, q, r以外に素因数を持たない.a, bの大小関係を無視して,a, bがそれぞれpで何回割り切れるかを考えると,最小公倍数がpでちょうど1回割り切れることから,
・a, bがともにpでちょうど1回割り切れる か,
・a, bの片方がpでちょうど1回割り切れ,もう片方がpで割り切れないかの3通りが考えられる.

同様に,a, bがqで何回割り切れるか,rで何回割り切れるか,についても3通りずつが考えられるので,a, bの最小公倍数がpqrとなるような正の整数a, bの組は全部で$3^3=27$通りあるとわかる.このうち,$a=b$となるものは,(素因分解の一意性から)$a=b=pqr$の1通りのみなので,$a<b$なる条件をつければ,a, bの組は全部で$\frac{27-1}{2}=\mathbf{13}$組あるとわかり,これが

$N(pqr)$の値.
(3) $60=2^2\times 3\times 5$であるから,$60^m=2^{2m}\times 3^m\times 5^m$.$a$, bの大小関係を無視して考えれば,a, bの最小公倍数が60^mとなるような正の整数a, bの組は,先と同様に考えて,a, bの素因数の2の指数の選び方で$4m+1$通り,3の指数の選び方で$2m+1$通り,5の指数の選び方で$2m+1$通りあるから,$(4m+1)(2m+1)(2m+1)$組ある.

(a, bの2の指数の組は
$(0, 2m), (1, 2m), (2, 2m), \cdots, (2m-1, 2m),$
$(2m, 2m)$
$(2m, 0), (2m, 1), (2m, 2), \cdots, (2m, 2m-1)$
の$4m+1$通り,ということ)

このうち,$a=b$となるものは$a=b=60^m$の一通りなので,$a<b$なる組の総数$N(60^m)$の値は
$$N(60^m)=\frac{(4m+1)(2m+1)(2m+1)-1}{2}$$
従って,
$$N(60^m)>2009^3$$
$$\iff (4m+1)(2m+1)(2m+1)>2\times 2009^3+1$$
を満たす最小の正の整数mを求めればよい.

左辺が$m>0$の範囲でmについて単調増加であること,および
$(4m+1)(2m+1)(2m+1)\doteqdot 2(2m+1)^3+1$から,
$m=1004$, 1005で左辺の値を調べてみると,
$m=1004$のとき
$(4m+1)(2m+1)(2m+1)$
$\qquad\qquad =4017\times 2009\times 2009<2\times 2009^3$
$m=1005$のとき
$(4m+1)(2m+1)(2m+1)=4021\times 2011\times 2011$
$\qquad\qquad\qquad >4020\times 2011\times 2011+1$
$\qquad\qquad\qquad >2\times 2009^3+1$
なので,求めるべき最小のmの値は$m=\mathbf{1005}$ ■

では最後に,場合の数との融合問題で次のような問題を紹介しておしまいにしましょう.計算式と結果だけを載せておきますから,結果が合うまで頑張ってください!

問題 3-5.5 整数a, b, cは次の二つの条件をともに満たす.
(条件)
・$0<a<b<c$
・a, b, cの最小公倍数は420
このような整数の組(a, b, c)はいくつあるか.

解 $\dfrac{19\times 7^3-1-(5\times 3^3-1)\times 3}{6}=\mathbf{1019}$

第3章 整数，多項式，論証

◆6 「べき乗数」いろいろ　　数AⅡB 問題編

問題 3-6.1　難易度 ★

$\log_{10} 2 = 0.30103$, $\log_{10} 3 = 0.47712$, $\log_{10} 7 = 0.84510$ とする．3^{2007} は何桁の数で，一番上の桁（首位）の数は何かを求めよ．

問題 3-6.2　難易度 ★★

2^n の首位の数字を a_n（$n \geq 0$）とする．全ての 0 以上の整数 n に対して $a_{n+L} = a_n$ が成り立つような自然数 L は存在しないことを示せ（即ち，$\{a_n\}$ は周期数列とならないことを示せ）．

問題 3-6.3　難易度 ★★

負でない実数 a に対し，$\{a\}$ で a の小数部分を表わす．
（1）　$\{n \log_{10} 2\} < 0.02$ となる正の整数 n を 1 つ求めよ．
（2）　2^n の首位の数字が 7 となる正の整数 n を 1 つ求めよ．
　$0.3010 < \log_{10} 2 < 0.3011$, $0.8450 < \log_{10} 7 < 0.8451$ であることを認めてよい．

◇6 「べき乗数」いろいろ

3-6

チェック！

難易度 ★★

問題 3-6.4

2^{555} は十進法で表わすと 168 桁の数で，その首位の数字は 1 である．
集合 $A=\{2^n \mid n \text{ は整数で } 0 \leqq n \leqq 555\}$ の要素のうち，次の条件を満たすものはそれぞれいくつあるか．
（1） 十進法表示での首位の数字が 1 のもの．
（2） 十進法表示での首位の数字が 4 のもの．

チェック！

難易度 ★★

問題 3-6.5

等比数列 2, 4, 8, … と等比数列 3, 9, 27, … のすべての項を小さい順に並べてできる数列の第 1000 項は，ふたつの等比数列のどちらの第何項か（$\log_6 2 = 0.386852\cdots$ を使ってよい）．

チェック！

難易度 ★★★

問題 3-6.6

$a_n = n\sqrt{2}$, $b_n = n(2+\sqrt{2})$ $(n \geqq 1)$ とする．以下の問いに答えよ．必要ならば，$\sqrt{2} = 1.41421\cdots$ が無理数であることは証明なしに用いてよい．
（1） 任意の自然数 k, l に対して，$a_k \neq b_l$ が成り立つことを示せ．
（2） $\{a_n\}$, $\{b_n\}$ の項全てを小さい順に並べてできる数列を $\{c_n\}$ $(n \geqq 1)$ とする．a_{1000} は数列 $\{c_n\}$ の第何項か．
（3） c_n の整数部分を求めよ．

第3章 整数，多項式，論証

◇6 「べき乗数」いろいろ

数AⅡB 解説編

本稿では，「べき乗数」にまつわる問題をみてゆきます．お話の途中に問題が登場しますので，そのときは先に進まず問題を解いてみるようにしましょう．

§1 常用対数と概数計算

いくつかの常用対数のおよその値が与えられていれば，巨大な数の概数を求めることができることは，みなさんもご存知のことでしょう．

問題 3-6.1 $\log_{10}2=0.30103$, $\log_{10}3=0.47712$, $\log_{10}7=0.84510$ とする．3^{2007} は何桁の数で，一番上の桁（首位）の数は何かを求めよ．

といった問題なら，

解 $\log_{10}3^{2007}=2007\log_{10}3=957.57984$
と $\log_{10}3<0.57984<\log_{10}4=2\log_{10}2=0.60206$
から，$3\times10^{957}<3^{2007}<4\times10^{957}$
がわかるので，3^{2007} は **958桁の数で，首位は3**
と結論付けられます．大きな数 X に対して，$\log_{10}X$ の値の整数部分が「桁数」を，小数部分が「首位」を表現してくれたわけです．

もちろん，ここに登場した $\log_{10}2$ などの値は全て近似値で，もしも本当に $\log_{10}2=0.30103$ だとすると，$10^{30103}=2^{100000}$ が正しいということになってしまいます．実際には，$\log_{10}n$ は，n が10のべきでない自然数であれば必ず無理数になります．一般の場合ではなく，$\log_{10}2$ について考えてみましょう．

問題 $a=\log_{10}2$ は無理数であることを示せ．

定石どおり，背理法です．

解 $a>0$ なので，a が有理数と仮定すると，正の整数 p, q を用いて $a=\dfrac{q}{p}$ とおける．このとき，

$\log_{10}2=\dfrac{q}{p} \iff 2=10^{\frac{q}{p}} \iff 10^q=2^p$

であり，$q\geq1$ より左辺は5の倍数だが，右辺は5と互いに素な整数となり矛盾．ゆえに題意は示された．

▷注 p, q を正としておかないと，10^q, 2^p が整数と限らなくなってしまいます．

さて，$\log_{10}2$ が無理数ということは，
$\log_{10}2,\ 2\log_{10}2,\ 3\log_{10}2,\ \cdots$
の小数部分は「循環しない」ということですから，小数部分が司る「2のべき乗数の首位」も循環しないはずです．そこで，こんな問題を考えてみましょう．

問題 3-6.2 2^n の首位の数字を a_n ($n\geq0$) とする．全ての0以上の整数 n に対して $a_{n+L}=a_n$ が成り立つような自然数 L は存在しないことを示せ（即ち，$\{a_n\}$ は周期数列とならないことを示せ）．

感覚的にはあたりまえなこの主張も，まじめに示せ，と言われれば少し面倒で，次のようにまとめることになるでしょう．

解 2^0 の首位が1であるから，仮に首位の数字が周期 $L(>0)$ で繰り返したとすると，2^{nL} の首位は必ず1であるので，$nL\log_{10}2$ の小数部分は必ず $\log_{10}2$ 未満である．$L\log_{10}2$ は無理数であるから，この小数部分を α とすると，$0<\alpha<\log_{10}2$ が成り立つが，$2<\sqrt{10}$ より $\log_{10}2<\dfrac{1}{2}$ であるから，$0<\alpha<\dfrac{1}{2}$ である．従って，$\alpha,\ 2\alpha,\ 3\alpha,\ \cdots$ ではじめて $\log_{10}2$ を超えるものを考え，それを $m\alpha$ とすれば，それは $\log_{10}2<m\alpha<1$ を満たすので，$mL\log_{10}2$ の小数部分は $\log_{10}2$ 未満とはならない．これは不合理である．

▷注 「途中から繰り返す」可能性も，ほぼ同様の理由で否定できます．

下線部のところに $\log_{10}2$ の無理数性が登場するわけで，2のべき乗数の首位の数字が規則的に並ばないのは，$\log_{10}2$ が無理数であることに由来していたわけがはっきり見えました．

§2 2のべき乗数の首位

具体的に，2^n の首位の数を書き並べてみましょう．2^0 から順に並べると，

1, 2, 4, 8, 1, 3, 6, 1, 2, 5, 1, 2, 4, 8, 1, 3, 6, 1, 2, 5, 1, 2, …

どうも，「1, 2, 4, 8, 1, 3, 6, 1, 2, 5」の繰り返しのようですが，先ほどの考察から，それは大いなる幻想であるはずです．いつかは，この「繰り返し周期」の中に現れない7や9も出てきておかしくありません．そこで，次の問題を考えてみましょう．

> **問題 3-6.3** 負でない実数 a に対し，$\{a\}$ で a の小数部分を表わす．
> （1） $\{n\log_{10}2\}<0.02$ となる正の整数 n を1つ求めよ．
> （2） 2^n の首位の数字が7となる正の整数 n を1つ求めよ．
> $0.3010<\log_{10}2<0.3011$, $0.8450<\log_{10}7<0.8451$ であることを認めてよい．

出典は京都大学なのですが，近似値ではなく，不等式で常用対数の値を提示しているのが京大らしいところ．まずは不等式を無視して，およそ $\log_{10}2=0.301$ として考えてみると，容易に（1）の答をみつけることが出来ます．$10\log_{10}2=3.01$ です．

これをヒントにすれば，考えたかった（2）もできそうです．$\log$ の小数部分を $\log_{10}7\sim\log_{10}8=3\log_{10}2$ の間に，つまり，だいたい 0.8450 から 0.9030 に落とせばよいわけですから，$850\log_{10}2=255.85$ でよいのでは，とわかりますが，不等式評価だと，
$$255.85<\log_{10}2^{850}<255.935$$
となってだめです．一工夫必要そうです．

解 （1） $3.010<10\log_{10}2<3.011$ より，$\{10\log_{10}2\}<0.011$ であるから，$n=\boldsymbol{10}$ が例の1つ．
（2） $6\log_{10}2+10m\log_{10}2=b_m$ とおくと，$1.806+3.01m<b_m<1.8066+3.011m$ であるから，m がそう大きくないとき，
$0.806+0.01m<\{b_m\}<0.8066+0.011m \cdots *$ である．
$m=4$ のとき，$0.846<\{b_4\}<0.8506$ なので，
$$0.846<\{46\log_{10}2\}<0.8506$$
$\log_{10}7<0.8451<0.846$, $0.8506<0.903<3\log_{10}2=\log_{10}8$ から，$\log_{10}7<\{46\log_{10}2\}<\log_{10}8$ がわかるので，$46\log_{10}2$ の整数部分を X とおけば $7\cdot10^X<2^{46}<8\cdot10^X$ 従って，$n=\boldsymbol{46}$ が例の1つとわかる． ■

▷**注** もちろん，答は無数にあります．（2）は，* の不等式から $n=56, 66, 76, 86$ でもOKとわかります．

▷**注** $0.4771<\log_{10}3<0.4772$ を既知とすれば，首位が9の2のべき乗数もみつけることが出来ます．

この問題をみれば，「2^n の首位が繰り返してみえる」理由がお分かりでしょう．それは，$10\log_{10}2$ の小数部分が非常に小さいこと，言い換えれば，$2^{10}=1024$ が 1000 にとても近いこと，だったわけです．

こうしてみると，「取り扱いが非常に怖い」首位の数ですが，入試では，求まることを良いことに次のような出題もされます．

> **問題 3-6.4** 2^{555} は十進法で表わすと168桁の数で，その首位の数字は1である．集合
> $A=\{2^n\mid n\text{ は整数で }0\leq n\leq 555\}$ の要素のうち，次の条件を満たすものはそれぞれいくつあるか．
> （1） 十進法表示での首位の数字が1のもの．
> （2） 十進法表示での首位の数字が4のもの．

首位の数字の列自体に規則性はないことは既に確かめているので，首位の数字の羅列を眺めていても仕方ありません．そこで，右のように，具体的に2のべき乗を並べてみましょう．首位をただ並べるだけではピンときませんが，こうして並べた上で，首位が1のものがどう並ぶかを見ると，「基本的に桁あがりのところに首位が1のものが登場する」様子がまるみえです．これが見えれば，（1）は解けたも同然でしょう．

1
2
4
8
16
32
64
128
256
512
1024
2048
4096
8192
16384
……

解 （1） 非負整数 k に対して，
（i） 2^{k+1} の桁数が 2^k の桁数より大きいとき，桁数の違いは1で，かつ 2^{k+1} の首位の数字は1である．
（ii） 2^{k+1} の首位の数字が1であるとき，2^{k+2} の首位の数字は1ではない．
の2つがいえるので，自然数 N に対して，2のべき乗数で桁数が N，首位の数字が1であるものがただ1つ存在することがいえる．2^{555} が168桁の整数で，首位が1であることから，求めるべき個数は $\boldsymbol{168}$ である．（1も首位が1の整数と考えている．） ■

▷**注** 記述問題なら，例えば（i）においては 2^k の桁数を K とおくと，仮定より $2^k<10^K\leq 2^{k+1}$ であり，$2^k<10^K$ から $2^{k+1}<2\cdot10^K$ なので，$10^K\leq 2^{k+1}<2\cdot10^K$ である．従って，2^{k+1} の桁数は $K+1$ であり，首位の数字は1であるとわかるので，（i）は示される．
程度の説明が必要でしょう．

(2)はどうでしょうか？「首位が1」のものは，桁上がりのたびに必ずちょうど1回登場すること，がカギでしたが，「4」は桁上がり時に登場するわけではありません．桁上がりから桁上がりまでの途中に登場します．

そこで，「桁上がりから桁上がりまでに登場する数の首位の数字の移り変わり」を観察してみることにします．桁上がりしたときの2のべき乗の首位は1であることが分かっているので，ありえるパターンは
（あ）$1 \to 2 \to 4 \to 8 \ (\to 1)$　（い）$1 \to 2 \to 4 \to 9 \ (\to 1)$
（う）$1 \to 2 \to 5 \ (\to 1)$　　　（え）$1 \to 3 \to 6 \ (\to 1)$
（お）$1 \to 3 \to 7 \ (\to 1)$
のいずれかです．
（例えば，首位が3のものの2倍は，
$2 \times 3000 \cdots \sim 2 \times 3999 \cdots$　即ち $6000 \cdots \sim 7999 \cdots$
から，首位は6または7とわかります）

「4」が出てくるのは（あ）（い）のパターンのみとわかりますが，（あ）（い）のパターンは，「桁上がりまでに4回要するパターン」ともとらえることが出来ます．これをヒントに考えることで，次のように解決しましょう．

解　(2)　$A = \{2^n \mid n は整数で 0 \leq n \leq 555\}$
「A の要素で，桁数が k のものがちょうど3個ある」ような k ($1 \leq k \leq 167$) の個数を T，「A の要素で，桁数が k のものがちょうど4個ある」ような k ($1 \leq k \leq 167$) の個数を F とおく．首位の数字の移り変わりは上記の（あ）〜（お）しかないので，A の要素で，桁数が k ($1 \leq k \leq 167$) のものの個数は3個または4個だから，
$$T + F = 167 \quad \cdots\cdots\text{①}$$
また，167桁以下の A の要素は，2^{555} を除いた555個であるから，$\quad 3T + 4F = 555 \quad \cdots\cdots\text{②}$
①，②から $T = 113$，$F = 54$ とわかる．さて，（あ）〜（お）から，$1 \leq k \leq 167$ で

　A の要素で，桁数が k のものがちょうど4個ある
$\iff A$ の要素で，桁数が k，首位が4のものが1つ存在
　A の要素で，桁数が k のものがちょうど3個ある
$\iff A$ の要素で，桁数が k，首位が4のものはない

ことがわかり，A の要素で168桁以上のものは 2^{555}（首位は1）のみなので，結局，A の要素で首位が4のものの個数は F の値に同じで，**54** とわかる．　　**終**

首位が4のべき乗数が登場すれば，桁上がりまでに「1回多く」かかってしまう，ということです．

「首位の数の列」にとらわれなければ，意外な規則があったわけですね．

§3 「どっちの何番目？」問題

ひょんなことから，おもしろい入試問題をみつけました．

問題 3-6.5　等比数列 2, 4, 8, … と等比数列 3, 9, 27, … のすべての項を小さい順に並べてできる数列の第1000項は，ふたつの等比数列のどちらの第何項か（$\log_6 2 = 0.386852\cdots$ を使ってよい）．

2009年の弘前大の問題です．$a_n = 2^n$, $b_n = 3^n$ と表すことにしましょう．$\{a_n\}$, $\{b_n\}$ の全ての項を小さい順に並べてできる数列を $\{c_n\}$ と表すことにします．素因数分解形で考えれば，$\{a_n\}$, $\{b_n\}$ の両方に登場する数はありません（そもそも，この問題はそれを前提にされています）．
試しに $\{c_n\}$ の最初のほうを並べてゆくと，
$$2,\ 3,\ 2^2,\ 2^3,\ 3^2,\ 2^4,\ 3^3,\ 2^5,\ 2^6,\ 3^4, \cdots$$
と，「a, b, a, a, b」の繰り返しになる様子がわかりますが，§2での結果を考えれば，おそらく大いなる幻想なのでしょう．

つまらない「予想」などは考えず，まともに考えようとすると，この問題の「隠された難しさ」が見えてきます．下手に処理しようとすると，例えば $\log_2 3$ の値が必要になったりして，
$$\log_2 3 = \frac{\log_6 2}{\log_6 3} = \frac{\log_6 2}{1 - \log_6 2} = \frac{0.386852\cdots}{0.613147\cdots}$$
と，電卓がないと大変な計算を強いられてしまうのです（誤差の問題等も気になります）．「いかに $\log_6 2$ の近似値が使いやすいような評価式をたてるか？」という問題も付きまとうわけです．

しかしながら，次のように「自然に」考えれば，「自然に上手に」$\log_6 2$ の近似値が利用できてしまいます．それも「おもしろい」という評のゆえんです．

解　2^m が $\{c_n\}$ の何項目かを考えると，2^m 以下の $\{a_n\}$ の項は m 個，2^m 以下の $\{b_n\}$ の項は $[\log_3 2^m]$ 個（$[\ \ ]$ はガウス記号．即ち $[x]$ で実数 x の整数部分を表す）あるので，
$\quad 2^m$ は $\{c_n\}$ の $m + [\log_3 2^m]$ 項目
とわかり，同様にして，
$\quad 3^m$ は $\{c_n\}$ の $m + [\log_2 3^m]$ 項目
とわかる．
よって，2つの方程式
$$m + [\log_3 2^m] = 1000 \quad \cdots\cdots\text{①}$$
$$m + [\log_2 3^m] = 1000 \quad \cdots\cdots\text{②}$$
のうち，どちらが自然数解を持ち，その解がいくつか，が分かれば，c_{1000} がどちらの数列の何項目か，がわかる．（$\{a_n\}$, $\{b_n\}$ に重複して出現する項はないので，①，

②が共に解をもつとすると，c_{1000} が2つ存在することになり矛盾．①，②が共に解を持たないとすると，「c_{1000} が存在しない」ということになり不合理．）

②が解を持つかを調べると，N が整数のとき，$N+[x]=[N+x]$ であることから，
$$m+[\log_2 3^m]=[m+m\log_2 3]=[m(\log_2 2+\log_2 3)]$$
$$=[m\log_2 6]=\left[\frac{m}{\log_6 2}\right]$$

なので，
$$② \iff \left[\frac{m}{\log_6 2}\right]=1000 \iff 1000\leq\frac{m}{\log_6 2}<1001$$
$$\iff 1000\log_6 2\leq m<1001\log_6 2$$
$$\iff 386.852\cdots\leq m<386.852\cdots+0.386852\cdots$$

よって②は $m=387$ なる自然数解をもつ．
即ち，$3^{387}=c_{1000}$ とわかるから，c_{1000} は
公比 3 の等比数列の第 387 項とわかる． ■

▷注 同じように①を変形すると，
$$613.147\cdots\leq m<613.147\cdots+0.613147\cdots$$
となり，これを満たす自然数 m は確かに存在しません．

この解答のなかでさらに「おもしろい」のは，2つの方程式①，②の挙動．片方のみが必ず解を持つといえるわけですが，その根拠は「順番に数えてゆくと1000番目はただ1つ存在するから」という，ばかばかしいものです．この「ばかばかしい」考え方を活かせないものかなぁと思って，問題をつくってみました．少し難しいですが，挑戦してみてください．

問題 3-6.6 $a_n=n\sqrt{2}$, $b_n=n(2+\sqrt{2})$ $(n\geq 1)$ とする．以下の問いに答えよ．必要ならば，$\sqrt{2}=1.41421\cdots$ が無理数であることは証明なしに用いてよい．
(1) 任意の自然数 k, l に対して，$a_k\neq b_l$ が成り立つことを示せ．
(2) $\{a_n\}$, $\{b_n\}$ の項全てを小さい順に並べてできる数列を $\{c_n\}$ $(n\geq 1)$ とする．a_{1000} は数列 $\{c_n\}$ の第何項か．
(3) c_n の整数部分を求めよ．

解 (1) $a_k=b_l \iff k\sqrt{2}=2l+l\sqrt{2}$
$\iff (k-l)\sqrt{2}=2l$

を満たす自然数 k, l があるとする．
もしも $k-l=0$ ならば $2l=0$ となり，$k-l\neq 0$ ならば $\sqrt{2}=\frac{2l}{k-l}$ で $\sqrt{2}$ は有理数となるので，いずれにせよ不合理である．従って，任意の自然数 k, l に対して $a_k\neq b_l$ である． ■

(2) a_{1000} 以下の $\{a_n\}$ の項は 1000 個，$\{b_n\}$ の項は
$$\left[\frac{a_{1000}}{2+\sqrt{2}}\right]=\left[\frac{1000\sqrt{2}}{2+\sqrt{2}}\right]=\left[\frac{1000\sqrt{2}(\sqrt{2}-1)}{\sqrt{2}(\sqrt{2}+1)(\sqrt{2}-1)}\right]$$
$$=[1000(\sqrt{2}-1)]$$

個あるので，a_{1000} は $\{c_n\}$ の
$$1000+[1000(\sqrt{2}-1)]=[1000+1000(\sqrt{2}-1)]$$
$$=[1414.21\cdots]=\mathbf{1414}\text{ 項目}$$

(3) 自然数 m に対して，$a_m=c_n$ なる n を (2) と同じように求めると，$n=m+\left[\frac{m\sqrt{2}}{2+\sqrt{2}}\right]=\cdots=[m\sqrt{2}]$

$b_m=c_n$ なる n を求めると，
$$n=m+\left[\frac{(2+\sqrt{2})m}{\sqrt{2}}\right]=\cdots=[m(2+\sqrt{2})]$$ である．

$\{a_n\}$, $\{b_n\}$ の全ての項は，$\{c_n\}$ の項として丁度一回ずつ登場し，(1) より，$\{a_n\}$, $\{b_n\}$ の項で同じものはないので，全ての自然数は
「$a_m=c_n$ なる n を小さい順に並べたもの
$\quad [\sqrt{2}]$, $[2\sqrt{2}]$, $[3\sqrt{2}]$, $\cdots$」
「$b_m=c_n$ なる n を小さい順に並べたもの
$\quad [2+\sqrt{2}]$, $[2(2+\sqrt{2})]$, $[3(2+\sqrt{2})]$, $\cdots$」
のどちらかに丁度 1 回登場する．よって，
$\quad [\sqrt{2}]$, $[2\sqrt{2}]$, $[3\sqrt{2}]$, $\cdots$
$\quad [2+\sqrt{2}]$, $[2(2+\sqrt{2})]$, $[3(2+\sqrt{2})]$, $\cdots$
の全てを小さい順に並べ替えた数列は
$\quad 1, 2, 3, \cdots$（自然数を小さい順に並べたもの）
となっている $\cdots *$ とわかるので，
$[c_n]=\mathbf{n}$ $(\mathbf{n=1, 2, 3, \cdots})$ とわかる． ■

「正の無理数 α, β が $\frac{1}{\alpha}+\frac{1}{\beta}=1$ を満たすとき，全ての自然数は，2つの数列
$\quad [\alpha], [2\alpha], [3\alpha], \cdots, ; [\beta], [2\beta], [3\beta], \cdots$
のどちらか片方に，ちょうど 1 回登場する．」という，レイリーの定理（☞p.102）とよばれる性質があります．本問は，このレイリーの定理を，
$\alpha=\sqrt{2}$ (, $\beta=2+\sqrt{2}$) の場合において示せ，ということになっていて（*の部分に対応しています），もちろん，同じ方針で一般の場合のレイリーの定理も証明することができます．

思わぬところにたどりついたものです（！）

ミニ講座①
レイリーの定理

> 正の無理数 α, β が $\dfrac{1}{\alpha}+\dfrac{1}{\beta}=1$ を満たすとき,全ての自然数は,2つの数列
> $$[\alpha],\ [2\alpha],\ [3\alpha],\ \cdots$$
> $$[\beta],\ [2\beta],\ [3\beta],\ \cdots$$
> のどちらか片方に,ちょうど1回登場する.

 これを,レイリーの定理といいます.「どっちの何番目?」問題を基にした考察で,定理がどのように証明できるかを実際にみてみましょう.

【証明】

 まず,α, 2α, 3α, $\cdots$, β, 2β, 3β, $\cdots$ のどの2つも異なることを示す.α, 2α, 3α, $\cdots$ のどの2つも異なること,β, 2β, 3β, $\cdots$ のどの2つも異なることは自明であるから,ある正の整数 k, l に対して $k\alpha = l\beta$ となると仮定して不合理性を導ければ十分である.実際,$\dfrac{1}{\alpha}+\dfrac{1}{\beta}=1$ より,$\dfrac{1}{\beta}=1-\dfrac{1}{\alpha}=\dfrac{\alpha-1}{\alpha}$ であるから,$\beta=\dfrac{\alpha}{\alpha-1}$ なので,
$$k\alpha=l\beta \iff k\alpha=\dfrac{l\alpha}{\alpha-1} \iff k(\alpha-1)=l$$
$$(\because\ \alpha>0\ \text{より}\ \alpha\neq 0)$$
従って,$\alpha=1+\dfrac{l}{k}$ となり,α が無理数であることに反するから,確かに α, 2α, 3α, $\cdots$, β, 2β, 3β, $\cdots$ のどの2つも異なることが分かる.

 $a_n=n\alpha$, $b_n=n\beta$ とし,a_1, a_2, a_3, $\cdots$, b_1, b_2, b_3, $\cdots$ を小さい順に並べて得られる数列を $\{c_n\}$ とすれば,$a_m=c_n$ となる n は,a_m 以下の a_1, a_2, $\cdots$ の個数が m 個,a_m 以下の b_1, b_2, $\cdots$ の個数が
$$\left[\dfrac{m\alpha}{\beta}\right]=\left[m\alpha\left(1-\dfrac{1}{\alpha}\right)\right]=[m\alpha-m]=[m\alpha]-m$$ 個あることから,$n=m+[m\alpha]-m=[m\alpha]$ であり,同様にして $b_m=c_n$ となる n は $n=[m\beta]$ である.
(ここまでで,ほぼ定理は示されてはいるのだが,以下念のためにきちんと示しておく.)

 従って,もしも $[k\alpha]=[l\alpha]$ であるとすれば,それは $a_k=c_{[k\alpha]}=c_{[l\alpha]}=a_l$ を意味するので $k=l$ に他ならず,同様に $[k\beta]=[l\beta] \iff k=l$ も分かる(k, l は正の整数).

 $[k\alpha]=[l\beta]$ となる正の整数 k, l が存在するとすると,$a_k=c_{[k\alpha]}=c_{[l\beta]}=b_l$ となり,$a_k\neq b_l$ に反するので,
$$[\alpha],\ [2\alpha],\ [3\alpha],\ \cdots\ ;\ [\beta],\ [2\beta],\ [3\beta],\ \cdots$$
のどの2つも異なることが分かる.また,与えられた正の整数 n に対して,$c_n=a_k$ あるいは $c_n=b_l$ となる k あるいは l が唯一つ存在するから,$c_n=a_k$ となる k が存在するならば $n=[k\alpha]$ と,$c_n=b_l$ となる l が存在するならば $n=[l\beta]$ と表せるので,任意の正の整数 n は
$$[\alpha],\ [2\alpha],\ [3\alpha],\ \cdots\ ;\ [\beta],\ [2\beta],\ [3\beta],\ \cdots$$
の中に必ずちょうど1回登場する.

 従って,定理は示された.■

⇨注 α, $\beta>0$ という条件は,「$\{c_n\}$ を定義することが可能である」という部分に用いています.$\alpha<0$ の場合,「小さい順に」順序づけすることができなくなりますから.

 簡単に言うと,レイリーの定理とは,「男女に出席番号を振り分ければ,全ての整数は,男子か女子のどちらかの出席番号にちょうど1回だけ登場するでしょ?」という定理に他ならないわけです.

 少し拡張してみたくなりませんか?
でも,残念ながら,無理数の個数を増やしても,「おお」という結果は得られません.次のような形での拡張にとどまってしまいます.

【拡張】

 正の無理数 α, β, γ が $\dfrac{1}{\alpha}+\dfrac{1}{\beta}+\dfrac{1}{\gamma}=1$ を満たし,かつ整数 k, l, m で,$k\alpha+l\beta+m\gamma=0$ を満たすものが $(k, l, m)=(0, 0, 0)$ 以外に存在しないとき,次の条件を満たす数列 $\{a_n\}$, $\{b_n\}$, $\{c_n\}$ で,全ての自然数が $\{a_n\}$, $\{b_n\}$, $\{c_n\}$ のいずれかの項にちょうど1回だけ登場するものが存在する.

(条件) 全ての正の整数 n に対して
$$a_n=[n\alpha]\ \text{または}\ a_n=[n\alpha]-1$$
$$b_n=[n\beta]\ \text{または}\ b_n=[n\beta]-1$$
$$c_n=[n\gamma]\ \text{または}\ c_n=[n\gamma]-1$$
(n ごとに $a_n=[n\alpha]$ になったり,$a_n=[n\alpha]-1$ になったりする) の全てが成り立つ.

*　　　　　　　　　*

 例えば,円周率 $\pi=3.141592\cdots$, 自然対数の底 $e=2.718281\cdots$ に対して,$\alpha=\pi$, $\beta=e$, $\gamma=\dfrac{\pi e}{\pi e-\pi-e}$

とすると，$n=1, 2, 3, \cdots$ のとき，

$[n\alpha]=3, 6, 9, 12, 15, 18, 21, 25, 28, \cdots$
$[n\alpha]-1=$**2, 5, 8, 11, 14, 17, 20, 24, 27**$, \cdots$
$[n\beta]=2, 5, 8,$ **10, 13, 16, 19,** 21, 24, $\cdots$
$[n\beta]-1=$**1, 4, 7,** 9, 12, 15, 18, 20, **23,** $\cdots$
$[n\gamma]=$**3, 6, 9, 12, 15,** 19, **22, 25, 28,** $\cdots$
$[n\gamma]-1=2, 5, 8, 11, 14,$ **18,** 21, 24, 27, $\cdots$

となります．この場合，例えば上で太字の数を選べば，（条件）を満たします．

[拡張]の結果は「面白くない」のですが，定理の理解を深めるには格好の素材です．ぜひ証明を試みてください．

◇7 仕上げはフェルマーで

数AIIB 問題編

難易度 ★★

問題 3-7.1

p を素数とし，a を p の倍数でない整数とする．
(1) $p-1$ 個の整数 $a, 2a, 3a, \cdots, (p-1)a$ は，いずれも p の倍数でなく，かつ p で割った余りはどの 2 つも異なることを示せ．
(2) $a^{p-1} \equiv 1 \pmod{p}$ を示せ．

難易度 ★★

問題 3-7.2

a を 30 と互いに素な整数とする．30 以下の正の整数で，30 と互いに素なものは 1, 7, 11, 13, 17, 19, 23, 29 の 8 つである．
(1) $a, 7a, 11a, 13a, 17a, 19a, 23a, 29a$ を 30 で割った余りはどの 2 つも異なることを示せ．
(2) $a, 7a, 11a, 13a, 17a, 19a, 23a, 29a$ を 30 で割った余りは 30 と互いに素であることを示せ．
(3) $a^8 \equiv 1 \pmod{30}$ であることを示せ．

難易度 ★★★★

問題 3-7.3

α, β を t の方程式 $t^2 - t - 1 = 0$ の 2 解とし，$l_n = \alpha^n + \beta^n$ とする．
(1) l_n ($n=1, 2, 3, \cdots$) は整数であることを示せ．
(2) p を奇数の素数とするとき，$l_p \equiv 1 \pmod{p}$ であることを示せ．

◇7 仕上げはフェルマーで

3-7

チェック！

難易度
★★★

問題 3-7.4

p を奇数の素数とする．
（1） $1 \leqq k \leqq p-1$ に対して，${}_p C_k$ は p の倍数であることを示せ．
（2） 2^p を p で割った余りを求めよ．
（3） $(2+\sqrt{5})^p$ の整数部分を p で割った余りを求めよ．

チェック！

難易度
★★★★

問題 3-7.5

素数 p と，p の倍数でない整数 a に対しては，$a^{p-1} \equiv 1 \pmod{p}$ が成り立つ（フェルマーの小定理）．必要ならばこのことを用いて，以下の問いに答えよ．
（1） 0以上の整数 k を用いて，$p=4k+3$ と表わせるとき，整数 x, y について

$$x^2+y^2 \text{ が } p \text{ の倍数} \Longrightarrow x, y \text{ はともに } p \text{ の倍数} \quad \cdots\cdots ①$$

であることを示せ．
（2） 次の式を満たす正の整数 x, y の組はいくつあるか．

$$x^2+y^2=2^2 \cdot 3^2 \cdot 5^2 \cdot 7^2 \cdot 11^2 \quad \cdots\cdots ②$$

105

第3章 整数，多項式，論証

◇7 仕上げはフェルマーで

数AⅡB
解説編

本稿では，整数の話題の「有名どころ」をモチーフに，頭に入れておいて損のない事実，そして，その証明，それから派生するもろもろ，をみてゆくことにします．

では，さっそく参りましょう．

§1　フェルマーの小定理

今回，中心に据えられるのは「フェルマーの小定理」．まずは定理の紹介からです．

【定理】
　　a を素数 p と互いに素な整数とする．このとき，
$$a^{p-1} \equiv 1 \pmod{p}$$

さまざまな証明の仕方があります．そして，複数の（といっても，今回紹介するのは2通りのみですが）解法を身につけておくことが，よりさまざまな問題を扱う上での糧となります．第一の解法を，問題形式でどうぞ．

問題 3-7.1
　p を素数とし，a を p の倍数でない整数とする．
（1）$p-1$ 個の整数 $a, 2a, 3a, \cdots, (p-1)a$ は，いずれも p の倍数でなく，かつ p で割った余りはどの2つも異なることを示せ．
（2）$a^{p-1} \equiv 1 \pmod{p}$ を示せ．

（1）は「定石の手法」です．（1）から（2）への過程がひとつのヤマですが…．

解　（1）ka（$1 \le k \le p-1$）が素数 p の倍数であるとすると，k, a の少なくとも一方が p の倍数となるが，この2数は仮定よりどちらも p の倍数ではない．従って，ka は p の倍数ではない．
　また，$ia \equiv ja \pmod{p}$ となる i, j（$1 \le i < j \le p-1$）が存在するとすると，両辺を p と互いに素な a で割れば $i \equiv j \pmod{p}$ となり，$j-i$ が p の倍数ということになるが，$1 \le j-i \le p-2$ より，それは不合理である．
　以上から，題意は示された．
（2）（1）より，$a, 2a, 3a, \cdots, (p-1)a$ を p で割った余りはいずれも 0 ではなく，かつどの2つも異なる．

従って，$a, 2a, 3a, \cdots, (p-1)a$ を p で割った余りは $1, 2, 3, \cdots, (p-1)$ の並べ替えになっているとわかるので，
$$a \times 2a \times 3a \times \cdots \times (p-1)a$$
$$\equiv 1 \times 2 \times 3 \times \cdots \times (p-1) \pmod{p}$$
整理すれば $(p-1)!a^{p-1} \equiv (p-1)! \pmod{p}$ で，$(p-1)!$ は p と互いに素であるから，両辺を $(p-1)!$ で割れば題意の式を得る．■

p.68 の復習ですが，整数の基本性質：「a, b が互いに素な整数で，ac が b の倍数ならば，整数 c は b の倍数である」を合同記法で表現したものが，

---

k が m と互いに素な整数のとき，
$$ka \equiv kb \pmod{m} \iff a \equiv b \pmod{m}$$

という「合同式の割り算」なる性質に対応したのでした．

　定理自体を単体で用いるシーンはそれほど多くありません．例えば，次のような問題には効果的ですが，どちらかというとそのような計算が必要なのは，検算の場面であったり，実験の場面であったりということがほとんどでしょう．

問題
（1）7^{99} を 97 で割った余りを求めよ．
（2）7^{95} を 97 で割った余りを求めよ．

---

97 は素数ですから，定理がそのまま使えます．

解　（1）97 は素数であるから，$7^{96} \equiv 1 \pmod{97}$
従って，$7^{99} \equiv 7^3 = 343 \equiv 52 \pmod{97}$ だから，余りは **52**
（2）$7^{96} \equiv 1 \equiv 98 \pmod{97}$ であるから，合同式の左辺，右辺を 97 と互いに素な 7 で割れば，$7^{95} \equiv 14 \pmod{97}$
従って，余りは **14**

　論証力を確認するならば，このような具体的な使用をみるのではなく，次のような問題を味わっておくべきでしょう．どのように論じればよいかを，20分程度を目安に考えてみてください．

> **問題** p, q を異なる素数とする．このとき，
> $$p^{q-1}+q^{p-1}\equiv 1\pmod{pq}$$
> であることを，フェルマーの小定理を用いて示せ．

「積で割った余りは，それぞれで割った余りで考えよ」の鉄則が活きます．

解 p は素数 q と互いに素なので，フェルマーの小定理から $p^{q-1}\equiv 1\pmod q$ である．q^{p-1} は（$p\geqq 2$ なので）q の倍数であるから，$p^{q-1}+q^{p-1}-1$ は q の倍数である．同様に，今度は $q^{p-1}\equiv 1\pmod p$ から $p^{q-1}+q^{p-1}-1$ が p の倍数であることがいえるから，$p^{q-1}+q^{p-1}-1$ は p, q の最小公倍数 pq の倍数である．従って，題意の式を得る． ■

素数以外の数で割った余りについての結果は，オイラーの定理として知られています．これも，問題形式で参りましょう．

> **問題 3-7.2**
> a を 30 と互いに素な整数とする．30 以下の正の整数で，30 と互いに素なものは 1, 7, 11, 13, 17, 19, 23, 29 の 8 つである．
> （1） a, $7a$, $11a$, $13a$, $17a$, $19a$, $23a$, $29a$ を 30 で割った余りはどの 2 つも異なることを示せ．
> （2） a, $7a$, $11a$, $13a$, $17a$, $19a$, $23a$, $29a$ を 30 で割った余りは 30 と互いに素であることを示せ．
> （3） $a^8\equiv 1\pmod{30}$ であることを示せ．

考え方は基本的にフェルマーの小定理の証明でのそれと同じです．

解 （1） i, $j\ (1\leqq i<j\leqq 30)$ を 30 以下の正の整数で 30 と互いに素である 2 数であるとし，$ia\equiv ja\pmod{30}$ とすると，両辺を 30 と互いに素な数 a で割れば $i\equiv j\pmod{30}$
従って，$j-i$ は 30 の倍数となるが，$1\leqq j-i\leqq 29$ より，これは不合理である．従って題意は示された．

（2） i を 30 と互いに素な整数とし，ia を 30 で割った余り r が 30 と互いに素でないとすると，r, 30 はともにある素数 p（具体的には p が 2 か 3 か 5）で割り切れる．$ia-r$ は 30 の倍数であるから，特に p の倍数．従って ia も p の倍数であるが，i は 30 と互いに素であるから，p とも互いに素である．ゆえに，a が p の倍数と分かり，従って a と 30 は p を公約数にもつとわかるが，これは a と 30 が互いに素であることに反し不合理である．

（3） a, $7a$, $11a$, $13a$, $17a$, $19a$, $23a$, $29a$ を 30 で割った余りは 30 と互いに素であり，かつどの 2 つも異なる．30 未満の 0 以上の整数で，30 と互いに素であるものは 1, 7, 11, 13, 17, 19, 23, 29 の 8 つのみであるから，a, $7a$, $11a$, $13a$, $17a$, $19a$, $23a$, $29a$ を 30 で割った余りは 1, 7, 11, 13, 17, 19, 23, 29 の並べ替えである．
従って，
$$a\times 7a\times 11a\times 13a\times 17a\times 19a\times 23a\times 29a$$
$$\equiv 1\times 7\times 11\times 13\times 17\times 19\times 23\times 29\pmod{30}$$
この右辺を A として，整理すれば $A\times a^8\equiv A\pmod{30}$
A は 30 と互いに素であるから，両辺を A で割れば題意の式を得る． ■

オイラーの定理とは，この結果を一般化した次のことをいいます．フェルマーの小定理は，この定理の系にすぎません．

> **【定理】**
> m を 2 以上の整数とし，m 以下の正の整数で m と互いに素なものの個数を $\phi(m)$ と表わす．このとき，m と互いに素な整数 a に対して
> $$a^{\phi(m)}\equiv 1\pmod m$$

⇨ 注：しかしながら，実用性の観点からすれば，この結果が少し「無駄」を含むケースが多々でてきます．例えば先の問題なら，30 と互いに素な整数 a に対しては，フェルマーの小定理から $a\equiv 1\pmod 2$, $a^2\equiv 1\pmod 3$, $a^4\equiv 1\pmod 5$ が成立します．特に $a^4\equiv 1$ が $\bmod 2$, $\bmod 3$, $\bmod 5$ で成り立ちますから，a^4-1 は 2, 3, 5 の公倍数，つまり 30 の倍数です．従って，より強い結果として $a^4\equiv 1\pmod{30}$ が得られるわけです．定理の系が定理から得られる結果を凌駕する結果を導いてくれるわけです．

§2 もうひとつのアプローチ

フェルマーの小定理は，以下の手順でも示すことが可能です．

> **問題**
> p を素数とする．$a^p\equiv a\pmod p$ …① が全ての正の整数 a で成り立つことを示したい．
> （1） ${}_pC_k\ (1\leqq k\leqq p-1)$ は p の倍数であることを示せ．
> （2） 全ての正の整数 a に対して①が成り立つことを，a についての帰納法で示せ．

解 （1） $k\cdot {}_pC_k=p\cdot {}_{p-1}C_{k-1}$ であるから，$k\cdot {}_pC_k$ は素数 p の倍数である．ここに，k は p の倍数でないので，

$_pC_k$ は確かに p の倍数である．

（2）（ⅰ）$a=1$ のとき：$1^p=1\equiv 1\ (\bmod p)$ であるから①は成り立つ．

（ⅱ）$a=i\ (i\geq 1)$ のとき，①が成り立つと仮定すると，$i^p\equiv i\ (\bmod p)$ である．ここに，
$(i+1)^p=i^p+\sum_{k=1}^{p-1}{}_pC_k i^{p-k}+1^p$ であり，$_pC_k$ は p の倍数であるから，$\sum$ の部分は p の倍数である．従って，
$$(i+1)^p\equiv i^p+0+1\equiv i+1\ (\bmod p)$$
であるから，$a=i+1$ のときも①は成立する．

（ⅰ）（ⅱ）から，全ての正の整数 a で①が成り立つことが示された． ■

$a=0$ のときも①は成り立ち，$p=2$ のときは $a^2-a=a(a-1)$ は連続整数の積なので $2(=p)$ の倍数であり，a が負でも①は成り立ちます．また，p が奇数の素数のときは，$a^p\equiv a\ (\bmod p)$ の両辺を -1 倍することで $(-a)^p\equiv -a\ (\bmod p)$ を得るので，やはり a が負でも①が成り立つことがいえます．従って，全ての整数 a および任意の素数 p について，①が正しいことがいえます．a が p の倍数でないとき，①の両辺を p と互いに素な整数 a で割れば，冒頭に記したとおりの $a^{p-1}\equiv 1\ (\bmod p)$ を得ることができます．

⇨注：①の形を指してフェルマーの小定理ということもあります．

これをふまえて，次の問題に取り組んでみてください．

問題 3-7.3

$\alpha,\ \beta$ を t の方程式 $t^2-t-1=0$ の 2 解とし，$l_n=\alpha^n+\beta^n$ とする．

（1）$l_n\ (n=1,\ 2,\ 3,\ \cdots)$ は整数であることを示せ．

（2）p を奇数の素数とするとき，$l_p\equiv 1\ (\bmod p)$ であることを示せ．

（1）は，やはり「定石の手法」です．（2）が頭の見せ所ですが，どうですか？

解 （1）$\alpha,\ \beta$ は $t^2-t-1=0$ の解であるから，$\alpha^2=\alpha+1,\ \beta^2=\beta+1$ である．従って，$\alpha^{n+2}=\alpha^{n+1}+\alpha^n$，$\beta^{n+2}=\beta^{n+1}+\beta^n$ であるから，辺々を加えることで $\alpha^{n+2}+\beta^{n+2}=(\alpha^{n+1}+\beta^{n+1})+(\alpha^n+\beta^n)$，つまり
$$l_{n+2}=l_{n+1}+l_n\ \cdots\cdots *$$
を得る．

ここに，$l_0=\alpha^0+\beta^0=2,\ l_1=\alpha+\beta=1$ は整数であるから，* より $l_2,\ l_3,\ l_4,\ \cdots$ も全て整数であるとわかる．

（2）$p=2p_0+1$ とおけば，$_pC_k={}_pC_{p-k}$ および

$\alpha+\beta=1,\ \alpha\beta=-1$ に注意すれば
$$l_p=\alpha^p+\beta^p=(\alpha+\beta)^p-\sum_{k=1}^{p-1}{}_pC_k\alpha^{p-k}\beta^k$$
$$=1-\sum_{k=1}^{p_0}{}_pC_k(\alpha^{p-k}\beta^k+\alpha^k\beta^{p-k})$$

ここに，$_pC_k$ は（先の問題の結果より）p の倍数で，$\alpha^{p-k}\beta^k+\alpha^k\beta^{p-k}$ は
$$(\alpha\beta)^k(\alpha^{p-2k}+\beta^{p-2k})=(-1)^k\times l_{p-2k}$$
と変形することで整数と分かるから（$p-2k$ は $2\leq 2k\leq 2p_0<p$ より正の整数であることに注意した），$\sum$ の部分は p の倍数である．

従って，$l_p\equiv 1\ (\bmod p)$ が示された． ■

⇨注：この数列 $\{l_n\}$ をルカスの数列といい，$l_p\equiv 1\ (\bmod p)$ を「ルカス数列の基本定理」といいます．（基本定理は，$p=2$ のときにも成立することはすぐに確かめられます．）

フェルマーの小定理をどのように示すか，によって拡張の向きが変わるのは，興味深いところです．

もうひとつ，次の問題に取り組んでみてください．普通の入試問題だと考えましょう．つまり，「いままでの問題たち」に登場した内容を用いるのであれば，そのことを示してから進まないといけない，という想定でどうぞ．

問題 3-7.4

p を奇数の素数とする．

（1）$1\leq k\leq p-1$ に対して，$_pC_k$ は p の倍数であることを示せ．

（2）2^p を p で割った余りを求めよ．

（3）$(2+\sqrt{5})^p$ の整数部分を p で割った余りを求めよ．

（1）の証明は既に述べていますから（p.107 の右下の問題を参照），ここでは割愛します．（2）は，この出題形式なら「フェルマーの小定理より」という説明は認められないでしょうから，あらためて示す必要があります．問題は（3）ですが，「共役な」数とのペアを考える，という定石を用いれば，とっかかりはつかめます．先ほどの問題を経験しているので，「背景」の部分はみえていますが，再度同じことをとうとうと述べるのは大変なので，うまく（1）を利用しましょう．

解 （2）二項定理より，$2^p=(1+1)^p=2+\sum_{k=1}^{p-1}{}_pC_k$

ここに，（1）より $\sum$ の部分は p の倍数であるから，2^p を p で割った余りは **2** であるとわかる．

(3) $A_p=(2+\sqrt{5})^p+(2-\sqrt{5})^p$ とおくと，
$$(2+\sqrt{5})^p=2^p+{}_pC_1 2^{p-1}\sqrt{5}+{}_pC_2 2^{p-2}\sqrt{5}^2+\cdots$$
$$(2-\sqrt{5})^p=2^p-{}_pC_1 2^{p-1}\sqrt{5}+{}_pC_2 2^{p-2}\sqrt{5}^2-\cdots$$
であるから，
$$A_p=2\times(2^p+{}_pC_2 2^{p-2}\cdot 5+{}_pC_4 2^{p-4}\cdot 5^2+\cdots)$$
$$=2\times\left(2^p+\sum_{k=1}^{\frac{p-1}{2}}{}_pC_{2k}2^{p-2k}\cdot 5^k\right)$$

従って，A_p は正の整数と分かり ${}_pC_{2k}$ は p の倍数であるから，(2)の結果より $A_p\equiv 2\cdot 2^p\equiv 4\pmod{p}$ である．
ここに，$2<\sqrt{5}<3$ から $-1<2-\sqrt{5}<0$ なので，
$$-1<(2-\sqrt{5})^p<0\ (p\text{ は奇数である})$$
ゆえに，$(2+\sqrt{5})^p$ の整数部分は A_p であると分かるから，求めるべきは A_p を p で割った余りである．

従って，求めるべき余りは $\begin{cases} 1 \cdots\cdots p=3\text{ のとき} \\ 4 \cdots\cdots p\neq 3\text{ のとき} \end{cases}$ とわかる．📖

最後にどうでもいい「場合わけ」が必要になるのが，かわいらしいですね．

§3 「4で割って3余る素数」との相性

フェルマーの小定理を「常識」とするのであれば，ついでに次のような話も常識にしておくとよいでしょう．

【常識】
$x,\ y$ が整数のとき，
x^2+y^2 が3の倍数なら $x,\ y$ はともに3の倍数であり，
x^2+y^2 が7の倍数なら $x,\ y$ はともに7の倍数である．

3の倍数でない平方数を3で割った余りは1であり，7の倍数でない平方数を7で割った余りは1か2か4ですから，全ての組合せを調べることで，【常識】の部分は正しいと分かりますが，同様の話は「5」についてはいえません．1^2+2^2 は5の倍数だが，1も2も5の倍数ではない，という反例があるからです．実は，3と7は「4で割って3余る素数であり，5はそうではない」というところに秘密があるのですが…．

問題にするなら，次のようなスタイルがよいでしょうか．少し考えてみてください．

問題 3-7.5
素数 p と，p の倍数でない整数 a に対しては，$a^{p-1}\equiv 1\pmod{p}$ が成り立つ（フェルマーの小定理）．必要ならばこのことを用いて，以下の問いに答えよ．
(1) 0以上の整数 k を用いて，$p=4k+3$ と表わせるとき，整数 $x,\ y$ について

x^2+y^2 が p の倍数
$\Longrightarrow x,\ y$ はともに p の倍数 ……①

であることを示せ．
(2) 次の式を満たす正の整数 $x,\ y$ の組はいくつあるか．$x^2+y^2=2^2\cdot 3^2\cdot 5^2\cdot 7^2\cdot 11^2$ ……②

カギとなるのは，a^{p-1} が a^2 の「奇数乗」になるということのみなのですが，どこかしらパズルチックなところがあり，すこしクスリとしてしまいます．

解 (1) x^2+y^2 が p の倍数で，x が p の倍数のときは，y^2 も p の倍数となるので，y も p の倍数である．同様に，y が p の倍数と仮定しても，x も p の倍数であることがいえる．従って，$x,\ y$ がともに p の倍数でないときに矛盾がおこることを示せばよい．

$x,\ y$ がともに p の倍数でないとき，フェルマーの小定理より $x^{p-1}\equiv 1,\ y^{p-1}\equiv 1\pmod{p}$ ……③ である．
もし $x^2+y^2\equiv 0\pmod{p}$ であるとすると，
$x^2\equiv -y^2\pmod{p}$ であるから，両辺を $2k+1$ 乗すれば，
$x^{4k+2}\equiv -y^{4k+2}\pmod{p}$，即ち $x^{p-1}\equiv -y^{p-1}\pmod{p}$ であるから，③より
$$1\equiv -1\pmod{p} \Longleftrightarrow 2\equiv 0\pmod{p}$$
従って，2は p の倍数となるが，$p\geq 3$ であるから，これは不合理である．従って，①は示された．

(2) (1)より，整数 $x,\ y$ が②を満たすとき，$x,\ y$ はともに3の倍数であり，7の倍数であり，11の倍数である．また，x^2+y^2 は4の倍数であるから $x,\ y$ の偶奇は一致するが，$x,\ y$ がともに奇数であれば，奇数 $2l+1$ の2乗は $(2l+1)^2=4l(l+1)+1$ より4で割って1余る数であることより，$x^2+y^2\equiv 2\pmod{4}$ となり不合理である．従って，$x,\ y$ はともに偶数である．

以上から，正の整数 $x_0,\ y_0$ を用いて
$$x=2\cdot 3\cdot 7\cdot 11 x_0,\ y=2\cdot 3\cdot 7\cdot 11 y_0$$
とおいて②に代入すれば，$x_0^2+y_0^2=5^2$ ……④
これを満たす正の整数の組 $(x_0,\ y_0)$ と②の正の整数解 $(x,\ y)$ は一対一に対応し，④の正の整数解は，$x_0=1,\ 2,\ 3,\ 4$ で調べれば，$(x_0,\ y_0)=(3,\ 4),\ (4,\ 3)$ のみと分かるから，求めるべき解の個数は **2** とわかる．📖

アレンジを効かせることも可能です．例えば，「4で割って3余る素数 p のうち，$25x^2+48xy+25y^2$ が p の倍数となるような，p の倍数でない整数 $x,\ y$ が存在するものを全て求めよ」などというのは，ちょっとした式変形だけで問題 **3-7.5** と同様の話にすり替えることのできる，かわいい問題です．
興味があれば，少し考えてみてください．

($(3x+4y)^2+(4x+3y)^2$ に①を用いて，答えは7)

ミニ講座②
ウィルソンの定理

問題 3-7.5 では，p が 4 で割った余りが 3 である素数であるときに，

x^2+y^2 が p の倍数 $\Longrightarrow x, y$ はともに p の倍数

となることを示しました．

この「おいしい」性質は，p を 4 で割った余りが 1 のときには「絶対に」成り立たないのでしょうか？

例えば，$p=5$ のときは $x=1, y=2$ が，$p=13$ のときには $x=2, y=3$ が反例になることはすぐに分かりますが，他の場合でも，必ず反例はあるのでしょうか．

この謎を解決するためだけに生まれてきた（かなり刺激的な表現ですが…）のが，いわゆるウィルソンの定理と呼ばれる次の結果です．

定理（ウィルソン）

p を素数とする．このとき，
$$(p-1)! \equiv -1 \pmod{p}$$

$p=2, 3$ の場合に正しいことはすぐに確かめられますから，以下は $p \geq 5$ の場合の証明とします．

【証明】 $2, 3, \cdots, p-2$ の $p-3$ 個の数が，「積が $\bmod p$ で 1 となる」ようなペア $\dfrac{p-3}{2}$ 組に分けられることを示す．

$i\ (2 \leq i \leq p-2)$ に対して，$p-1$ 個の数
$$i, 2i, 3i, \cdots, (p-1)i$$
を考えると，これらの全ては p の倍数でなく（$\because p$ は素数），かつ，ある 2 つ $ki, li\ (1 \leq k<l \leq p-1)$ が $\bmod p$ で等しいとすると，差 $(l-k)i$ が素数 p の倍数ということになり，$0<l-k<p,\ 0<i<p$ よりこれは不合理であるので，どの 2 つも $\bmod p$ で異なる．

$i, 2i, 3i, \cdots, (p-1)i$ の $p-1$ 個の数は，どの 2 つも $\bmod p$ で異なり，かつどれも $\bmod p$ で 0 ではないので，これら $p-1$ 個の中に，$\bmod p$ で 1 に等しいもの，2 に等しいもの，$\cdots$，$p-1$ に等しいもの，が一つずつあると分かるので，特に $\bmod p$ で 1 に等しいものに着目し，それを $m \times i\ (1 \leq m \leq p-1)$ とおく．

この m が 1 や $p-1$ であることはなく（$\because i$ も $-i$ も $\bmod p$ で 1 とはならない），また $m=i$ とすると $i^2-1=(i+1)(i-1)$ が素数 p の倍数となり，従って $i+1, i-1$ のどちらかが p の倍数となるが，$2 \leq i \leq p-2$ よりそのようなことはないので，$m=i$ でもない．

従って，$2, 3, \cdots, p-2$ のなかに，i との積が $\bmod p$ で 1 となるような，i とは異なるものが唯一つ存在すると分かるので，それを i^* と表すことにすれば，2 と 2^* をペアに，3 と 3^* をペアに…として，k 組目のペアをつくったその次には，まだペアに組まれていない一番小さい数 $f(k)$ と $f(k)^*$ をペアにする（もしも $f(k)^*$ が既にペアわけされた数の中に含まれているとすると，$f(k)^*$ との「積が $\bmod p$ で 1 となるような相手」が 2 つ存在することになり不合理となるので，必ず新たなペアを組めるといえる）ことを繰り返せば，

$2, 3, \cdots, p-2$ の $p-3$ 個の数が，「積が $\bmod p$ で 1 となる」ようなペア $\dfrac{p-3}{2}$ 組に分けられる

ことが分かる．□

この補題から，$2 \times 3 \times \cdots \times (p-2) \equiv 1 \pmod{p}$ であることが分かるので，
$$(p-1)! \equiv 1 \times (p-1) \equiv -1 \pmod{p}$$
従って，定理は証明された． 終

この定理から，$p=4k+1$ 型の素数については，$(4k)! \equiv -1 \pmod{p}$ が成り立つことが分かりますが，
$$2k+1 \equiv -2k,\ 2k+2 \equiv -(2k-1),\ \cdots,\ 4k \equiv -1$$
$\pmod{p}$ ですから，
$$(4k)! \equiv ((2k)!)^2 \times (-1)^{2k} = ((2k)!)^2$$
となり，従って $((2k)!)^2 + 1^2 \equiv 0 \pmod{p}$ となると分かります．つまり，
$x^2+y^2 \equiv 0 \pmod{p}$ だが，$x \equiv y \equiv 0 \pmod{p}$ ではないような x, y の存在が確かめられるわけです．

よって，

---

p が 4 で割った余りが 1 の素数であるとき，p の倍数ではない整数 x, y で，x^2+y^2 が p の倍数であるものが存在する．

ことが分かりました．

余談ですが，ウィルソンの定理の証明中に出てきた，「積が $\bmod p$ で 1 となる」ようなペアの構成を，具体的な素数 p でやるのは，案外楽しいです．

$p=13$ なら，$2 \sim 11$ を
$$2 と 7,\ 3 と 9,\ 4 と 10,\ 5 と 8,\ 6 と 11$$
に分けるわけですが，$p=29$ とかになると，スピーディに具体的なペアに分けるには少し頭を使う必要が出てきます．適当な素数を題材に，友人同士でスピードを競い合ってみるとよいでしょう．

Teatime
覚えておくと人生が 565 倍楽しくなる数たち

　私たちは，「九九」を覚えていることによって，さまざまな計算をスピーディに行うことができます．何でもかんでも「記憶する」のは残念だし，非効率はなはだしいですが，中には「覚えておくとハッピー」なものもあります．円周率が $\pi=3.1415\cdots$ が「常識」なのと同じ感覚で，常識にしておくと幸せに（それは計算の上でも，日常生活の上でも）なれる数たちを紹介しておきましょう．

【ハッピーナンバー①】
$$6!=720$$

　その昔，「アメリカ横断ウルトラクイズ」というテレビ番組での，最後の決勝問題がこれでした．
　「サイコロの目をすべて足すと 21，では，すべてかけると？」という問題で，早押しした人（チャンピオン）は，ボタンを押してから暗算で答えを出して解答していました（制限時間内に計算できる，と即座に判断してボタンを押したところに，この人頭いいな，と思わされました）．さて，この数を覚えておくとハッピーになれるのは，「少し大きめの階乗」を計算する上でもパッとできる（7! はこれを 7 倍した 5040，さらに 8 倍して（繰り上がりが簡単だから暗算レベル！）$8!=40320$）から．案外つぶしの効く数の代表格です．

【ハッピーナンバー②】
$$2^{10}=1024$$
$$\log_{10}2\approx0.30103$$
$$\log_{10}3\approx0.47712$$
$$\log_{10}7\approx0.84510$$

　いずれも「巨大な数」がおよそいくつくらいか，を知るのに必要な数ですが，対数の値 3 つを覚えておけば，2〜9 までの常用対数がすべて分かるので，首位の数まで計算できちゃいますね．入試問題を解く上では，必ず近似値が問題文に併記されるので困ることはありませんが，プライベートで「ちょっとした計算をしたいとき」には必須です．
　紙を 100 回折ると，銀河系の直径をも超える厚さになる，というのは良く知られた事実ですが，昔，お正月の特番で「体育館いっぱいに広げられた（つなぎ合わされた）紙を折ってゆくと，何回折れるか？」というチャレンジをやっていたことがあります．ゲストの人たちは「100 回！」とか「20 回くらい？」とか，自由奔放に発言していたのですが，そんな恥をかくこともなくなりますからね（ちなみに，確か 7〜8 回までしか折れなかった記憶がありますが，定かではありません）．
　$2^{10}\approx1000=10^3$ から，$\log_{10}2$ が 0.3 くらいというのはすぐに分かります．あとは「対称な数だ」とだけ頭に入れておけば，小数点以降の「30103」はすぐに覚えられてしまいます．
　$\log_{10}3$ は，「死なない兄さん」と覚えるのが一般的らしいのですが，個人的には「ぼくはしなない！ニコっ」と，生きている，って素晴らしい的発言で記憶するのが好きです．
　$\log_{10}7$ は「はよこいわ」．東京の「黄色い電車」の駅に，「小岩」という駅があります．少し大阪弁チックに，「はよぅ小岩にこいわ！」（はよぅ＝早く）とくだらないだじゃれとからめれば，1 分で定着します．

【ハッピーナンバー③】
$$_8C_4=70$$
$$_{14}C_4=1001$$

　小さいコンビネーションの計算で困ることはあまりなく，$_5C_2=10$ や $_6C_3=20$ などは，暗算でさらりと計算できます．$_8C_3$ なども，「分母」が 6 と分かるので，頭の中で分子をさらりと約分して，$8\times7=56$ と，すぐに導出できます．
　では，一番最初に暗算で「少し困る二項係数」は？というと… それが $_8C_4$．$\dfrac{8\times7\times6\times5}{4\times3\times2\times1}$ と 4 つになって，しかも「一撃約分」ができませんから，少し「つまって」しまうのですね．
　とはいえ，分母が 24 ですから，少し慣れてくると「$8\times6\times7\times5=48\times35$ を 24 で割って，70 だな！」と，さらりと反応できるようになります．この反応力がつくと，「もう少し先」も，暗算で反応できるようになります．

　$_9C_4=$？ → $9\times8=72$ を 24 で割ると 3.
　　　　　　だから $3\times42=126$
　$_{10}C_5=$？ → $10=5\times2$，$9\times8=24\times3$
　　　　　　だから，$2\times3\times42=252$

……………………………………………

　$_{14}C_4$ となると，暗算ではきびしくなります．
$$_{14}C_4=\frac{14\times13\times12\times11}{4\times3\times2\times1}$$
で，二段階約分になりますから．でも，実際に約分すると結果は「$7\times11\times13$」．
　微妙な素数 3 つの積が 1001 になる，なんてのも「常識」になっちゃいますから，ハッピーじゃないですか！

◆1 和の問題のさまざま

数ⅡB 問題編

問題 4-1.1　難易度 ★

次の和を計算せよ．

(1) $\displaystyle\sum_{k=1}^{n} k\cdot 3^k$

(2) $\displaystyle\sum_{k=1}^{n} \frac{1}{k(k+1)(k+2)}$

問題 4-1.2　難易度 ★

(1) n 個の二項係数の和 $S_n = {}_nC_1 + {}_nC_2 + \cdots + {}_nC_n$ を計算せよ．

(2) n 個の二項係数の和 $T_n = {}_{2n}C_1 + {}_{2n}C_3 + {}_{2n}C_5 + \cdots + {}_{2n}C_{2n-1}$ を計算せよ．

問題 4-1.3　難易度 ★

(1) k, n を $1 \leq k \leq n$ を満たす整数とするとき，$\dfrac{{}_nC_k}{{}_{n-1}C_{k-1}}$ を k, n の式で表わせ．

(2) $\displaystyle\sum_{k=1}^{n} k\,{}_nC_k$ を計算せよ．

◇1 和の問題のさまざま

4-1

問題 4-1.4

難易度 ★

正の整数 n に対して，$S_n=\sum_{k=n}^{2n}{}_k\mathrm{C}_n$ を計算せよ．

問題 4-1.5

難易度 ★★

（1） $S_n=\sum_{k=1}^{n}\dfrac{1}{(2k-1)(2k-3)(2k-5)}$ を計算せよ．

（2） $T_n=\sum_{k=1}^{n}\dfrac{k}{(2k-1)(2k-3)(2k-5)}$ を計算せよ．

問題 4-1.6

難易度 ★★

n を 2 以上の整数とし，$\theta=\dfrac{\pi}{n}$ とする．

（1） $\cos(k+1)\theta-\cos(k-1)\theta$ を $\sin\theta$，$\sin k\theta$ で表わせ．

（2） $S_n=\sum_{k=1}^{n-1}\sin k\theta$ とするとき，S_n を $\cos\theta$，$\sin\theta$ の式で表わせ．

（3） $S_n<\dfrac{2n}{\pi}$ であることを示せ．

◇1 和の問題のさまざま

数ⅡB 解説編

本稿では，さまざまな数列の和の扱いについて，基本構造から，さらりさらりと見てゆくことにします．

§1 基本は「差の形の和」

初項から任意の項までの和が求まるような数列 $\{a_n\}$ があるとします．つまり，$\sum_{k=1}^{n} a_k$ が n の式 $f(n)$ で表わせるような場合を考えます．

よく知っている結果としては，

$a_n = n$ なら，$f(n) = \sum_{k=1}^{n} k = \dfrac{n(n+1)}{2}$

$a_n = n^2$ なら，$f(n) = \sum_{k=1}^{n} k^2 = \dfrac{n(n+1)(2n+1)}{6}$

$a_n = n^3$ なら，$f(n) = \sum_{k=1}^{n} k^3 = \dfrac{n^2(n+1)^2}{4}$

などがありますが，これらのように「$\sum_{k=1}^{n} a_k = f(n)$ となる n の式 f がある」ということは，一体何を意味するのかを考えてみたいと思います．

$\sum_{k=1}^{n} a_k = f(n)$ であるとき，$\sum_{k=1}^{n-1} a_k$ も同じ具体的な関数 f を用いて，$f(n-1)$ と表わせます．ということは，

$$f(n) = a_1 + a_2 + \cdots + a_{n-1} + a_n$$
$$f(n-1) = a_1 + a_2 + \cdots + a_{n-1}$$

ですから，辺々の差をとれば，

$$f(n) - f(n-1) = a_n \quad \cdots\cdots\cdots\cdots ①$$

です（$n \geq 2$）．つまり，（初項のあたりは例外となる可能性もあるけれど）一般項は差の形で表現できるということが分かります．

逆に，a_n が非負整数を定義域とする具体的な関数 f を用いて，①の形で表わせるとき，

$$f(n) - f(n-1) = a_n$$
$$f(n-1) - f(n-2) = a_{n-1}$$
$$f(n-2) - f(n-3) = a_{n-2}$$
$$\cdots\cdots\cdots\cdots$$
$$f(2) - f(1) = a_2$$
$$f(1) - f(0) = a_1$$

の辺々を加えることで，

$$f(n) - f(0) = \sum_{k=1}^{n} a_k$$

となり，$\sum_{k=1}^{n} a_k$ は $f(n) - f(0)$ という n の式で表わせることになります．

つまり，

「数列 $\{a_n\}$ の初項から任意の項までの和がきれいに求まる」

ということは，

「$a_n = f(n) - f(n-1)$ なる具体的な関数 f が存在」

平易に表現すれば，

「a_n は，差の形で表現できる」

ということで，このとき

「a_n の和は自由に求まる」

のだな，と分かります．

$\sum_{k=1}^{n} k$, $\sum_{k=1}^{n} k^2$, $\sum_{k=1}^{n} k^3$ が求まるのは，n, n^2, n^3 が

$$n = \dfrac{n(n+1)}{2} - \dfrac{(n-1)n}{2}$$

$$n^2 = \dfrac{n(n+1)(2n+1)}{6} - \dfrac{(n-1)n(2n-1)}{6}$$

$$n^3 = \dfrac{n^2(n+1)^2}{4} - \dfrac{(n-1)^2 n^2}{4}$$

というように，それぞれが「(次) − (前)」の形の差の形で表わせるからだ，ということです．

されば，和を計算するにあたって，私たちはただ一点

「足し合わせるものを，差の形に変形できないか？」

だけを考えれば良いということになります．

具体例で見てみましょう．

> **問題** （1） $5^n = f(n) - f(n-1)$ となるような，非負整数を定義域とする関数 $f(n)$ を一つ求めよ．
> （2） （1）を利用して，等比数列の和 $\sum_{k=n}^{2n} 5^k$ を計算せよ．

$f(n)$ が一つ見つかれば，それに定数を加えたものも答になるので，「一つ求めよ」のスタイルになっているわけです．

◇1 和の問題のさまざま

解 （1） $5^n=\dfrac{5\cdot 5^n-5^n}{4}=\dfrac{5^{n+1}-5^n}{4}$ より，

$f(n)=\dfrac{5^{n+1}}{4}$ （など）

（2） $\displaystyle\sum_{k=n}^{2n}5^k=\sum_{k=n}^{2n}\{f(k)-f(k-1)\}$

$\qquad\qquad =f(n)-f(n-1)$
$\qquad\qquad\quad +f(n+1)-f(n)$
$\qquad\qquad\quad +\cdots\cdots\cdots\cdots$
$\qquad\qquad\quad +f(2n)-f(2n-1)$
$\qquad\qquad =f(2n)-f(n-1)=\dfrac{5^{2n+1}-5^n}{4}$ 　終

例題の解説ということで，途中の過程までを添えましたが，一般に，$\displaystyle\sum_{k=a}^{b}\{f(k)-f(k-1)\}=f(b)-f(a-1)$ であることは証明（説明）なしに用いてよい事柄と思っていただいて結構です．なれてくれば，わざわざ「f」などを出さずとも，

$\displaystyle\sum_{k=n}^{2n}5^k=\sum_{k=n}^{2n}\dfrac{5^{k+1}-5^k}{4}$ （次ひく前，の形で表わして）

$\qquad\quad =\dfrac{5^{2n+1}-5^n}{4}$ （シグマの上端を「次」に，下端を「前」に代入）

と，あっさり処理できるようになるでしょう．

もう少し，骨のある問題だとどうでしょうか．

> **問題 4-1.1** 次の和を計算せよ．
> （1） $\displaystyle\sum_{k=1}^{n}k\cdot 3^k$
> （2） $\displaystyle\sum_{k=1}^{n}\dfrac{1}{k(k+1)(k+2)}$

（1）は，「3倍したものとの差を考える」など，さまざまな方法がありますが，ここでは「差の形」にこだわってみましょう．

解 （1） ためしに $(k+1)3^{k+1}-k\cdot 3^k$ を計算すると，

$(k+1)3^{k+1}-k\cdot 3^k=(2k+3)3^k=2k\cdot 3^k+3^{k+1}$

従って，

$k\cdot 3^k=\dfrac{(k+1)3^{k+1}-k\cdot 3^k}{2}-\dfrac{3^{k+1}}{2}$

$\qquad =\dfrac{(k+1)3^{k+1}-k\cdot 3^k}{2}-\dfrac{3^{k+2}-3^{k+1}}{4}$

であるとわかるから，

$\displaystyle\sum_{k=1}^{n}k\cdot 3^k=\sum_{k=1}^{n}\dfrac{(k+1)3^{k+1}-k\cdot 3^k}{2}-\sum_{k=1}^{n}\dfrac{3^{k+2}-3^{k+1}}{4}$

$\qquad =\dfrac{(n+1)3^{n+1}-1\cdot 3^1}{2}-\dfrac{3^{n+2}-3^{1+1}}{4}=\dfrac{(2n-1)3^{n+1}+3}{4}$

（2） ためしに $\dfrac{1}{(k+1)(k+2)}-\dfrac{1}{k(k+1)}$ を計算すると，

$\dfrac{1}{(k+1)(k+2)}-\dfrac{1}{k(k+1)}=-\dfrac{2}{k(k+1)(k+2)}$

従って，

$\displaystyle\sum_{k=1}^{n}\dfrac{1}{k(k+1)(k+2)}$

$\quad =-\dfrac{1}{2}\sum_{k=1}^{n}\left\{\dfrac{1}{(k+1)(k+2)}-\dfrac{1}{k(k+1)}\right\}$

$\quad =-\dfrac{1}{2}\left(\dfrac{1}{(n+1)(n+2)}-\dfrac{1}{1\cdot(1+1)}\right)$

$\quad =-\dfrac{1}{2}\left(\dfrac{1}{(n+1)(n+2)}-\dfrac{1}{2}\right)$ 　終

これらの例題でも分かるように，差の形で表わすには，ある程度の「類推」が必要になります．

数列 $\{a_n\}$ の階差とは，$\{a_{n+1}-a_n\}$ のことをいいますが，

> ためしに，和を求めたいものの階差を計算する

のは，類推に効果的である場合が多いです．

（2）では，いきなり「正着手」で行きましたが，

「ためしに，$\dfrac{1}{(k+1)(k+2)(k+3)}-\dfrac{1}{k(k+1)(k+2)}$

を計算」→「$\dfrac{-3}{k(k+1)(k+2)(k+3)}$ になって，分母の長さが4つにふえちゃった！」→「ってことは，元の分母の長さが2なら，3になるのかな？」

という思考回路で進むのが本筋です．

結果の丸覚えは必要なく，都度，試せばよろしい．

§2 二項係数がらみの和

二項係数 $_nC_k$ がらみの和の場合は，「差の形にみる」という定石に加えて，

> $(1+x)^n={}_nC_0+{}_nC_1 x+{}_nC_2 x^2+\cdots+{}_nC_n x^n$ の利用

も心がけておく必要があります．$(1+x)^n$ を二項定理を用いて展開しただけの式ですが，それなりに重宝します（二項係数の母関数といいます）．

有名どころを例題形式で確認しておきましょう．さらっと，どうすれば良いかを考えてから読み進めてください．

> **問題 4-1.2** （1） n個の二項係数の和
> $S_n={}_nC_1+{}_nC_2+\cdots+{}_nC_n$ を計算せよ．
> （2） n個の二項係数の和
> $T_n={}_{2n}C_1+{}_{2n}C_3+{}_{2n}C_5+\cdots+{}_{2n}C_{2n-1}$ を計算せよ．

いずれも，二項係数の母関数の利用で解決するわけですが，間違いなく処理できましたか？

解　（1）　$(1+1)^n = {}_nC_0 + {}_nC_1 + {}_nC_2 + \cdots + {}_nC_n$ であるから，
$$S_n = (1+1)^n - {}_nC_0 = \boldsymbol{2^n - 1}$$

（2）
$(1+1)^{2n} = {}_{2n}C_0 + {}_{2n}C_1 + {}_{2n}C_2 + \cdots + {}_{2n}C_{2n-1} + {}_{2n}C_{2n}$
$(1-1)^{2n} = {}_{2n}C_0 - {}_{2n}C_1 + {}_{2n}C_2 - \cdots - {}_{2n}C_{2n-1} + {}_{2n}C_{2n}$

の辺々の差をとれば，$(1+1)^{2n} - (1-1)^{2n} = 2T_n$
ゆえに，$2T_n = 2^{2n}$ だから，$T_n = \boldsymbol{2^{2n-1}}$　■

もう一つ，おさえておきましょう．

問題 4-1.3　（1）　k, n を $1 \leq k \leq n$ を満たす整数とするとき，$\dfrac{{}_nC_k}{{}_{n-1}C_{k-1}}$ を k, n の式で表わせ．
（2）　$\sum_{k=1}^{n} k \cdot {}_nC_k$ を計算せよ．

二項係数 ${}_nC_k$ が，${}_nC_k = \dfrac{n!}{(n-k)!k!}$ （ただし $0! = 1$）
と表わせることにはすぐに反応できなければいけません．見ておくべきは，（2）への（1）の活かし方です．

解
（1）　${}_nC_k = \dfrac{n!}{(n-k)!k!}$，${}_{n-1}C_{k-1} = \dfrac{(n-1)!}{(n-k)!(k-1)!}$
だから，
$$\frac{{}_nC_k}{{}_{n-1}C_{k-1}} = \frac{n!}{(n-k)!k!} \times \frac{(n-k)!(k-1)!}{(n-1)!}$$
$$= \frac{n \cdot (n-1)!(k-1)!}{k \cdot (k-1)!(n-1)!} = \boldsymbol{\frac{n}{k}}$$

（2）　（1）より，$k \cdot {}_nC_k = n \cdot {}_{n-1}C_{k-1}$ ……① であるから，
$$S_n = \sum_{k=1}^{n} n \cdot {}_{n-1}C_{k-1} = n \sum_{k=1}^{n} {}_{n-1}C_{k-1}$$
$k - 1 = i$ と変数を取り直せば，
$$S_n = n \sum_{i=0}^{n-1} {}_{n-1}C_i = n(1+1)^{n-1} = \boldsymbol{n \cdot 2^{n-1}}$$　■

⇨**注**　①式は，「n 人のクラスで，k 人からなる清掃委員会を作り，長を一人選ぶ」方法を 2 通りに数えることで，自ら導くことが可能です．（$k \cdot {}_nC_k \cdots$ 委員会を発足させてから，委員の中から長を選ぶ．$n \cdot {}_{n-1}C_{k-1} \cdots$ まず委員長を選んでから，長が残る委員を招集する．）

二項係数 ${}_nC_k$ を，$f(k) - f(k-1)$ の形できれいに表わすことはできません．ですから，${}_nC_k$ を「k をすきなとこからすきなとこまで動かして」和を計算しようとしても，必ずしもうまくは求まりません．二項定理を利用して和がうまく求まるような足し合わせの範囲は，そう多くはありませんから，これらいくつかの「パターン」を常識としておくくらいで，十分対応可能です．

むろん，「定石どおりの」処理が必要の場合もあり，その場合には，二項係数の性質まで意識した変形が求められます．少し挑戦してみましょう．

問題 4-1.4　正の整数 n に対して，$S_n = \sum_{k=n}^{2n} {}_kC_n$ を計算せよ．

パスカルの三角形を想像しましょう．一般に，
${}_{m-1}C_{r-1} + {}_{m-1}C_r = {}_mC_r$ が成り立つので，
${}_{m-1}C_{r-1} = {}_mC_r - {}_{m-1}C_r$ となります．先ほど，${}_nC_k$ は「$f(k) - f(k-1)$ の形で」はきれいに表わせないといいましたが，${}_kC_n$ のほうは「$f(k) - f(k-1)$ の形で」きれいに表わせるのです．まあ，なんとややこしい．

解　$k \geq n+1$ のとき，
${}_{k+1}C_{n+1} - {}_kC_{n+1}$
$$= \frac{(k+1)!}{(k-n)!(n+1)!} - \frac{k!}{(k-n-1)!(n+1)!}$$
$$= \frac{k!\{(k+1) - (k-n)\}}{(k-n)!(n+1)!} = \frac{k!(n+1)}{(k-n)!(n+1)!}$$
$$= \frac{k!}{(k-n)!n!} = {}_kC_n$$

で，${}_nC_{n+1} = 0$ と考えれば，これは $k = n$ のときも正しい．
従って，$S_n = \sum_{k=n}^{2n} ({}_{k+1}C_{n+1} - {}_kC_{n+1})$
$$= {}_{2n+1}C_{n+1} - {}_nC_{n+1} = \boldsymbol{{}_{2n+1}C_{n+1}}$$　■

§3　問題演習

では，本腰を入れて，少し重めの問題に取り組んで見ましょう．

問題 4-1.5
（1）　$S_n = \sum_{k=1}^{n} \dfrac{1}{(2k-1)(2k-3)(2k-5)}$ を計算せよ．
（2）　$T_n = \sum_{k=1}^{n} \dfrac{k}{(2k-1)(2k-3)(2k-5)}$ を計算せよ．

ためしに，$\dfrac{1}{(2k-1)(2k-3)} - \dfrac{1}{(2k-3)(2k-5)}$ を計算すると，$\dfrac{-4}{(2k-1)(2k-3)(2k-5)}$ となり，これで「差の形」にすることに成功です．（2）は，さてどうしましょうか．

解　（1）
$$S_n = -\frac{1}{4} \sum_{k=1}^{n} \left\{ \frac{1}{(2k-1)(2k-3)} - \frac{1}{(2k-3)(2k-5)} \right\}$$
$$= -\frac{1}{4} \left\{ \frac{1}{(2n-1)(2n-3)} - \frac{1}{(2-3)(2-5)} \right\}$$

$$=\frac{1}{4}\left\{\frac{1}{3}-\frac{1}{(2n-1)(2n-3)}\right\}$$
$$=\frac{4n^2-8n}{12(2n-1)(2n-3)}=\frac{n(n-2)}{3(2n-1)(2n-3)}$$

(2) $U_n=\sum_{k=1}^{n}\frac{1}{(2k-1)(2k-3)}$ とおくと,

$$U_n=-\frac{1}{2}\sum_{k=1}^{n}\left(\frac{1}{2k-1}-\frac{1}{2k-3}\right)$$
$$=-\frac{1}{2}\left(\frac{1}{2n-1}-\frac{1}{2-3}\right)=-\frac{1}{2}\left(\frac{1}{2n-1}+1\right)$$
$$=-\frac{n}{2n-1}$$

ここに, $\frac{1}{(2k-1)(2k-3)}=\frac{2k-5}{(2k-1)(2k-3)(2k-5)}$

であるから, $T_n=\frac{1}{2}(U_n+5S_n)$
$$=\frac{1}{2}\left\{-\frac{n}{2n-1}+\frac{5n(n-2)}{3(2n-1)(2n-3)}\right\}$$
$$=\frac{n}{6}\cdot\frac{-6n+9+5n-10}{(2n-1)(2n-3)}=\frac{-n(n+1)}{6(2n-1)(2n-3)}$$ 終

和が計算できるものの組合せで表現するのがコツです.

最後は，三角関数をからめてみました．(3)は理系志望者向けの設定ですが，数Ⅲの知識がなくとも戦えます.

問題 4-1.6 n を 2 以上の整数とし, $\theta=\frac{\pi}{n}$ とする.

(1) $\cos(k+1)\theta-\cos(k-1)\theta$ を $\sin\theta$, $\sin k\theta$ で表わせ.

(2) $S_n=\sum_{k=1}^{n-1}\sin k\theta$ とするとき, S_n を $\cos\theta$, $\sin\theta$ の式で表わせ.

(3) $S_n<\frac{2n}{\pi}$ であることを示せ.

---

(1)は，加法定理の利用が思い浮かぶでしょう．ですが, $\cos(k+1)\theta-\cos(k-1)\theta$ は，そのまま「差の形」にはなっていませんから，一工夫必要です．具体的に和をとってみれば,

$$\sum_{k=1}^{n-1}\{\cos(k+1)\theta-\cos(k-1)\theta\}$$
$$=\cos2\theta-\cos0 \qquad +\cos3\theta-\cos\theta$$
$$+\cos4\theta-\cos2\theta \qquad +\cos5\theta-\cos3\theta$$
$$+\cos6\theta-\cos4\theta \qquad +\cos7\theta-\cos5\theta$$
$$+\cdots\cdots\cdots\cdots$$
$$+\cos(n-1)\theta-\cos(n-3)\theta+\cos n\theta-\cos(n-2)\theta$$
$$=\cos n\theta+\cos(n-1)\theta-\cos\theta-\cos0$$

と，結局は「消えあう」形になることは分かりますが，以下の解答では少し工夫した形でまとめることにします.

解 (1) $\cos(k+1)\theta-\cos(k-1)\theta$
$$=\cos(k\theta+\theta)-\cos(k\theta-\theta)$$
$$=(\cos k\theta\cos\theta-\sin k\theta\sin\theta)$$
$$\qquad-(\cos k\theta\cos\theta+\sin k\theta\sin\theta)$$
$$=-2\sin k\theta\sin\theta$$

(2) $\sin\theta\cdot S_n=\sin\theta\sum_{k=1}^{n-1}\sin k\theta$
$$=-\frac{1}{2}\sum_{k=1}^{n-1}\{\cos(k+1)\theta-\cos(k-1)\theta\}$$

ここに,
$$\sum_{k=1}^{n-1}\{\cos(k+1)\theta-\cos(k-1)\theta\}$$
$$=\sum_{k=1}^{n-1}\{\cos(k+1)\theta-\cos k\theta\}+\sum_{k=1}^{n-1}\{\cos k\theta-\cos(k-1)\theta\}$$
$$=\cos n\theta-\cos\theta+\cos(n-1)\theta-\cos0=-2-2\cos\theta$$
($\because \cos n\theta=\cos\pi=-1$,
$\cos(n-1)\theta=\cos(\pi-\theta)=-\cos\theta$)

であるから, $\sin\theta\cdot S_n=-\frac{1}{2}(-2-2\cos\theta)=1+\cos\theta$

従って, $S_n=\dfrac{1+\cos\theta}{\sin\theta}$

⇒**注** 複素数平面（数Ⅲ）の知識があれば：
「$\alpha=\cos\theta+i\sin\theta$ とおくと, S_n は
$1+\alpha+\alpha^2+\cdots+\alpha^{n-1}$ の虚部に等しい.
$$1+\alpha+\alpha^2+\cdots+\alpha^{n-1}=\frac{1-\alpha^n}{1-\alpha}$$
$$=\frac{2}{1-(\cos\theta+i\sin\theta)}=\frac{2(1-\cos\theta+i\sin\theta)}{(1-\cos\theta)^2+\sin^2\theta}$$
であるから, $S_n=\dfrac{2\sin\theta}{2-2\cos\theta}=\dfrac{\sin\theta}{1-\cos\theta}$」
と求めることもできます（分母分子に $1+\cos\theta$ をかけて整理すれば，本解とおなじ形になります).

(3) (2)より,
$$S_n=\frac{1+\cos\theta}{\sin\theta}=\frac{2\cos^2\frac{\theta}{2}}{2\sin\frac{\theta}{2}\cos\frac{\theta}{2}}=\frac{1}{\tan\frac{\theta}{2}}$$

さて，中心角 α（ただし, α は鋭角）で，半径が 1 の扇形 AOB と, $\angle$A を直角とする，右図の様な三角形 AOC を考えれば,

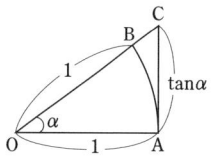

(扇形 AOB)$=\dfrac{\alpha}{2}$, ($\triangle$AOC)$=\dfrac{\tan\alpha}{2}$ であるから，一般に鋭角 α に対して, $\alpha<\tan\alpha$ が成り立つ.

従って, $S_n=\dfrac{1}{\tan\dfrac{\theta}{2}}<\dfrac{1}{\dfrac{\theta}{2}}=\dfrac{2}{\theta}=\dfrac{2n}{\pi}$ であるから，題意の不等式は示された. 終

和の計算は，場合の数（や確率），整数問題にもよく登場しますが，まさに「備えあれば憂いなし」ですね.

第4章 数列

◆2 一般項は求めずに

数B
問題編

難易度 ★

問題 4-2.1

数列 $\{f_n\}$ は，$f_1=f_2=1$，$f_{n+2}=f_{n+1}+f_n$（$n=1, 2, 3, \cdots$）で定まるとする．

（1） 一般項 f_n を求めよ．

（2） $f_n \leqq 1.7^{n-1} \cdots$☆ （$n=1, 2, 3, \cdots$）を示せ．

難易度 ★★

問題 4-2.2

数列 $\{f_n\}$ は，$f_1=f_2=1$，$f_{n+2}=f_{n+1}+f_n$（$n=1, 2, 3, \cdots$）で定まるとする．

（1） $f_n f_{n+1} = f_{n-1} f_{n+2} - (-1)^n$（$n \geqq 2$）を示せ．

（2） 数列 $\{g_n\}$ は $g_1=a$，$g_2=b$，$g_{n+2}=g_{n+1}+g_n$（a，b は定数）で定まるとする．$g_n g_{n+1} - g_{n-1} g_{n+2}$（$n \geqq 2$）を求めよ．

難易度 ★★

問題 4-2.3

数列 $\{f_n\}$ は，$f_1=f_2=1$，$f_{n+2}=f_{n+1}+f_n$（$n=1, 2, 3, \cdots$）で定まるとする．

（1） $\sum_{k=1}^{n} f_k^2 = f_n f_{n+1} \cdots *$ を示せ．

（2） $\sum_{k=1}^{n} f_k^2 f_{k+1}$ を f_n，f_{n+1} を用いて表わせ．

4-2

問題 4-2.4

数列 $\{a_n\}$, $\{b_n\}$ は, $a_1=1$, $b_1=2$,
$$\begin{cases} a_{n+1}=a_n+3b_n & \cdots\cdots\cdots① \\ b_{n+1}=a_n+b_n & \cdots\cdots\cdots② \end{cases}$$
で定まるとする．

このとき, $a_n{}^2-3b_n{}^2$ を求めよ．

問題 4-2.5

数列 $\{x_n\}$ を $x_1=a$, $x_2=b$, $x_{n+2}=px_{n+1}-x_n$ $(n\geqq1)$ で定める．ただし, a, b, p は実数とする．

（1）全ての自然数 n に対して,
$$x_{n+1}{}^2-px_{n+1}x_n+x_n{}^2=a^2-pab+b^2$$
であることを示せ．

（2）$|p|<2$ のとき, $x_n{}^2\leqq\dfrac{4(a^2-pab+b^2)}{4-p^2}$ であることを示せ．

（3）$|p|\geqq2$ で, $a^2-pab+b^2=0$, $a\neq0$ が成り立つとき, $\{x_n\}$ の一般項を a, b で表わせ．

問題 4-2.6

$a_1=1$, $a_{n+1}=a_n+\dfrac{1}{a_n}+2$ で定まる数列 $\{a_n\}$ がある．$\sqrt{a_{100}}$ を超えない最大の整数を求めよ．

◇2 一般項は求めずに

数B 解説編

漸化式に従う数列を扱う場合，その攻め方は，大きく
- 解いて考える
- 解かずに考える

の二通りがあります．

漸化式の解法，についての詳細は他に任せることとして，本稿では，後者の考え方にスポットをあててさまざまな手法をみてゆくこととします．チャンスがあれば「解いて考える」との対比をみることとしましょう．おまけに，ちょっとした基本事項も確認してゆきます．では，出発です．

§1 フィボナッチは好素材

フィボナッチの数列は（個人的な趣味とかではなく）「解かずに考える」の話をする上でとても都合がよいので，この数列を題材にいろいろみてみます．

以下，$\{f_n\}$ は
$$f_1=f_2=1,\ f_{n+2}=f_{n+1}+f_n$$
で定まる数列（f_n：1, 1, 2, 3, 5, 8, …）とします．

さっそく参りましょう．

問題 4-2.1

（1）一般項 f_n を求めよ．
（2）$f_n \leqq 1.7^{n-1}$ …☆ （$n=1, 2, 3, \cdots$）を示せ．

（1）三項間漸化式には解法がありますから，それを解くこと自体は可能でしょう．登場する数値が汚くなる場合は，以下のように文字を用いて汚さを包み込むのが得策です．ゴミ袋の原理といいます．

解

（1）$t^2=t+1$ の2解 $t=\dfrac{1\pm\sqrt{5}}{2}$ を α, β ($\alpha<\beta$) とおき，漸化式を
$$f_{n+2}-\alpha f_{n+1}=\beta(f_{n+1}-\alpha f_n) \quad \cdots\cdots\text{①}$$
$$f_{n+2}-\beta f_{n+1}=\alpha(f_{n+1}-\beta f_n) \quad \cdots\cdots\text{②}$$
と変形すれば，①から $\{f_{n+1}-\alpha f_n\}$ は公比 β の等比数列，②から $\{f_{n+1}-\beta f_n\}$ は公比 α の等比数列と分かるので，

$$f_{n+1}-\alpha f_n=\beta^{n-1}(f_2-\alpha f_1)=\beta^{n-1}(1-\alpha)$$
$$f_{n+1}-\beta f_n=\alpha^{n-1}(f_2-\beta f_1)=\alpha^{n-1}(1-\beta)$$

$\alpha+\beta=1$ だから，$1-\alpha=\beta$，$1-\beta=\alpha$　ゆえに
$$f_{n+1}-\alpha f_n=\beta^n \quad \cdots\cdots\text{③}$$
$$f_{n+1}-\beta f_n=\alpha^n \quad \cdots\cdots\text{④}$$

③−④ から，$(\beta-\alpha)f_n=\beta^n-\alpha^n$ で，α, β に具体値を代入することで，$f_n=\dfrac{1}{\sqrt{5}}\left\{\left(\dfrac{1+\sqrt{5}}{2}\right)^n-\left(\dfrac{1-\sqrt{5}}{2}\right)^n\right\}$

とわかる．

（2）一般項を利用すればよい，と考えてしまいますが，その場合，$1.7^{n-1}-\dfrac{1}{\sqrt{5}}\beta^n+\dfrac{1}{\sqrt{5}}\alpha^n$ （α, β は先の値）の符号を調べることになり厄介です．$\beta=1.618\cdots$ ですから，$\dfrac{\beta}{\sqrt{5}}<1$ なので，n が偶数のときは比較的「明らか」$\left(1.7^{n-1}-\dfrac{1}{\sqrt{5}}\beta^n>1.7^{n-1}-\beta^{n-1}>0,\ \dfrac{1}{\sqrt{5}}\alpha^n>0\right)$ ですが，n が奇数のときの論証が面倒なのです．

「漸化式を解かずに」で攻めるなら，以下のようにすっきりと解決します．

解

（2）n についての帰納法で示す．

（i）$n=1, 2$ のとき
$f_1=1=1.7^0$，$f_2=1<1.7^1$ より，☆の不等式は成立．

（ii）$n=k, k+1$ のときに☆の不等式が成り立つとすると，$f_k \leqq 1.7^{k-1}$，$f_{k+1} \leqq 1.7^k$ であるから，辺々加えて
$$f_k+f_{k+1} \leqq 1.7^{k-1}(1+1.7)=1.7^{k-1}\times 2.7$$
$$<1.7^{k-1}\times 2.89=1.7^{k+1}$$

ゆえに $f_{k+2} \leqq 1.7^{k+1}$ がいえるので，$n=k+2$ のときも☆の不等式が成り立つと分かる．

（i）（ii）より，全ての n（$=1, 2, 3, \cdots$）で☆が成り立つことが示された．■

⇨**注**：極限の知識があれば，「全ての n で $f_n \leqq p^{n-1}$ が成り立つような p の条件」を考えてみるのが面白いでしょう．

次の問題は，まずいろいろなアプローチで取り組んでみてから，続きを読むようにしてください．一般項 f_n は既知としてよいでしょう．

問題 4-2.2
（1） $f_n f_{n+1} = f_{n-1} f_{n+2} - (-1)^n$ $(n \geq 2)$ を示せ．
（2） 数列 $\{g_n\}$ は $g_1 = a$, $g_2 = b$, $g_{n+2} = g_{n+1} + g_n$
（a, b は定数）で定まるとする．
$g_n g_{n+1} - g_{n-1} g_{n+2}$ $(n \geq 2)$ を求めよ．

（1） 一般項は既に求まっていますから，それを利用するのもよい方法です．が，「汚いものは文字のまま」の鉄則には従いたいものです．

解（一般項の利用）
（1） $t^2 = t + 1$ の 2 解 $t = \dfrac{1 \pm \sqrt{5}}{2}$ を α, β ($\alpha < \beta$) とおけば，$f_n = \dfrac{\beta^n - \alpha^n}{\beta - \alpha}$ であるから，

$f_n f_{n+1} - f_{n-1} f_{n+2}$
$= \dfrac{(\beta^n - \alpha^n)(\beta^{n+1} - \alpha^{n+1}) - (\beta^{n-1} - \alpha^{n-1})(\beta^{n+2} - \alpha^{n+2})}{(\beta - \alpha)^2}$

（分子）
$= \beta^{2n+1} + \alpha^{2n+1} - \alpha^n \beta^n (\alpha + \beta)$
$\quad - (\beta^{2n+1} + \alpha^{2n+1} - \alpha^{n-1} \beta^{n-1} (\alpha^3 + \beta^3))$
$= \alpha^{n-1} \beta^{n-1} (\alpha + \beta)(-\alpha\beta + \alpha^2 - \alpha\beta + \beta^2)$
$= (\alpha\beta)^{n-1} (\alpha + \beta)(\beta - \alpha)^2$

であり，$\alpha + \beta = 1$, $\alpha\beta = -1$ であるから，
$f_n f_{n+1} - f_{n-1} f_{n+2} = (\alpha\beta)^{n-1} = (-1)^{n-1} = -(-1)^n$
ゆえに，題意の式を得る． ◆

同じ手を（2）で用いようとするなら，$\{g_n\}$ の一般項を求める必要が出てきますね．先を見込んで，「解かずに考える」なら，示すべきこと，を次のように取り替えるのがよいでしょう．

別解（漸化式の利用）
$f_n f_{n+1} - f_{n-1} f_{n+2} = -(-1)^n$ を示すには，$\{f_n f_{n+1} - f_{n-1} f_{n+2}\}$ が公比 -1 の等比数列であり，かつ $f_2 f_3 - f_1 f_4 = -(-1)^2 (= -1)$ であることを示せばよい．
$f_3 = f_1 + f_2 = 2$, $f_4 = f_2 + f_3 = 3$ より，
$$f_2 f_3 - f_1 f_4 = 1 \cdot 2 - 1 \cdot 3 = -1$$
がわかり，
$f_{n+1} f_{n+2} - f_n f_{n+3} + (f_n f_{n+1} - f_{n-1} f_{n+2})$
$= f_{n+1} f_{n+2} - f_n (f_{n+2} + f_{n+1}) + f_n f_{n+1} - f_{n-1} f_{n+2}$
$= f_{n+1} f_{n+2} - f_n f_{n+2} - f_{n-1} f_{n+2}$
$= f_{n+2}(f_{n+1} - f_n - f_{n-1}) = 0$

であるから，$f_{n+1} f_{n+2} - f_n f_{n+3} = -(f_n f_{n+1} - f_{n-1} f_{n+2})$
これから，$\{f_n f_{n+1} - f_{n-1} f_{n+2}\}$ が公比 -1 の等比数列であることも分かるので，題意は示された． ◆

実質的に同じ式変形をすることで，帰納法によって証明することもできますが，「$\{f_n f_{n+1} - f_{n-1} f_{n+2}\}$ が等比数列」という見方をするだけで，（2）はぐっと楽になります．

解
（2） $\{g_n\}$ は $\{f_n\}$ と同じ漸化式に従うので，（1）と同様にして $\{g_n g_{n+1} - g_{n-1} g_{n+2}\}$ が公比 -1 の等比数列であるとわかる．$g_3 = g_1 + g_2 = a + b$, $g_4 = g_2 + g_3 = a + 2b$ であるから，
$g_n g_{n+1} - g_{n-1} g_{n+2} = (-1)^{n-2}(g_2 g_3 - g_1 g_4)$
$= (-1)^{n-2}(b^2 - ab - a^2)$ ◆

和を求めるときにも，項単体で考えるのではなく，漸化式の利用も考えましょう．発想の根幹にあるのは，やはり「解かずに考える」です．やはり，一度考えてみてから読み進めて下さいね．

問題 4-2.3
（1） $\displaystyle\sum_{k=1}^{n} f_k^2 = f_n f_{n+1}$ $\cdots *$ を示せ．
（2） $\displaystyle\sum_{k=1}^{n} f_k^2 f_{k+1}$ を f_n, f_{n+1} を用いて表わせ．

（1） いわゆる「有名性質」です．いくら一般項が求まっているからといって，直接計算する気はおきませんね．素直に帰納法で示しましょう．

解
（1） n についての帰納法で示す．
（i） $n = 1$ のとき
$f_1^2 = 1 = f_1 f_2$ であるから，$*$ は成立．
（ii） $n = i$ ($i \geq 1$) のときに $*$ が成り立つと仮定すると，
$\displaystyle\sum_{k=1}^{i+1} f_k^2 = f_{i+1}^2 + \sum_{k=1}^{i} f_k^2 = f_{i+1}^2 + f_i f_{i+1}$
$= f_{i+1}(f_{i+1} + f_i) = f_{i+1} f_{i+2}$
より，$n = i + 1$ のときも $*$ 成立．
（i）（ii）から，全ての n (≥ 1) で $*$ が成り立つことが示された． ◆

これでも立派な「漸化式の利用」なのですが，一歩踏み込んで次のように考えるのがお勧めです．
『もしも $*$ が正しいなら，
$$f_{n+1} f_{n+2} - f_n f_{n+1} = \sum_{k=1}^{n+1} f_k^2 - \sum_{k=1}^{n} f_k^2 = f_{n+1}^2$$

第4章 数列

のはず．逆に，これが示されれば，たぶん題意の式は得られるはず．』

これをふまえて，（実質的に内容は同じなのですが）次のように解答をまとめた方が，よりおしゃれです．

解 （差の形に変形）

$f_0=0$ と定めれば，$n\geq 0$ で $f_{n+2}=f_{n+1}+f_n$ が成り立ち，$k\geq 1$ において $f_k^2=f_k(f_{k+1}-f_{k-1})=f_kf_{k+1}-f_{k-1}f_k$ である．

従って，

$$\sum_{k=1}^{n}f_k^2=\sum_{k=1}^{n}(f_kf_{k+1}-f_{k-1}f_k)=f_nf_{n+1}-f_0f_1=f_nf_{n+1}$$ 終

求和の基本は「差の形の和」です．つまり，

$$\sum_{k=1}^{n}(F(k+1)-F(k))$$ なる形の和が

$$F(2)-F(1)$$
$$+F(3)-F(2)$$
$$+F(4)-F(3)$$
$$+\cdots\cdots$$
$$+F(n+1)-F(n)$$

と「消えあうことで」計算できる，というのが基本です．ですから，『 』の発想も，後者の解法も，ある意味基本に忠実な考え方＋解法といえますし，自然と(2)で考えるべきことも見えてきます．そうです．

$$f_k^2f_{k+1} \text{ を「差の形」に表わせないか？}$$

です．いろいろと試行錯誤した上で，

$$f_k^2f_{k+1}=(f_{k+1}-f_{k-1})f_kf_{k+1}=f_kf_{k+1}^2-f_{k-1}f_kf_{k+1}$$
$$=f_kf_{k+1}(f_{k+2}-f_k)-f_{k-1}f_kf_{k+1}$$
$$=-f_k^2f_{k+1}+f_kf_{k+1}f_{k+2}-f_{k-1}f_kf_{k+1}$$

をみつけられれば，もう「崩落寸前のカブール」状態．つまり，「おわったも同然」ということです．

解

（2）$f_kf_{k+1}f_{k+2}-f_{k-1}f_kf_{k+1}=f_kf_{k+1}(f_{k+2}-f_{k-1})$ で，
$f_{k+2}-f_{k-1}=f_{k+1}+f_k-f_{k-1}=(f_k+f_{k-1})+f_k-f_{k-1}$
$=2f_k$

なので，$f_kf_{k+1}f_{k+2}-f_{k-1}f_kf_{k+1}=2f_k^2f_{k+1}$

従って，やはり $f_0=0$ と定義すれば

$$\sum_{k=1}^{n}f_k^2f_{k+1}=\frac{1}{2}\sum_{k=1}^{n}(f_kf_{k+1}f_{k+2}-f_{k-1}f_kf_{k+1})$$
$$=\frac{1}{2}(f_nf_{n+1}f_{n+2}-f_0f_1f_2)$$
$$=\frac{1}{2}f_nf_{n+1}f_{n+2}=\frac{1}{2}\boldsymbol{f_nf_{n+1}(f_n+f_{n+1})}$$ 終

§2 フィボナッチじゃなくても

フィボナッチ以外でも，「解かずに考えたい」問題はいろいろとあります．では，ここからはフィボナッチから離れた問題で参りましょう．経験を活かし，挑戦する気持ちで考えてみてください．

問題 4-2.4

数列 $\{a_n\}$，$\{b_n\}$ は，

$a_1=1$，$b_1=2$，$\begin{cases} a_{n+1}=a_n+3b_n & \cdots\cdots\text{①} \\ b_{n+1}=a_n+b_n & \cdots\cdots\text{②} \end{cases}$

で定まるとする．

このとき，$a_n^2-3b_n^2$ を求めよ．

求めるべきは $a_n^2-3b_n^2$ であって，a_n，b_n ではありません．連立漸化式の解法を知っているからといって，一般項求めに走りたくはないですね．

$a_1^2-3b_1^2=-11$，$a_2^2-3b_2^2=22$，$a_3^2-3b_3^2=-44$ から結果を予想できれば，$a_{n+1}^2-3b_{n+1}^2=-2(a_n^2-3b_n^2)$ が「示すべき式」である，と見えてきます．

解

与えられた漸化式から，

$$a_{n+1}^2-3b_{n+1}^2=(a_n+3b_n)^2-3(a_n+b_n)^2$$
$$=-2(a_n^2-3b_n^2)$$

従って，$\{a_n^2-3b_n^2\}$ は公比 -2 の等比数列とわかるので，$a_1^2-3b_1^2=-11$ から，$a_n^2-3b_n^2=\boldsymbol{-11\cdot(-2)^{n-1}}$ 終

興味本位で，一般項を求めて，でやってみると？

①－②×k から $a_{n+1}-kb_{n+1}=l(a_n-kb_n)$ の形を作ればよく，①－②×k は $a_{n+1}-kb_{n+1}=(1-k)a_n+(3-k)b_n$ なので，

$$1:(-k)=(1-k):(3-k)\Longleftrightarrow k^2-k=3-k$$
$$\Longleftrightarrow k=\pm\sqrt{3}$$

とすればよいとわかりますが…．

別解

①－$\sqrt{3}$×② より，

$$a_{n+1}-\sqrt{3}b_{n+1}=(1-\sqrt{3})(a_n-\sqrt{3}b_n) \quad\cdots\cdots\text{③}$$

①＋$\sqrt{3}$×② より，

$$a_{n+1}+\sqrt{3}b_{n+1}=(1+\sqrt{3})(a_n+\sqrt{3}b_n) \quad\cdots\cdots\text{④}$$

$1-\sqrt{3}=\alpha$，$1+\sqrt{3}=\beta$ とおけば，③，④から

$$a_n-\sqrt{3}b_n=\alpha^{n-1}(a_1-\sqrt{3}b_1)=\alpha^{n-1}(1-2\sqrt{3})$$
$$a_n+\sqrt{3}b_n=\beta^{n-1}(a_1+\sqrt{3}b_1)=\beta^{n-1}(1+2\sqrt{3})$$

この辺々の積をとって，

$$a_n^2-3b_n^2=\alpha^{n-1}\beta^{n-1}(1-12)$$
$$=-11(\alpha\beta)^{n-1}=\boldsymbol{-11\cdot(-2)^{n-1}}$$ 終

…どうころんでも，一般項を求めることにはなりそうにありません．

◇2 一般項は求めずに

問題 4-2.5

数列 $\{x_n\}$ を $x_1=a$, $x_2=b$, $x_{n+2}=px_{n+1}-x_n$ $(n \geq 1)$ で定める.ただし,a, b, p は実数とする.
（1） 全ての自然数 n に対して,
$$x_{n+1}^2-px_{n+1}x_n+x_n^2=a^2-pab+b^2$$
であることを示せ.
（2） $|p|<2$ のとき,$x_n^2 \leq \dfrac{4(a^2-pab+b^2)}{4-p^2}$ であることを示せ.
（3） $|p| \geq 2$ で,$a^2-pab+b^2=0$, $a \neq 0$ が成り立つとき,$\{x_n\}$ の一般項を a, b で表わせ.

似たような設定を§1でみました.もはや,一般項を求めようという気もしないでしょう.

解

（1）$\{x_{n+1}^2-px_{n+1}x_n+x_n^2\}$ が定数列であることと,$x_2^2-px_2x_1+x_1^2=a^2-pab+b^2$ であることの2つがいえればよいが,後者は $x_1=a$, $x_2=b$ より,その成立は自明である.従って,
$$x_{n+2}^2-px_{n+2}x_{n+1}+x_{n+1}^2=x_{n+1}^2-px_{n+1}x_n+x_n^2 \cdots ①$$
が示せればよく,
① $\iff x_{n+2}^2-x_n^2-px_{n+2}x_{n+1}+px_{n+1}x_n=0$
 $\iff (px_{n+1}-x_n)^2-x_n^2-px_{n+2}x_{n+1}+px_{n+1}x_n=0$
 $\iff p^2x_{n+1}^2-px_{n+2}x_{n+1}-px_{n+1}x_n=0$
 $\iff px_{n+1}(px_{n+1}-x_{n+2}-x_n)=0$

と $x_{n+2}=px_{n+1}-x_n$ より $px_{n+1}-x_{n+2}-x_n=0$ であることから,①は正しいと分かるので,題意は示された.

（2）$|p|<2$ より $4-p^2>0$ なので,題意の不等式は,(1)の結果も加味して
$$(4-p^2)x_n^2 \leq 4(x_{n+1}^2-px_{n+1}x_n+x_n^2) \cdots ②$$
と変形できる.
② $\iff 4x_{n+1}^2-4px_{n+1}x_n+p^2x_n^2 \geq 0$
で,(左辺)$=(2x_{n+1}-px_n)^2 \geq 0$ であるから,②は示され,従って題意の不等式を得る.

（3）（1）より,
$$x_{n+1}^2-px_{n+1}x_n+x_n^2=0$$
 $\iff x_{n+1}^2-x_n(px_{n+1}-x_n)=0$
 $\iff x_{n+1}^2=x_nx_{n+2}$

ゆえに,$\{x_n\}$ は等比数列とわかり,$x_1=a$, $\dfrac{x_2}{x_1}=\dfrac{b}{a}$ であるから（∵ $a \neq 0$）,$x_n=\boldsymbol{a \cdot \left(\dfrac{b}{a}\right)^{n-1}}$

▷注 最後の部分はきちんというと次のようになります.「まず,$x_1=a \neq 0$ なので,$x_2=b=0$ なら x_3, x_4, x_5, … は全て0となる.$x_i \neq 0$ となるような $i \geq 3$ が存在したとして,そのような最小のものを考えれば,$x_i^2=x_{i-1}x_{i+1}=0$（∵ $x_{i-1}=0$）で不合理だからである.このとき,$\{x_n\}$ は公比0の等比数列となる.
$x_2=b \neq 0$ なら,x_3, x_4, x_5, … は全て0でない.$x_i=0$ となるような $i \geq 3$ が存在したとして,そのような最小のものを考えれば,$x_{i-1}^2=x_{i-2}x_i=0$ となり $x_{i-1} \neq 0$ に反するからである.従って,このとき
$$\frac{x_{n+1}}{x_n}=\frac{x_{n+2}}{x_{n+1}}$$
と変形できるので,確かに等比数列である.」

最後は,少し非典型な形の問題でおしまいにしましょう.昔の日本の数学オリンピックの問題を題材にしています.

問題 4-2.6

$a_1=1$, $a_{n+1}=a_n+\dfrac{1}{a_n}+2$ で定まる数列 $\{a_n\}$ がある.$\sqrt{a_{100}}$ を超えない最大の整数を求めよ.

解

$a_{n+1}-a_n=\dfrac{1}{a_n}+2$ であるから,
$$\sum_{n=1}^{99}(a_{n+1}-a_n)=2 \times 99+\sum_{n=1}^{99}\frac{1}{a_n}$$
よって,$a_{100}-a_1=198+\underbrace{\sum_{n=1}^{99}\frac{1}{a_n}}_{S}$ とおく

ここに,$a_1=1$, $a_2=4$ で,$\{a_n\}$ は単調増加数列なので,$n \geq 3$ では $a_n>4$ であるから,
$$1<S<\frac{1}{1}+\sum_{n=2}^{99}\frac{1}{4}=1+\frac{98}{4}=26-\frac{1}{2}$$
$a_{100}=a_1+198+S=199+S$ から,$200<a_{100}<225$
従って $14=\sqrt{196}<\sqrt{200}<\sqrt{a_{100}}<\sqrt{225}=15$
なので,$\sqrt{a_{100}}$ の整数部分は **14** とわかる.

▷注 オリンピックでの出題は,「$a_1=1$, $a_{n+1}=a_n+\dfrac{1}{a_n}$ で定まる $\{a_n\}$ の第100項の整数部分は?」でした.どうすればよいかは分かりますよね?

一般項が求まるからといって,真っ先にそれを求めにかかるのは,どちらかというと「貧乏性」なイメージです.あわてず,で〜ん,と構えて問題に取り組むこと,それは数列の話題のみならず,およそ数学の問題すべてに共通する,あるべき姿勢なのかもしれません.

第5章 ベクトル，図形

◆1 ベクトルの1次結合と回転　数B 問題編

問題 5-1.1

平面上に O, $\vec{a}, \vec{b}$ が与えられており，$\vec{a}, \vec{b}$ は $|\vec{a}|=3$, $|\vec{b}|=2$, $\vec{a}\cdot\vec{b}=4$ を満たす．

実数 s, t が $s, t \geqq 0$, $1 \leqq s+t \leqq 2$ ……① を満たして動くとき，$\overrightarrow{OP}=s\vec{a}+t\vec{b}$ で定まる点 P が動いてできる領域 W の面積 S を求めよ．

問題 5-1.2

平面上に O, $\vec{a}, \vec{b}$ が与えられており，$\vec{a}, \vec{b}$ は $|\vec{a}|=2$, $|\vec{b}|=3$, $\vec{a}\cdot\vec{b}=4$ を満たす．

実数 s, t が $\dfrac{1}{2}s \leqq t \leqq 2s \leqq 4$ ……① を満たして動くとき，$\overrightarrow{OP}=(s+t)\vec{a}+(s-t)\vec{b}$ ……②

で定まる点 P が動いてできる領域 W の面積 S を求めよ．

問題 5-1.3

点 A(2, 1) のまわりに，点 B(3, 3) を反時計回りに 120°回転した点 C の座標を求めよ．

5-1

問題 5-1.4 難易度 ★★

xyz 空間内に原点 O および点 A(2, 2, 1), B(2, 0, −1) がある. 平面 OAB 上に, O を中心とする半径 OA の円 C を描く.

(1) 平面 OAB と平行な単位ベクトルで, $\overrightarrow{OA}$ と垂直であるもののうち, x 成分が正のもの $\vec{n}$ を求めよ.

(2) C 上の点の z 座標の最大値を求めよ.

問題 5-1.5 難易度 ★★

xyz 空間内に, 原点 O と点 A(1, 1, 1) を通る直線 l がある. 点 B(3, 2, 1) を直線 l のまわりに 60° 回転して得られる 2 点 P_1, P_2 の座標を求めたい.

(1) 点 B(3, 2, 1) から直線 l に下ろした垂線の足 H の座標を求めよ.

(2) 点 B(3, 2, 1) を直線 l のまわりに 90° 回転して得られる 2 点の座標を求めよ.

(3) P_1, P_2 の座標を求めよ.

第5章　ベクトル，図形

◇1 ベクトルの1次結合と回転

数B 解説編

今回のテーマは，ベクトルです．その中でも，ベクトルの一次結合にスポットを当てて，道具として使いこなせるようになって欲しい事柄を中心にお話を進めてゆきたいと思います．

§1 一次結合とななめの座標

一般に，$\overrightarrow{OA}$, $\overrightarrow{OB}$ が平行でないとき，
$\overrightarrow{OX}=s\overrightarrow{OA}+t\overrightarrow{OB}$ で定まる点 X は下図のような点となります．

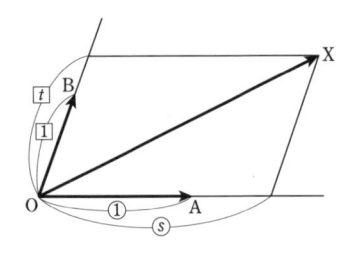

この事実は，

> $\overrightarrow{OX}=s\overrightarrow{OA}+t\overrightarrow{OB}$ なる点 X は，$\overrightarrow{OA}$, $\overrightarrow{OB}$ の張る（ななめの）座標平面における，点 (s, t) である

という見方をすることができます．つまり，

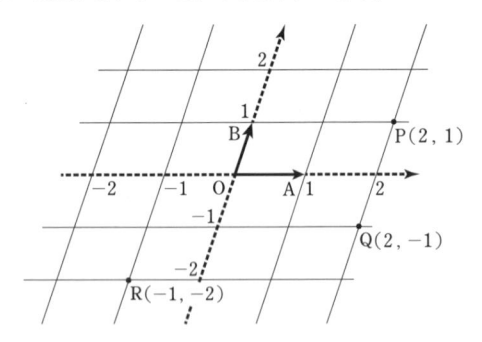

の様に「座標軸」を設けることで，
「点 P, Q, R の「座標」はそれぞれ
$(2, 1)$, $(2, -1)$, $(-1, -2)$ である．だから，

「$\overrightarrow{OP}=2\overrightarrow{OA}+\overrightarrow{OB}$, $\overrightarrow{OQ}=2\overrightarrow{OA}-\overrightarrow{OB}$, $\overrightarrow{OR}=-\overrightarrow{OA}-2\overrightarrow{OB}$」
とみることができるということです．
$s\overrightarrow{OA}+t\overrightarrow{OB}$ の形のことを，$\overrightarrow{OA}$, $\overrightarrow{OB}$ の一次結合（形）といいますが，

> 一次結合で表わすということ とは，まさに
> 座標を調べるということ

なわけです．
まずは，その見方の効能を次の問題を通して味わってみましょう．さっそく参ります．

問題 5-1.1 平面上に O, $\vec{a}$, $\vec{b}$ が与えられており，$\vec{a}$, $\vec{b}$ は $|\vec{a}|=3$, $|\vec{b}|=2$, $\vec{a}\cdot\vec{b}=4$ を満たす．
　実数 s, t が $s, t\geq 0$, $1\leq s+t\leq 2$ ……① を満たして動くとき，$\overrightarrow{OP}=s\vec{a}+t\vec{b}$ で定まる点 P が動いてできる領域 W の面積 S を求めよ．

このような問題はしばし目にしますが，まさに「(s, t) は P の座標そのもの」の見方が効果的な代表例のようなものです．

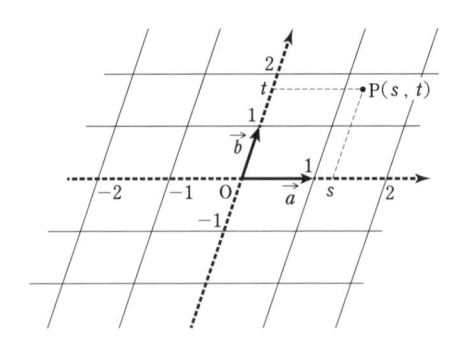

の様に，$\vec{a}$, $\vec{b}$ の張る座標平面を作れば，W とは，この座標平面上で①が表わす領域に他なりません．でもって，その肝心の W がどのような領域を表わすかは，「まっすぐな座標平面」，つまり通常の xy 平面上で考えれば，すぐに合点がゆきます．

①を満たす点 (s, t) の全体を xy 平面上に図示した上で，それをそのまま $\vec{a}, \vec{b}$ の張る斜めの平面上に描けばよいのです．

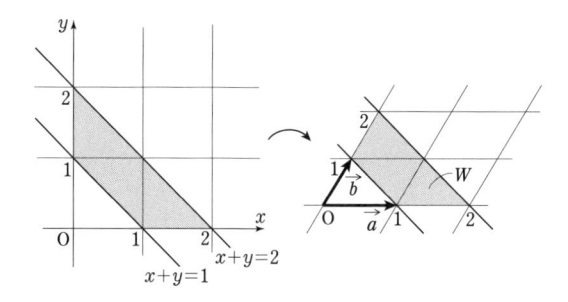

これで，W の様子が得られ，その面積は $\vec{a}, \vec{b}$ の張る三角形の面積の 3 倍とまでわかりますから，
$$S = 3 \times \frac{1}{2}\sqrt{|\vec{a}|^2|\vec{b}|^2-(\vec{a}\cdot\vec{b})^2} = \frac{3}{2}\sqrt{36-16} = 3\sqrt{5}$$
で解決です．

▷注　むろん，厳密には，「xy 平面上の直線を，$\vec{a}, \vec{b}$ の張る平面上に図示しても，やはり直線となる」といった事柄はきちんと証明すべき事柄ではありますが，およそ直線図形に関しては，この事実は認めてしまってよいでしょう．

では，少し「まね」をしてみてください．解答としてまとめるならどうすればよいのか，はこの問題の解での書き方が参考になると思います．

問題 5-1.2 平面上に O, $\vec{a}, \vec{b}$ が与えられており，$\vec{a}, \vec{b}$ は $|\vec{a}|=2, |\vec{b}|=3, \vec{a}\cdot\vec{b}=4$ を満たす．

実数 s, t が $\frac{1}{2}s \leq t \leq 2s \leq 4$ ……① を満たして動くとき，$\overrightarrow{\mathrm{OP}}=(s+t)\vec{a}+(s-t)\vec{b}$ ……② で定まる点 P が動いてできる領域 W の面積 S を求めよ．

②より，P は $\vec{a}, \vec{b}$ の張る座標平面での点 $(s+t, s-t)$ とわかりますが，このままでは「先ほどと同様には」いかなそうです．一工夫する必要がありそうです．

解　$u=s+t, v=s-t$ とおくと，$\overrightarrow{\mathrm{OP}}=u\vec{a}+v\vec{b}$ であり，$\begin{cases} u=s+t \\ v=s-t \end{cases} \Longleftrightarrow \begin{cases} 2s=u+v \\ 2t=u-v \end{cases}$ なので，

① $\Longleftrightarrow \frac{u+v}{4} \leq \frac{u-v}{2} \leq u+v \leq 4$

$\Longleftrightarrow v \leq \frac{u}{3}$ かつ $v \geq -\frac{u}{3}$ かつ $u+v \leq 4$ ……③

③を uv 平面上に図示すると，右のような三角形の周および内部を表わすので，P の存在範囲は，この領域を $\vec{a}, \vec{b}$ の張る座標平面に図示したものである．

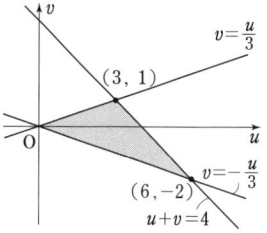

ゆえに，S は $3\vec{a}+\vec{b}$，$6\vec{a}-2\vec{b}$ の張る三角形の面積で，

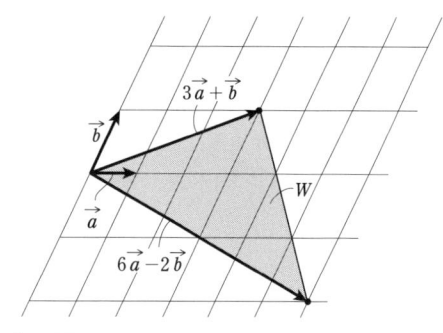

$$S = \frac{1}{2}\sqrt{|3\vec{a}+\vec{b}|^2|6\vec{a}-2\vec{b}|^2-((3\vec{a}+\vec{b})\cdot(6\vec{a}-2\vec{b}))^2}$$

ここに，
$|3\vec{a}+\vec{b}|^2 = 9|\vec{a}|^2+6\vec{a}\cdot\vec{b}+|\vec{b}|^2 = 36+24+9 = 69$
$|6\vec{a}-2\vec{b}|^2 = 36|\vec{a}|^2-24\vec{a}\cdot\vec{b}+4|\vec{b}|^2 = 144-96+36 = 84$
$(3\vec{a}+\vec{b})\cdot(6\vec{a}-2\vec{b}) = 18|\vec{a}|^2-2|\vec{b}|^2 = 72-18 = 54$

だから，
$$S = \frac{1}{2}\sqrt{69\cdot84-54^2} = \sqrt{69\cdot21-27^2}$$
$$= 3\sqrt{23\cdot7-9^2} = 3\sqrt{80} = \mathbf{12\sqrt{5}} \quad \text{終}$$

①の表わす領域が比較的容易に得られることに着目して，以下の様にやるのもうまいでしょう．略解形式で流れを見ておきます．

【別解（方針のみ）】
①が st 平面上で描く図形は右図の様である．
ここに，②は
$\overrightarrow{\mathrm{OP}} = s(\vec{a}+\vec{b})+t(\vec{a}-\vec{b})$
であるから，W は，$\vec{a}+\vec{b}$，$\vec{a}-\vec{b}$ の張る座標平面に先の図を描いたものである．従って，S は $2(\vec{a}+\vec{b})+(\vec{a}-\vec{b})$ と $2(\vec{a}+\vec{b})+4(\vec{a}-\vec{b})$ の張る三角形の面積である．（以下略）

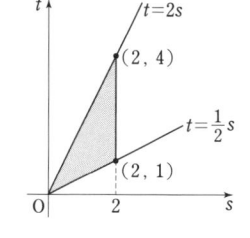

一般に，xy 平面上の図形 C を，$\vec{a}, \vec{b}$ の張る斜めの座標平面に描いたものを C' とすると，C' の面積は C の面積の（$\vec{a}, \vec{b}$ の張る平行四辺形の面積）倍となりま

第5章 ベクトル，図形

す．なので，例えば別解方式なら，①が st 平面上で描く図形の面積が3であることから，
$$S=3\sqrt{|\vec{a}+\vec{b}|^2|\vec{a}-\vec{b}|^2-((\vec{a}+\vec{b})\cdot(\vec{a}-\vec{b}))^2}$$
と計算することができるのですが，これはあくまでも検算用にとどめておきたいところです．興味が向くなら，このからくりが成り立つ理由を考えてみるとよいでしょう．

§2 ベクトルの回転

特に，2ベクトル $\vec{a}, \vec{b}$ の大きさが等しく，かつ直交している場合は，$\vec{a}, \vec{b}$ の張る，座標平面上での $(\cos\theta, \sin\theta)$ にあたる点P，つまり $\vec{OP}=\cos\theta\vec{a}+\sin\theta\vec{b}$ で定まる点とは，図の様に，$\vec{a}=\vec{OA}$ なる点Aを，Oのまわりに θ 回転させた点となります．

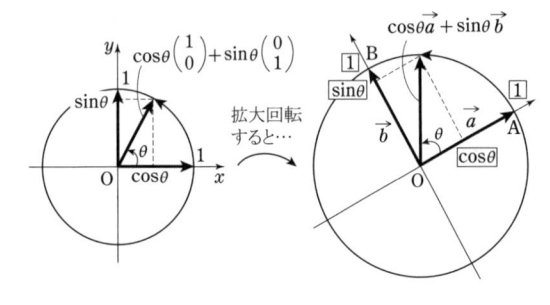

このことから，

> $\vec{a}, \vec{b}$ の大きさが等しく，かつ直交しているとき，$\cos\theta\vec{a}+\sin\theta\vec{b}$ は，$\vec{a}$ を $\vec{b}$ の向きに $+\theta$ 回転したベクトルである

とわかります．
xy 平面上のベクトルは，

> $\begin{pmatrix}a\\b\end{pmatrix}$ を $+90°$ 回転したベクトルは $\begin{pmatrix}-b\\a\end{pmatrix}$

の事実を用いることで，自由自在に回転させることができ，見やすい形で結果としてまとめるなら，

> $\begin{pmatrix}a\\b\end{pmatrix}$ を $+\theta$ 回転したベクトルは $\cos\theta\begin{pmatrix}a\\b\end{pmatrix}+\sin\theta\begin{pmatrix}-b\\a\end{pmatrix}$

となります．（回転の向きは，反時計回りを正とします．）
かわいいレベルの問題で，使い方を確かめましょう．

問題 5-1.3 点 A(2, 1) のまわりに，点 B(3, 3) を反時計回りに120°回転した点Cの座標を求めよ．

このくらいなら，以下のような手順で「あっさり」解決です．

解 $\vec{AB}=\begin{pmatrix}1\\2\end{pmatrix}$ であり，$\vec{AC}$ は $\vec{AB}$ を $+120°$ 回転したベクトルであるから，
$$\vec{AC}=\cos 120°\begin{pmatrix}1\\2\end{pmatrix}+\sin 120°\begin{pmatrix}-2\\1\end{pmatrix}$$
$$=-\frac{1}{2}\begin{pmatrix}1\\2\end{pmatrix}+\frac{\sqrt{3}}{2}\begin{pmatrix}-2\\1\end{pmatrix}=\frac{1}{2}\begin{pmatrix}-1-2\sqrt{3}\\-2+\sqrt{3}\end{pmatrix}$$
ゆえに，$\vec{OC}=\vec{OA}+\vec{AC}=\begin{pmatrix}2\\1\end{pmatrix}+\frac{1}{2}\begin{pmatrix}-1-2\sqrt{3}\\-2+\sqrt{3}\end{pmatrix}$ だから，$C\left(\frac{3-2\sqrt{3}}{2},\frac{\sqrt{3}}{2}\right)$ ■

⇒注 理系の人は複素数平面上で考えて処理することもできるでしょうが，具体的な点を具体的な点のまわりに回転した点を求める（本問のようなレベルの）程度の話なら，このように直接ベクトルを回転してしまうほうが早いでしょう．

さて，回転したベクトルを求める手順は，平面上のベクトルのみならず，空間内のベクトルに対しても適用することができます．つまり，空間内の平面上で，ベクトルをくるくる回すことも「自由自在」ということです．

問題 5-1.4 xyz 空間内に原点Oおよび点 A(2, 2, 1)，B(2, 0, -1) がある．平面OAB上に，Oを中心とする半径OAの円Cを描く．
(1) 平面OABと平行な単位ベクトルで，$\vec{OA}$ と垂直であるもののうち，x 成分が正のもの $\vec{n}$ を求めよ．
(2) C 上の点の z 座標の最大値を求めよ．

(1)が解決したとし，その単位ベクトルを $\vec{n}$ とします．すると，($|\vec{OA}|=3$ はすぐ分かるので，)$\vec{OA}$ と $3\vec{n}$ は大きさが等しく，かつ直交する，平面OAB上のベクトルとなるので，$\cos\theta\vec{OA}+3\sin\theta\vec{n}$ は，平面OAB上で $\vec{OA}$ を $3\vec{n}$ の向きに θ 回転したベクトルとなります．従って，円Cをパラメタ表示することが可能になるのです．
では，解答です．

解 （1） 平面OABと平行なベクトルは $s\vec{OA}+t\vec{OB}$ とおける．これが $\vec{OA}$ と垂直である条件は，
$$(s\vec{OA}+t\vec{OB})\cdot\vec{OA}=0\iff s|\vec{OA}|^2+t\vec{OA}\cdot\vec{OB}=0$$
であることで，$|\vec{OA}|^2=9$，$\vec{OA}\cdot\vec{OB}=3$ より
$$9s+3t=0\iff t=-3s$$
従って，求めるべきベクトルは

$s\overrightarrow{\mathrm{OA}}-3s\overrightarrow{\mathrm{OB}}=s\begin{pmatrix}2\\2\\1\end{pmatrix}-3s\begin{pmatrix}2\\0\\-1\end{pmatrix}=s\begin{pmatrix}-4\\2\\4\end{pmatrix}$ と表わせる

とわかり,この大きさ $\sqrt{s^2(4^2+2^2+4^2)}=6|s|$ が1であることから, $\vec{n}=\pm\dfrac{1}{3}\begin{pmatrix}-2\\1\\2\end{pmatrix}$

x 成分が正より, $\vec{n}=\dfrac{1}{3}\begin{pmatrix}2\\-1\\-2\end{pmatrix}$

(2) (1)と $|\overrightarrow{\mathrm{OA}}|=3$ より, $\begin{pmatrix}2\\-1\\-2\end{pmatrix}(=3\vec{n})$ と $\begin{pmatrix}2\\2\\1\end{pmatrix}$

$(=\overrightarrow{\mathrm{OA}})$ はいずれも平面OAB上のベクトルで,大きさが等しくかつ直交するとわかるので,平面OAB上で,点Aを点 $(2,-1,-2)$ の向きに θ 回転した点Pの位置ベクトルは,

$\overrightarrow{\mathrm{OP}}=\cos\theta\begin{pmatrix}2\\2\\1\end{pmatrix}+\sin\theta\begin{pmatrix}2\\-1\\-2\end{pmatrix}$ と表わせる.

(図: 平面OAB上に点P, A(2,2,1), (2,-1,-2), 円C, 角θ)

平面OAB

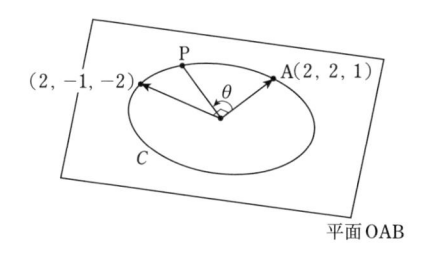

θ が $0\leq\theta<2\pi$ を動くとき,Pは円 C を描くので,求めるべきはPの z 座標 $z=\cos\theta-2\sin\theta$ の $0\leq\theta<2\pi$ での最大値であり,

$z=\begin{pmatrix}1\\-2\end{pmatrix}\cdot\begin{pmatrix}\cos\theta\\\sin\theta\end{pmatrix}\leq\left|\begin{pmatrix}1\\-2\end{pmatrix}\right|\left|\begin{pmatrix}\cos\theta\\\sin\theta\end{pmatrix}\right|=\sqrt{5}$ (等号は $\begin{pmatrix}1\\-2\end{pmatrix}$, $\begin{pmatrix}\cos\theta\\\sin\theta\end{pmatrix}$ が同じ向きのときに成立) から

$z_{\max}=\sqrt{5}$ とわかる. ◼

では,最後に次の一題をやってみましょう.

問題 5-1.5 xyz 空間内に,原点Oと点 $\mathrm{A}(1,1,1)$ を通る直線 l がある.点 $\mathrm{B}(3,2,1)$ を直線 l のまわりに $60°$ 回転して得られる2点 P_1, P_2 の座標を求めたい.
(1) 点 $\mathrm{B}(3,2,1)$ から直線 l に下ろした垂線の足Hの座標を求めよ.
(2) 点 $\mathrm{B}(3,2,1)$ を直線 l のまわりに $90°$ 回転して得られる2点の座標を求めよ.
(3) P_1, P_2 の座標を求めよ.

直線に下ろした垂線の足を求める手順は,定石としておきたい事柄です.それを踏まえて,(2)を解決できるか,が一つのカギとなります.

解 (1) Hは直線OA上の点であるので, $\overrightarrow{\mathrm{OH}}=t\overrightarrow{\mathrm{OA}}$ とおくと, $\overrightarrow{\mathrm{BH}}=\overrightarrow{\mathrm{OH}}-\overrightarrow{\mathrm{OB}}=t\begin{pmatrix}1\\1\\1\end{pmatrix}-\begin{pmatrix}3\\2\\1\end{pmatrix}$

$\overrightarrow{\mathrm{BH}}\perp$(直線OA) より, $\overrightarrow{\mathrm{BH}}\cdot\overrightarrow{\mathrm{OA}}=0$ であるから,

$t\begin{pmatrix}1\\1\\1\end{pmatrix}\cdot\begin{pmatrix}1\\1\\1\end{pmatrix}-\begin{pmatrix}3\\2\\1\end{pmatrix}\cdot\begin{pmatrix}1\\1\\1\end{pmatrix}=0$

ゆえに $3t-6=0$ なので, $t=2$
従って, $\overrightarrow{\mathrm{OH}}=2\overrightarrow{\mathrm{OA}}$ とわかるので, $\mathrm{H}(2,2,2)$

(2) 求めるべき点をPとし, $\overrightarrow{\mathrm{HP}}=\begin{pmatrix}a\\b\\c\end{pmatrix}$ とおくと,Pから直線 l に下ろした垂線の足は $\mathrm{H}(2,2,2)$ であり,かつ $\angle\mathrm{PHB}=90°$ であるから $\overrightarrow{\mathrm{HP}}\cdot\overrightarrow{\mathrm{OA}}=0$, $\overrightarrow{\mathrm{HP}}\cdot\overrightarrow{\mathrm{HB}}=0$

$\overrightarrow{\mathrm{HB}}=\begin{pmatrix}1\\0\\-1\end{pmatrix}$ から, $a+b+c=0$, $a-c=0$

従って, $c=a$, $b=-2a$ であるので, $\overrightarrow{\mathrm{HP}}=a\begin{pmatrix}1\\-2\\1\end{pmatrix}$ とおける. $|\overrightarrow{\mathrm{HP}}|=|\overrightarrow{\mathrm{HB}}|$ だから $\sqrt{6}|a|=\sqrt{2}$

ゆえに $a=\pm\dfrac{1}{\sqrt{3}}$ であるから,

$\overrightarrow{\mathrm{OP}}=\overrightarrow{\mathrm{OH}}+\overrightarrow{\mathrm{HP}}=\begin{pmatrix}2\\2\\2\end{pmatrix}\pm\dfrac{1}{\sqrt{3}}\begin{pmatrix}1\\-2\\1\end{pmatrix}$

以上から,求めるべき点は

$\left(2\pm\dfrac{1}{\sqrt{3}},\ 2\mp\dfrac{2}{\sqrt{3}},\ 2\pm\dfrac{1}{\sqrt{3}}\right)$ (複号同順)

(3) $\overrightarrow{\mathrm{HP}_1}$, $\overrightarrow{\mathrm{HP}_2}$ は,(2)のPに対して, $\overrightarrow{\mathrm{HB}}$ を平面BHP上で $\overrightarrow{\mathrm{HP}}$ の向きに $60°$ 回転したベクトルである.
ゆえに, $\overrightarrow{\mathrm{HP}_1}$, $\overrightarrow{\mathrm{HP}_2}$ は

$\cos 60°\overrightarrow{\mathrm{HB}}+\sin 60°\overrightarrow{\mathrm{HP}}=\dfrac{1}{2}\begin{pmatrix}1\\0\\-1\end{pmatrix}\pm\dfrac{\sqrt{3}}{2}\cdot\dfrac{1}{\sqrt{3}}\begin{pmatrix}1\\-2\\1\end{pmatrix}$

$=\dfrac{1}{2}\begin{pmatrix}1\\0\\-1\end{pmatrix}\pm\dfrac{1}{2}\begin{pmatrix}1\\-2\\1\end{pmatrix}=\dfrac{1}{2}\begin{pmatrix}1\pm 1\\\mp 2\\-1\pm 1\end{pmatrix}$

で得られる(複号同順)とわかるので, P_1, P_2 の位置ベクトルは,

$\overrightarrow{\mathrm{OH}}+\dfrac{1}{2}\begin{pmatrix}1\pm 1\\\mp 2\\-1\pm 1\end{pmatrix}=\begin{pmatrix}2\\2\\2\end{pmatrix}+\begin{pmatrix}1\\-1\\0\end{pmatrix}\text{ or }\begin{pmatrix}2\\2\\2\end{pmatrix}+\begin{pmatrix}0\\1\\-1\end{pmatrix}$

従って, P_1, P_2 の座標は $(3,1,2)$, $(2,3,1)$ とわかる. ◼

おつかれさまでした.

◆2 内積についてのお話

数B 問題編

問題 5-2.1 難易度 ★

OA＝2，OB＝3，∠AOB＝60°の三角形 OAB の重心を G とする．$\theta = \angle AOG$ として，$\cos\theta$ の値を求めよ．

問題 5-2.2 難易度 ★★

各面が合同な三角形である四面体 OABC があり，辺の長さについて OA＝$\sqrt{5}$，OB＝$\sqrt{7}$，OC＝$2\sqrt{2}$ が成り立っている（右図参照）．

O から平面 ABC に下ろした垂線の足を H とするとき，3 つの三角形 ABH，BCH，CAH の面積の比を求めよ．

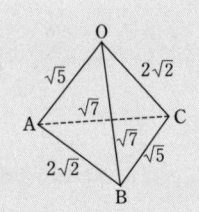

難易度 ★★

問題 5-2.3

正三角形 ABC の内部に，異なる 2 点 P, Q をとり，P から辺 BC, CA, AB に下ろした垂線の足をそれぞれ P_1, P_2, P_3, 同様に，Q から下ろした垂線の足をそれぞれ Q_1, Q_2, Q_3 とする．$s = P_1Q_1$, $t = P_2Q_2$, $u = P_3Q_3$ のうちの，ある 2 つの和は残る 1 つに等しいことを示せ．

第5章 ベクトル，図形

◇2 内積についてのお話

数B 解説編

　本稿では，ベクトルの内積についていろいろ観察してゆきたいと思います．その成り立ちからスタートして，機械的な使用法，図形的意味をからめた利用法，とみてゆきましょう．

§1 下心は「分配法則」

　まずは，ベクトルの内積がどのようにして「誕生」したのかを（数学的・歴史的経緯とは無関係に）みてゆきます．

　いま，私たちは「内積」なるものの存在など知らないものとして，2つのベクトル $\vec{a}$, $\vec{b}$ の間に「積」の演算を定義してみましょう．新たに積を定義するのですから，どのように定義しようと自由です．そこで，すこし「インチキな積」を定義してみましょう．

（インチキプラン）

$$\vec{a}, \vec{b} \text{ の積を } \vec{a}\,\vec{b} = |\vec{a}||\vec{b}| \text{ で定める．}$$

例えば，右図の様に $\vec{a}, \vec{b}$ をとるなら， 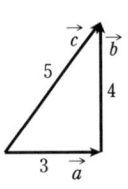
$$\vec{a}\,\vec{c} = 3\cdot 5 = 15,\ \vec{b}\,\vec{c} = 4\cdot 5 = 20$$
$$(\vec{a}+\vec{b})\vec{c} = 5\cdot 5 = 25$$
$$(\because \vec{a}+\vec{b} = \vec{c})$$

となります．

　このように積を定めるのは「どうぞご自由に」なのですが，具体例で見てみると少し不愉快です．この例では
$$(\vec{a}+\vec{b})\vec{c} \ne \vec{a}\,\vec{c} + \vec{b}\,\vec{c}$$
という，「積としては当然成り立って欲しい」法則が成り立たないからです（交換法則は成り立つのですが…）．他にもいろいろインチキプランを検討してみても，なかなか「分配法則」を満たす素敵な例がみつかりません．そこで，分配法則が成り立つことを最優先に，「ベクトルの積」を作ってみましょう．そう考えることで，

（惜しいプラン）

$$\vec{a}, \vec{b} \text{ の積を}$$
$$\vec{a}\,\vec{b} = |\vec{a}| \times \begin{pmatrix} \vec{b} \text{ の } \vec{a} \text{ への正射影ベクトル } \vec{b'} \\ \text{の大きさ} \end{pmatrix}$$
で定める．

というプランが出来上がります．少し興奮しませんか？

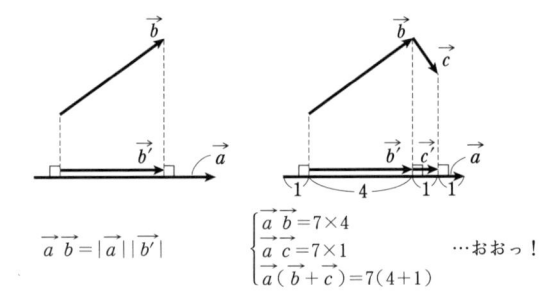

$$\vec{a}\,\vec{b} = |\vec{a}||\vec{b'}|$$

$$\begin{cases} \vec{a}\,\vec{b} = 7 \times 4 \\ \vec{a}\,\vec{c} = 7 \times 1 \\ \vec{a}(\vec{b}+\vec{c}) = 7(4+1) \end{cases} \cdots \text{おおっ！}$$

ほら，念願の「分配法則」が成り立ちそうでしょう？
　ところがだがしかし，この興奮はすぐに冷めてしまいます．そうです．下図のような場合に「うまくいかない」わけです．

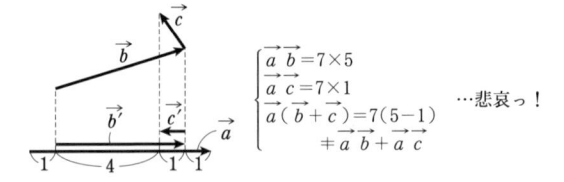

$$\begin{cases} \vec{a}\,\vec{b} = 7 \times 5 \\ \vec{a}\,\vec{c} = 7 \times 1 \\ \vec{a}(\vec{b}+\vec{c}) = 7(5-1) \\ \ne \vec{a}\,\vec{b} + \vec{a}\,\vec{c} \end{cases} \cdots \text{悲哀っ！}$$

冷静に考えれば当たり前で，
　「和の正射影ベクトルは正射影ベクトルの和」
は正しいのですが，
　「和の正射影ベクトルの大きさは，正射影ベクトルの大きさの和」
は成り立たないからです．
　そこで，後者が成り立つように，強引に「符号付き長さ」という概念を登場させましょう．

◇2 内積についてのお話

（定義）
$\vec{b}$ の $\vec{a}$ への正射影ベクトル $\vec{b'}$ の（$\vec{a}$ を基準とする）符号付き長さとは，$\vec{b'}$ と $\vec{a}$ が
　　同じ向きのとき… $|\vec{b'}|$
　　真逆の向きのとき… $-|\vec{b'}|$
と定義する．

例えば，$\vec{a}$，$\vec{b}$ が以下の（あ）（い）のような場合だと，$\vec{b}$ の $\vec{a}$ への正射影ベクトルの符号付き長さは
　　　　　　　（あ）6　（い）-6
となります．

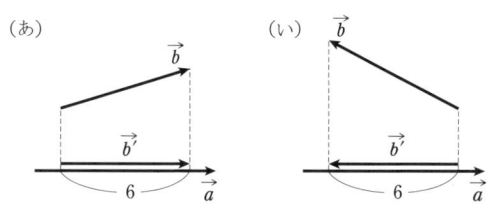

このとき，$\vec{b}$，$\vec{c}$ の，$\vec{a}$ への正射影ベクトルを $\vec{b'}$，$\vec{c'}$ と表わせば，$\vec{b'}+\vec{c'}$ の（$\vec{a}$ を基準とする）符号付き長さと，$\vec{b'}$，$\vec{c'}$ の符号付き長さの和が等しくなることはすぐに分かります．そして，$\vec{b'}+\vec{c'}$ は，とりもなおさず $\vec{b}+\vec{c}$ の $\vec{a}$ への正射影ベクトルです．（図は平面ベクトルについての説明ですが，空間になっても同様です．）

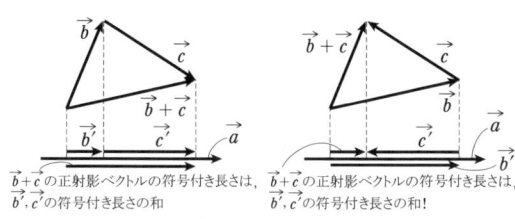

ゆえに，「惜しいプラン」の「$\vec{b'}$ の長さ」を，「$\vec{b'}$ の符号付き長さ」に変えることで，分配法則が成り立つ積の演算を手に入れることができそうです．

ようやく「まともな」積の定義をすることができました．われわれはそうして手に入れた積を「内積」と敬い，「・（ドット）」で表わしたのでした．

（内積の定義1）
$\vec{a}$，$\vec{b}$ の内積 $\vec{a}\cdot\vec{b}$ を
$$\vec{a}\cdot\vec{b}=|\vec{a}|\times\begin{pmatrix}\vec{b}\text{ の }\vec{a}\text{ への正射影ベクトルの}\\ \text{符号付き長さ}\end{pmatrix}$$
で定める．

少し考えることで，この定義は

（内積の定義2）
$\vec{a}\cdot\vec{b}=|\vec{a}||\vec{b}|\cos\theta$　（θ は $\vec{a}$，$\vec{b}$ の始点をそろえたときの，$\vec{a}$，$\vec{b}$ の成す角）

と同じであると分かります．$\vec{b'}$ の符号付き長さとは，$|\vec{b}|\cos\theta$ に他ならないからです．また，$\vec{a}$，$\vec{b}$ の成す角も，$\vec{b}$，$\vec{a}$ の成す角も同じですから，この第2の定義から，$\vec{a}\cdot\vec{b}=\vec{b}\cdot\vec{a}$（交換法則）の成立もわかります．

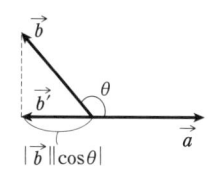

以上を踏まえて，成分ベクトル同士の内積についてはどうなるかを考えてみましょう．

$\vec{e_1}=\begin{pmatrix}1\\0\end{pmatrix}$, $\vec{e_2}=\begin{pmatrix}0\\1\end{pmatrix}$ とおきます．すると，$\vec{e_1}$ と $\vec{e_2}$ の成す角は $90°$ であるので
$$\vec{e_1}\cdot\vec{e_2}=\vec{e_2}\cdot\vec{e_1}=1\cdot 1\cdot\cos 90°=0$$
であり，また，自分自身との成す角は $0°$ であるので，
$$\vec{e_1}\cdot\vec{e_1}=\vec{e_2}\cdot\vec{e_2}=1\cdot 1\cdot\cos 0°=1$$
です．分配法則と交換法則の成立は既にみていますから，
$$\begin{pmatrix}p\\q\end{pmatrix}\cdot\begin{pmatrix}r\\s\end{pmatrix}=(p\vec{e_1}+q\vec{e_2})\cdot(r\vec{e_1}+s\vec{e_2})$$
$$=pr\underbrace{\vec{e_1}\cdot\vec{e_1}}_{=1}+ps\underbrace{\vec{e_1}\cdot\vec{e_2}}_{=0}+qr\underbrace{\vec{e_2}\cdot\vec{e_1}}_{=0}+qs\underbrace{\vec{e_2}\cdot\vec{e_2}}_{=1}$$

ゆえに，

（成分ベクトルの内積I）
$$\begin{pmatrix}p\\q\end{pmatrix}\cdot\begin{pmatrix}r\\s\end{pmatrix}=pr+qs$$

の成立が分かります．

同様に，3次元の成分ベクトル同士の内積も，
$$\vec{e_1}=\begin{pmatrix}1\\0\\0\end{pmatrix},\ \vec{e_2}=\begin{pmatrix}0\\1\\0\end{pmatrix},\ \vec{e_3}=\begin{pmatrix}0\\0\\1\end{pmatrix}$$
を用意しておけば，この3本はどれも大きさが1で，互いに直交しますから，$\vec{e_1}\cdot\vec{e_2}=\vec{e_2}\cdot\vec{e_3}=\vec{e_3}\cdot\vec{e_1}=0$，$\vec{e_1}\cdot\vec{e_1}=\vec{e_2}\cdot\vec{e_2}=\vec{e_3}\cdot\vec{e_3}=1$ です．
$$\begin{pmatrix}p\\q\\r\end{pmatrix}\cdot\begin{pmatrix}s\\t\\u\end{pmatrix}\text{ を }(p\vec{e_1}+q\vec{e_2}+r\vec{e_3})\cdot(s\vec{e_1}+t\vec{e_2}+u\vec{e_3})$$
とみて（分配法則，交換法則を用いて）計算することで，

第 5 章　ベクトル，図形

（成分ベクトルの内積Ⅱ）
$$\begin{pmatrix} p \\ q \\ r \end{pmatrix} \cdot \begin{pmatrix} s \\ t \\ u \end{pmatrix} = ps + qt + ru$$

が得られます.

以上が内積誕生の秘話で，このストーリィを追うことで，次のことが再確認できます.

・分配法則，交換法則が成立するので，
$$(\vec{a}+2\vec{b})\cdot(3\vec{a}+\vec{b}) = 3|\vec{a}|^2+\vec{a}\cdot\vec{b}+6\vec{b}\cdot\vec{a}+2|\vec{b}|^2$$
$$= 3|\vec{a}|^2+7\vec{a}\cdot\vec{b}+2|\vec{b}|^2$$

といったように，普通の文字式と同じような計算処理が可能になる.

・本来は「ベクトルと，ベクトルの影の積」という意味を持つ量が，座標平面上だと非常に容易な計算式で与えられる.

具体的な問題に，この 2 項目を活かしてみましょう.

▷注：$(k\vec{a})\cdot(l\vec{b})=kl(\vec{a}\cdot\vec{b})$ など，細かな性質の成立の確認は割愛しています.

▷注：むろん，交換法則，分配法則が成り立つような演算の取り決めは他にもいろいろあります.

§2　基本量がそろえば天下無敵

平面上の 2 つのベクトル $\vec{a}$，$\vec{b}$ に対して，$|\vec{a}|$，$|\vec{b}|$，$\vec{a}\cdot\vec{b}$ の 3 つの値を，$\vec{a}$，$\vec{b}$ の基本量といいます．同じように，空間内の 3 つのベクトル $\vec{a}$，$\vec{b}$，$\vec{c}$ に対しては，$|\vec{a}|$，$|\vec{b}|$，$|\vec{c}|$，$\vec{a}\cdot\vec{b}$，$\vec{b}\cdot\vec{c}$，$\vec{c}\cdot\vec{a}$ の 6 つの値を $\vec{a}$，$\vec{b}$，$\vec{c}$ の基本量といいます．内積計算については「文字式と同じように」扱え，その過程で登場する「もの」はここにあげた基本量のみですから，

　　　基本量が分かっていれば，計算は自由自在

となります．
具体例を見てみればその意味はすぐに分かるでしょう.

問題 5-2.1
　OA=2, OB=3, ∠AOB=60° の三角形 OAB の重心を G とする．$\theta=\angle AOG$ として，$\cos\theta$ の値を求めよ.

$\vec{a}=\overrightarrow{OA}$, $\vec{b}=\overrightarrow{OB}$ とおけば，$\vec{a}$，$\vec{b}$ の「基本量」は全て分かります．先ほど述べたことは，「基本量が分かれば終わったも同じ」ということでした.

まず，$|\vec{a}|=2$，$|\vec{b}|=3$，
$\vec{a}\cdot\vec{b}=2\cdot3\cdot\cos 60°=3$ で，
$$\overrightarrow{OG}=\frac{1}{3}(\overrightarrow{OO}+\overrightarrow{OA}+\overrightarrow{OB})$$
$$=\frac{1}{3}(\vec{a}+\vec{b})$$

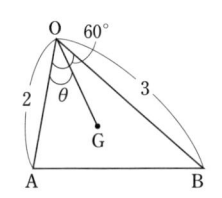

なので，
$$|\overrightarrow{OG}|^2=\frac{1}{9}(|\vec{a}|^2+2\vec{a}\cdot\vec{b}+|\vec{b}|^2)=\frac{19}{9}$$

ゆえに $|\overrightarrow{OG}|=\frac{\sqrt{19}}{3}$ であり，また
$$\vec{a}\cdot\overrightarrow{OG}=\frac{1}{3}\vec{a}\cdot(\vec{a}+\vec{b})=\frac{1}{3}(|\vec{a}|^2+\vec{a}\cdot\vec{b})=\frac{7}{3}$$

であるから，
$$\frac{7}{3}=|\vec{a}||\overrightarrow{OG}|\cos\theta=\frac{2\sqrt{19}}{3}\cos\theta$$

従って，$\cos\theta=\frac{7}{2\sqrt{19}}$ で，確かに「自由自在さ」がうかがえますね.

長さや角度を求めること以外であっても，いろいろと可能になることもあります．次の問題は，空間ベクトルとその基本運用を一通り見ることができるので，スラスラと解けるようになっておきたい一題です.

問題 5-2.2
　各面が合同な三角形である四面体 OABC があり，辺の長さについて
OA=$\sqrt{5}$, OB=$\sqrt{7}$,
OC=$2\sqrt{2}$ が成り立っている（右図参照）.
　O から平面 ABC に下ろした垂線の足を H とするとき，3 つの三角形 ABH，BCH，CAH の面積の比を求めよ.

あえて細かな誘導はつけないので，まずは自由に考えてみてください．その後で，「答え合わせ」を行ってみましょう.

解　$\overrightarrow{AO}=\vec{a}$, $\overrightarrow{AB}=\vec{b}$, $\overrightarrow{AC}=\vec{c}$ とおく．まず
$|\vec{a}|=\sqrt{5}$，$|\vec{b}|=2\sqrt{2}$，$|\vec{c}|=\sqrt{7}$ であり，
$|\overrightarrow{BO}|^2=|\vec{a}-\vec{b}|^2=7$ から $5+8-2\vec{a}\cdot\vec{b}=7$ が分かるので，
$2\vec{a}\cdot\vec{b}=6$　ゆえに $\vec{a}\cdot\vec{b}=3$ であり，同様に
$|\overrightarrow{CB}|^2=|\vec{b}-\vec{c}|^2=5$ から $\vec{b}\cdot\vec{c}=5$，$|\overrightarrow{OC}|^2=|\vec{c}-\vec{a}|^2=8$ から $\vec{c}\cdot\vec{a}=2$ が分かる.

$\overrightarrow{AH}=s\vec{b}+t\vec{c}$ とおくと,$\overrightarrow{OH}=-\vec{a}+s\vec{b}+t\vec{c}$ で,$\overrightarrow{OH}\perp$(平面 ABC)から $\overrightarrow{OH}\cdot\vec{b}=\overrightarrow{OH}\cdot\vec{c}=0$

$$\overrightarrow{OH}\cdot\vec{b}=-\vec{a}\cdot\vec{b}+s|\vec{b}|^2+t\vec{b}\cdot\vec{c}$$
$$\overrightarrow{OH}\cdot\vec{c}=-\vec{c}\cdot\vec{a}+s\vec{b}\cdot\vec{c}+t|\vec{c}|^2$$

なので,
$$-3+8s+5t=0,\ -2+5s+7t=0$$
この連立方程式を解けば,
$$s=\frac{11}{31},\ t=\frac{1}{31}$$

三角形 ABC に対して,点 H は図のような位置にあるので,三角形 ABC の面積を S とおけば,底辺を AB としたときの高さの比をみることで,三角形 ABH の面積は tS,同様に,底辺を AC とみれば,三角形 CAH の面積は sS と分かる.

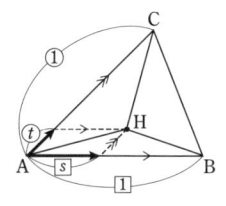

ゆえに,3 つの面積の比は
$$t:(1-s-t):s=\mathbf{1}:\mathbf{19}:\mathbf{11}$$
と分かる. 終

問題の文字にだまされて,$\overrightarrow{OA}$, $\overrightarrow{OB}$, $\overrightarrow{OC}$ の基本量を求めて,この 3 つを主役にするのはただ面倒なだけです.目的に最適な形で,基本量が容易に分かる(一次独立な)3 ベクトルを見出す習慣は身につけておきたいですね.

§3 図形的定義を利用する

もともとは,内積とは片方の大きさと,もう片方の影の符号付き長さの積,という形で作り出したのでした.
例えば,次のような場面ではこの見方が有効です.

> **問題**
> θ が $0\leqq\theta\leqq\pi$ を動くときの,$z=2\cos\theta+\sin\theta$ のとりうる値の範囲を求めよ.

「合成しちゃえばいいじゃん」というのも正しいのですが,$z=\begin{pmatrix}2\\1\end{pmatrix}\cdot\begin{pmatrix}\cos\theta\\\sin\theta\end{pmatrix}$ と見たほうが圧倒的にラクです.

$\begin{pmatrix}2\\1\end{pmatrix}$ への $\begin{pmatrix}\cos\theta\\\sin\theta\end{pmatrix}$ の正射影ベクトルの符号付き長さは,右図から $\theta=\pi$ で最小となり,また最大値は 1 と分かります.符号付き長さはその最大値と最小値の間をくまなく動くので,z の値域は

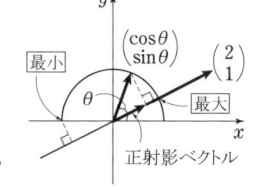

$$\begin{pmatrix}2\\1\end{pmatrix}\cdot\begin{pmatrix}\cos\pi\\\sin\pi\end{pmatrix}\leqq z\leqq\left|\begin{pmatrix}2\\1\end{pmatrix}\right|\cdot 1\iff-2\leqq z\leqq\sqrt{5}$$

と分かりますね.

では,次の問題はどうでしょうか?

> **問題 5-2.3**
> 正三角形 ABC の内部に,異なる 2 点 P,Q をとり,P から辺 BC,CA,AB に下ろした垂線の足をそれぞれ P_1,P_2,P_3,同様に,Q から下ろした垂線の足をそれぞれ Q_1,Q_2,Q_3 とする.
> $s=P_1Q_1$,$t=P_2Q_2$,$u=P_3Q_3$ のうちの,ある 2 つの和は残る 1 つに等しいことを示せ.

s,t,u は $\overrightarrow{PQ}$ の各辺への正射影ベクトルの「長さ」です.内積とからめたくなりますよね?

解 正三角形 ABC の一辺の長さを a とおく. 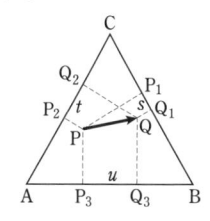
$\overrightarrow{BC}+\overrightarrow{CA}+\overrightarrow{AB}=\vec{0}$ であるので,
$(\overrightarrow{BC}+\overrightarrow{CA}+\overrightarrow{AB})\cdot\overrightarrow{PQ}=0$
従って,
$$\overrightarrow{BC}\cdot\overrightarrow{PQ}+\overrightarrow{CA}\cdot\overrightarrow{PQ}+\overrightarrow{AB}\cdot\overrightarrow{PQ}=0$$
であるから,$\overrightarrow{PQ}$ の $\overrightarrow{BC}$ への正射影ベクトルの符号付き長さを s',同様に,$\overrightarrow{CA}$,$\overrightarrow{AB}$ への正射影ベクトルの符号付き長さをそれぞれ t',u' とすれば,内積の定義から
$$\overrightarrow{BC}\cdot\overrightarrow{PQ}=as',\ \overrightarrow{CA}\cdot\overrightarrow{PQ}=at',\ \overrightarrow{AB}\cdot\overrightarrow{PQ}=au'$$
であるから,$a(s'+t'+u')=0$
$a\neq 0$ より,$s'+t'+u'=0$ である.

従って,s',t',u' のうち,0 以上のものと 0 以下のものが少なくとも一つずつはあるので,
(あ) $s'\geqq 0$,$t'\leqq 0$,$u'\leqq 0$ のとき
  $s'=s$,$t'=-t$,$u'=-u$ であるから $s=t+u$
(い) $s'\geqq 0$,$t'\geqq 0$,$u'\leqq 0$ のとき
  $s'=s$,$t'=t$,$u'=-u$ であるから $u=s+t$
その他の場合も,対称性から(あ)(い)のいずれかの場合と同様に考えることができるので,題意は示された. 終

こんなシンプルな問題にも活かせてしまうのですね.なんだか,内積ってかわいらしいって思いませんか?

第5章　ベクトル，図形

◆3 順番に動かせば

数B 問題編

問題 5-3.1

難易度 ★

半径が2の円Cと，一辺の長さが2の正方形Dがある．Cの周あるいは内部に点Pを，Dの周あるいは内部に点Qをとり，自由に動かすとき，線分PQの中点Mの存在範囲Wがどのような図形になるかを説明し，その面積を求めよ．

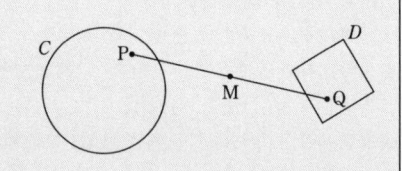

問題 5-3.2

難易度 ★

Oを定点，$\vec{a}, \vec{b}(\neq \vec{0})$ を平行でない定ベクトルとする．s が全実数を動き，t が $0 \leqq t \leqq 1$ を動くとき，$\overrightarrow{OP} = s\vec{a} + t\vec{b}$ なる点Pはどのような図形を描くか．

問題 5-3.3

一辺の長さが 1 の正三角形 D_1, D_2, D_3 を,どの二つも共有点を持たないように,かつどの 2 つも平行移動によってぴったり重なるように,平面上に配置し,点 P, Q, R を D_1, D_2, D_3 の周上で自由に動かす.三角形 PQR の重心 G の存在範囲を W とするとき,W の面積 S を求めよ.

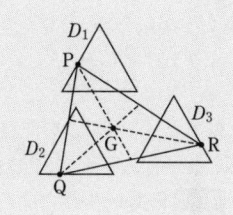

問題 5-3.4

a, b, c, d が 0 以上 1 以下の範囲を自由に動く.
(1) 点 $P(a+d, b+d, c+d)$ の存在範囲を W とするとき,W の体積 V を求めよ.
(2) 点 $Q(a+b, b+c, c+d)$ の存在範囲を W' とするとき,W' の体積 V' を求めよ.

第5章 ベクトル，図形

◇3 順番に動かせば

数B 解説編

本稿では，順序をつけて考える，をテーマに，さまざまな「点の存在範囲の問題」をみてゆきます．基本的な考え方の確認から，ちょっとした応用問題までを，幅広くとりあげましょう．

基本となるのは次の問題と，その考え方です．

> **問題 5-3.1** 半径が 2 の円 C と，一辺の長さが 2 の正方形 D がある．C の周あるいは内部に点 P を，D の周あるいは内部に点 Q をとり，自由に動かすとき，線分 PQ の中点 M の存在範囲 W がどのような図形になるかを説明し，その面積を求めよ．

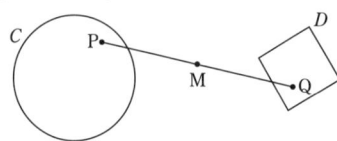

複数のものが同時に動くときは，まず

　　　動くものを減らす

のが定石です．例えば，Q を固定して（＝動かないようにして），P のみを C の内側で動かすことを考えるなら，その P が描く領域 W' は，単に Q を中心に，C の周および内部を $\frac{1}{2}$ 倍に相似拡大したものであることはすぐに理解できます．

相似拡大によって，中心は中心に移りますから，W' は，C の中心を C_0 とすれば，線分 C_0Q の中点 N' を中心とする，半径が 1 の円の内側となるわけです．

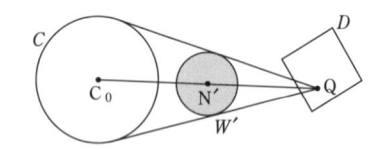

このように，Q を固定したときの M の描く図形を見たうえで，Q を動かすとどうなるでしょうか．

Q が D の内側を動くときの，N' の描く図形は，C_0 を中心に D の周および内部を $\frac{1}{2}$ 倍に相似拡大したもの D' です．従って，M の動く範囲 W は，D' の内側に中心を持つ，半径が 1 の円の周および内部の全体（半径 1 の円板を，その中心が D' の内側にあるように動かすときの円板の通過範囲）であるとわかります．

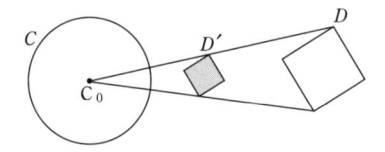

C や D の位置によらず，D' は一辺が 1 の正方形ですから，W を見やすい形で図示すると右図のような図形となり，その面積は，一辺の長さが 1 の正方形 5 つと，半径 1 の円を合わせたもので，$5+\pi$ と分かります．

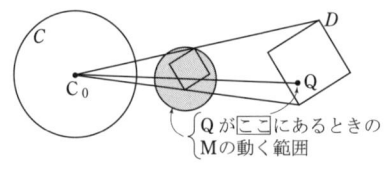

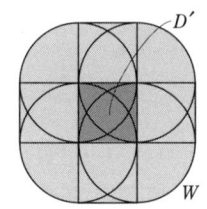

私たちは，複数の動くものを同時に観察することがとても不得手です．しかし，動くものが一つならば，それを観察することはたいていの場合は難しくありません．

この問題においては，「順々に動かして」考えることで，2 点の中点の動きをしっかりと捉えることができたわけです．

この問題でみた考え方を，いろいろな「点の存在範囲の問題」で味わうためには，実はこの問題を「あっさりと理解する」だけで十分です．

かったるいとお思いかもしれませんが，まずはじっくりとこの問題を「攻略」したいと思います．

§1 ベクトル表記は意外とラクで

抽象的に「固定する」というのは，思いのほかピンときにくいものでもあります．先ほどの問題において，「ほら，やさしいでしょう？」という雰囲気でお話をしはしましたが，そこまでスラスラと想像・考察できるかというと，果たしてどうでしょうか．

同じ考え方を，ベクトル表記を持ち出してやることは，物事をより見やすくしてくれます．その際に必要なものの見方は，

「$\vec{a}+\vec{b}$ とは，$\vec{a}$ だけ進んでその後 $\vec{b}$ 進む，ということ」

という理解です．どういうことかを理解していただくために，まず2, 3の軽い例を見ていただきましょう．

> **問題** O, A を定点，$\vec{b}(\neq \vec{0})$ を定ベクトルとする．s が全実数を動くとき，$\overrightarrow{OP}=\overrightarrow{OA}+s\vec{b}$ なる点 P はどのような図形を描くか．

結果が，A を通り，方向ベクトルが $\vec{b}$ である直線となることは（直線のパラメタ表示そのもの！）おわかりでしょうが，後の理解のために，これを次のように「順序をつけて」みることにしてみましょう．

まず，$\overrightarrow{OP}=s\vec{b}+\overrightarrow{OA}$ とみて，$\overrightarrow{OP'}=s\vec{b}$ なる点 P' の動きを見ます．これが，O を通り，方向ベクトルが $\vec{b}$ である直線 l' であることを見たうえで，$\overrightarrow{OP}=s\vec{b}+\overrightarrow{OA}$ を

「$\overrightarrow{OP}$ は，$s\vec{b}$ だけ進んで，その後 $\overrightarrow{OA}$ だけ進む」

と読むと，P は，P' を $\overrightarrow{OA}$ だけ平行移動したものと分かりますから，s が全実数を動くときの P の全体は，s が全実数を動くときの P' の全体を $\overrightarrow{OA}$ だけ平行移動したものです．結果と説明を併せて，図で表現すれば，次のようなイメージです．

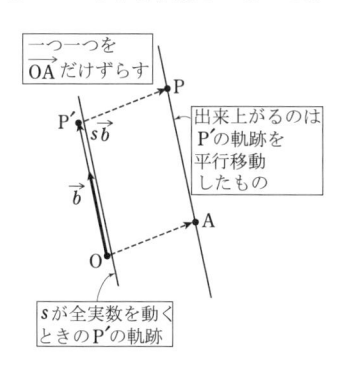

端的にいうならば，

「$\overrightarrow{OP}=s\vec{b}+\overrightarrow{OA}$ なる点の全体は，$\overrightarrow{OP'}=s\vec{b}$ なる点の全体である直線を $\overrightarrow{OA}$ だけ平行移動したもの．従って，〜なる直線を表わす」

となり，この簡潔な文章の意味がきちんと分かれば，

> **問題 5-3.2** O を定点，$\vec{a}, \vec{b}(\neq \vec{0})$ を平行でない定ベクトルとする．s が全実数を動き，t が $0\leq t\leq 1$ を動くとき，$\overrightarrow{OP}=s\vec{a}+t\vec{b}$ なる点 P はどのような図形を描くか．

も，次のようにあっさりと解決できるわけです．

解 $\overrightarrow{OP'}=s\vec{a}$ なる点 P' の描く図形は，O を通り，方向ベクトルが $\vec{a}$ の直線 l を表わす．これを $t\vec{b}$ だけ平行移動したものの全体が求めるべき図形で，図示すると右図の様になるから，題意の領域は「方向ベクトルが $\vec{a}$ の直線二つではさまれた帯状の領域」とわかる．■

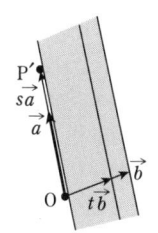

つまり，ベクトルの和を，「順序をつけて」みるとは，要は次の考え方のことだとまとめられます．

> **【考え方】**
> 基準点 O があり，A, B がそれぞれ領域 S, T 内を動くとき，$\overrightarrow{OP}=\overrightarrow{OA}+\overrightarrow{OB}$ なる点 P の動く領域は，O を T 上で動かすときに，それに応じて S が動く領域の全体を表わす．

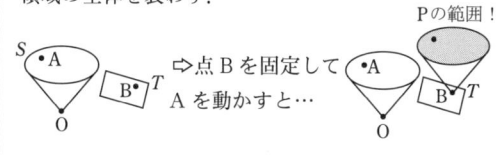

⇨ 点 B を固定して A を動かすと…

（基準点 O を，S に「ひもづけ」された「ほくろ」と思って，そのほくろを T 上で動かす，というイメージ！）

⇨ 点 B を動かしてこの領域を動かすと…

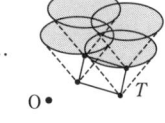

⇨ 見やすく図示すると…

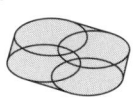

そして，これは「まず B を固定して A だけを動かせ．その後に B を動かせ」という考え方そのものでもあります．

次の問題で理解を深めましょう．

第5章 ベクトル，図形

問題 Oを定点とする．平面上のベクトル $\vec{a}, \vec{b}$ が，$|\vec{a}|=2, |\vec{b}|=1$ を満たして自由に動くとき，$\overrightarrow{OP}=\vec{a}+\vec{b}$ なる点Pの描く領域 W はどのような図形か．

先の考え方を用いるなら，次のような解答になります．

解 $\overrightarrow{OP}=\vec{b}$ なる点Pの表わす図形はOを中心とする半径1の円（周）である．$\overrightarrow{OP}=\vec{a}$ なる点Pの表わす図形は，Oを中心とする半径2の円 D であるから，求める領域は半径1の円を，その中心を D 上で動かすときに得られる通過領域で，図示すると右のような，Oを中心とする半径1の円と3の円にはさまれた領域とわかる．

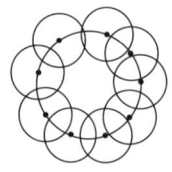

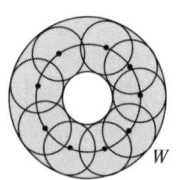

▷注 むろん，実際の答案では，「$\overrightarrow{OP}$ は $||\vec{a}|-|\vec{b}||\leq|\overrightarrow{OP}|\leq|\vec{a}|+|\vec{b}|$（三角不等式）を満たして自由に動くので，$W$ は図の様になる」程度で済ませて問題ありません．

準備が整ったところで，（実質的には同じ解答なのですが），ベクトルを持ち出した形で，先の問題 **5-3.1** の解答を見てみましょう．あっさりした形でさらりとまとめることができます．

解（あっさり）基準点Oをとれば，$\overrightarrow{OM}=\frac{1}{2}\overrightarrow{OP}+\frac{1}{2}\overrightarrow{OQ}$ であり，$\overrightarrow{OP'}=\frac{1}{2}\overrightarrow{OP}$ なる点P'は，Oを中心に C を $\frac{1}{2}$ 倍相似拡大した図形，即ち半径1の円板 C' を動き，$\overrightarrow{OQ'}=\frac{1}{2}\overrightarrow{OQ}$ なる点Q'は，Oを中心に D を $\frac{1}{2}$ 倍相似拡大した図形，即ち一辺の長さが1の正方形板 D' を動く．

Q'を動かすとき，C'の中心は一辺の長さが1の正方形板 D' 上を動くので，$\overrightarrow{OM}=\overrightarrow{OP'}+\overrightarrow{OQ'}$ なる点Mの描く図形は右図のようで，その面積は $5+\pi$ **終**

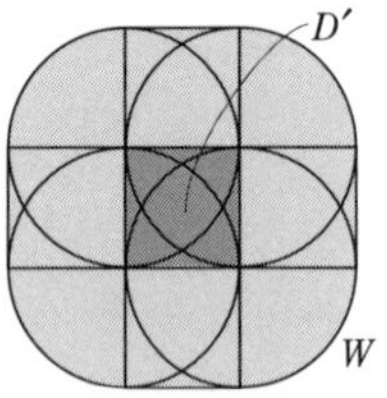

▷注 「〜〜板」という表現は，その図形の周上，および内部の両方を合わせたもの，という意味で用いています．

§2 応用問題になっても

では，以上の話を踏まえて，二つほど，問題に挑んでみることにしましょう．どのような方針を採るべきか，はあまり深く考えずに，まずは「解いてみる」ことを意識して，考えてみてください．

問題 5-3.3 一辺の長さが1の正三角形 D_1, D_2, D_3 を，どの二つも共有点を持たないように，かつどの2つも平行移動によってぴったり重なるように，平面上に配置し，点P, Q, Rを D_1, D_2, D_3 の周上で自由に動かす．三角形PQRの重心Gの存在範囲を W とするとき，W の面積 S を求めよ．

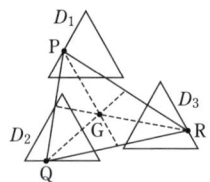

動くものが3つ以上になっても，順番に動かしてゆけばそう難しくはありません．どうでしたか？

解 D_1, D_2, D_3 の重心を G_1, G_2, G_3 とし，$\overrightarrow{G_1P}=\vec{p}, \overrightarrow{G_2Q}=\vec{q}, \overrightarrow{G_3R}=\vec{r}$ とおく．

このとき，三角形PQRの重心Gは，基準となる点Oを適当にとれば

$$\overrightarrow{OG}=\frac{1}{3}(\overrightarrow{OP}+\overrightarrow{OQ}+\overrightarrow{OR})$$
$$=\frac{1}{3}(\overrightarrow{OG_1}+\overrightarrow{OG_2}+\overrightarrow{OG_3})+\frac{1}{3}(\vec{p}+\vec{q}+\vec{r})$$

で表わされる．$\frac{1}{3}(\overrightarrow{OG_1}+\overrightarrow{OG_2}+\overrightarrow{OG_3})$ は定ベクトルであるから，$\overrightarrow{OG'}=\frac{1}{3}(\vec{p}+\vec{q}+\vec{r})$ なる点G'の存在範囲 W' を平行移動したものが W である．

$\overrightarrow{OX}=\vec{r}$ なる点Xは，Oを重心とする一辺の長さ1の正三角形を描くので，$\overrightarrow{OY}=\vec{q}+\vec{r}$ なる点Yは，図の様にOを重心とする一辺の長さが2の正三角形の周および内部を動く．

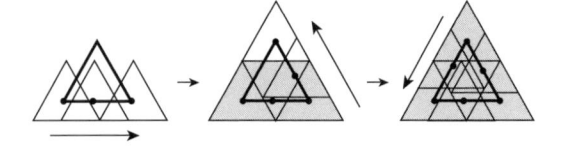

140

従って，$\vec{OZ}=\vec{p}+\vec{q}+\vec{r}$ なる点 Z は，図の様に O を重心とする一辺の長さが 3 の正三角形の周および内部を動くと分かる．

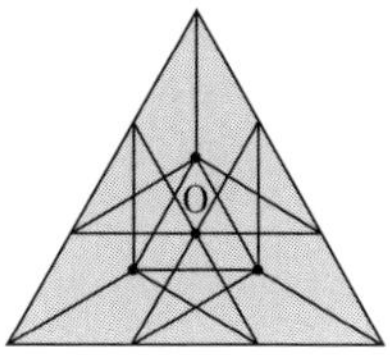

$\vec{OG'}=\dfrac{1}{3}\vec{OZ}$ であるから，W' はこの図形を O を中心に $\dfrac{1}{3}$ 倍相似拡大した図形．従って，S は，一辺の長さが 1 の正三角形の面積で，$S=\dfrac{\sqrt{3}}{4}$ である． 終

もう一つは，少しややこしい感じにしてみましょうか．

問題 5-3.4 a, b, c, d が 0 以上 1 以下の範囲を自由に動く．
(1) 点 P$(a+d, b+d, c+d)$ の存在範囲を W とするとき，W の体積 V を求めよ．
(2) 点 Q$(a+b, b+c, c+d)$ の存在範囲を W' とするとき，W' の体積 V' を求めよ．

同時に動かしてもぜんぜんピンと来ませんから，やはり順序をつけて文字（パラメタ）を順番に動かすイメージで参りましょう．なお，平行 6 面体は斜角柱でもあるので，（底面積）×（高さ）でその体積を求められます．

解 (1) P$'(a, b, c)$ の存在範囲は，$0\le a, b, c\le 1$ より，右図のような立方体 D の表面および内部となる． 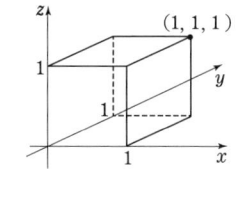
$\vec{OP}=\vec{OP'}+d\begin{pmatrix}1\\1\\1\end{pmatrix}$ であるから，

W は，この D の頂点 O を，点 $(0, 0, 0)$，$(1, 1, 1)$ を結ぶ線分上で動かすときの（向きは変えない），D の通過領域で，図のようとなる．

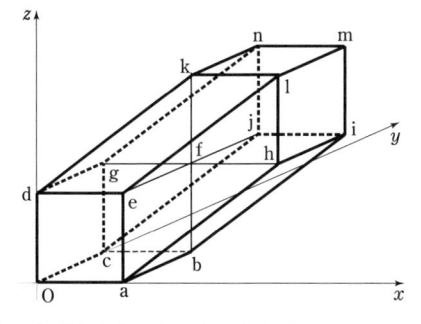

小文字で各頂点を表わすことにすれば，W は

（立方体 oabc-defg） ……………… ①
（平行 6 面体 abfe-himl） ……………… ②
（平行 6 面体 bcgf-ijnm） ……………… ③
（平行 6 面体 defg-klmn） ……………… ④

に分割できるから，それぞれの体積がいずれも 1 である（いずれも，底面積×高さ=1×1 で計算できる）ことより，$V=4$ とわかる．

⇨**注** ②は D の面 abfe が掃く領域，③は面 bcgf が掃く領域，④は面 defg が掃く領域，ということです．

(2) $\vec{OQ'}=\vec{OQ}-d\begin{pmatrix}0\\0\\1\end{pmatrix}=a\begin{pmatrix}1\\0\\0\end{pmatrix}+b\begin{pmatrix}1\\1\\0\end{pmatrix}+c\begin{pmatrix}0\\1\\1\end{pmatrix}$ なる

点 Q$'$ の存在範囲は，$\vec{a}=\begin{pmatrix}1\\0\\0\end{pmatrix}$, $\vec{b}=\begin{pmatrix}1\\1\\0\end{pmatrix}$, $\vec{c}=\begin{pmatrix}0\\1\\1\end{pmatrix}$ の張る平行 6 面体の表面および内部 E で，これを $d\begin{pmatrix}0\\0\\1\end{pmatrix}$ だけ平行移動するときに E が通過する領域が W' である．

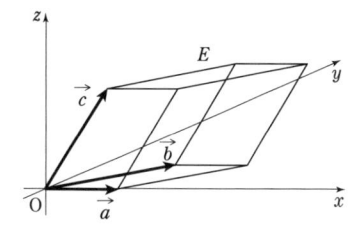

W' は，E の頂点に図の様に記号をふれば，

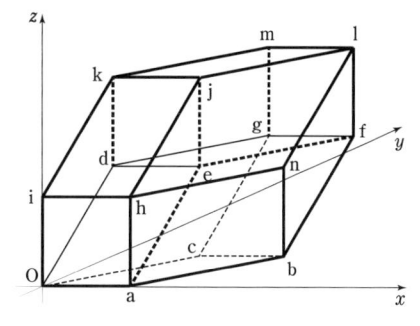

平行 6 面体 oabc-defg に，面 oaed の通過部分，面 defg の通過部分，面 abfe の通過部分を合わせたもので，それぞれの体積はいずれも底面積が 1，高さが 1 の平行六面体の体積と計算できるので，（平行 6 面体は，面 oabc を底面とみる．他の三つは，順に面 oahi, defg, aejh を底面とみる．），W' の体積は $1+1+1+1=4$ である． 終

一通り理解できたあとは，頭の中だけで流れを追ってみるとよいでしょう．順番に考えることは，暗算の世界でも効果を発揮することが実感できることかと思います．

◆4 外接円と内接円

数ⅠAⅡB
問題編

難易度 ★

問題 5-4.1

円に内接する四角形 ABCD は次の条件を満たしている．
∠BAD=120° ……………………………………………………………………①
AC と BD の交点を E とすると，BE：ED=3：4 ……………………………②
AB=1，DA=2 …………………………………………………………………③

（1） BC，CD の長さを求めよ．
（2） AC の長さを求めよ．
（3） 外接円の半径 R を求めよ．

難易度 ★★

問題 5-4.2

AB=6，BC=5，CA=4 の三角形 ABC の外接円の中心を D とする．
（1） $\overrightarrow{AD}=s\overrightarrow{AB}+t\overrightarrow{AC}$ を満たす実数 s，t を求めよ．
（2） 三角形 ABC を xy 平面の $y\geq 0$ で表わされる領域に，A=O(0, 0)，B(6, 0) となるように配置するとき，C の座標を求めよ．
（3） （2）のとき，D の座標を求めよ．

難易度 ★

問題 5-4.3

BC を斜辺とする直角三角形 ABC があり，BC の中点を D とする．三角形 ABD の内接円の半径を r_1，三角形 ACD の内接円の半径を r_2 とするとき，$m=\dfrac{r_2}{r_1}$ のとりうる値の範囲を求めよ．

◇4 外接円と内接円

5-4

チェック！

難易度 ★★

問題 5-4.4

半径 1 の球に外接する，底面が正方形で側面が合同な三角形である四角錐（正四角錐）の体積の最小値と，表面積の最小値を求めよ．

チェック！

難易度 ★★

問題 5-4.5

三角形 ABC の外接円の半径を R，内接円の半径を r とするとき，$R \geqq 2r$ であることを示せ．

チェック！

難易度 ★★★

問題 5-4.6

（1） AB=3，BC=5，CA=4 の三角形 ABC の辺 AB（両端を除く）上に点 P を，辺 BC，CA 上に点 Q，R を，∠PQR=90° を満たすようにとる．PR の長さの最小値を求めよ．

（2） 前問において，P，Q，R を∠PQR=45° を満たすようにとるなら，PR の長さの最小値はどうなるか．

第5章 ベクトル，図形

◇4 外接円と内接円

数ⅠAⅡB 解説編

本稿では，図形問題，とりわけ円の話題を中心に，さまざまな手法の確認から，ちょっとした論証法までを総点検してまいりたいと思います．センター試験のレベルから，幾何好きな国公立大学の問題レベルまでを，演習主体で一気に駆け抜けましょう．

§1 外接円

計量がらみの基本手法を確認する上では，次の問題が非常に教育的です．ウォーミングアップもかねて，やってみてください．

問題 5-4.1

円に内接する四角形 ABCD は次の条件を満たしている．

$\angle\mathrm{BAD}=120°$ ……………………… ①

AC と BD の交点を E とすると，

$\mathrm{BE}:\mathrm{ED}=3:4$ …………… ②

$\mathrm{AB}=1$，$\mathrm{DA}=2$ ……………………… ③

(1) BC，CD の長さを求めよ．
(2) AC の長さを求めよ．
(3) 外接円の半径 R を求めよ．

三角形 BAD が決まりますから，まずこれを描いてから，順次，外接円→E→C と図を描いてゆくとよいでしょう．

解 (1) $\mathrm{BC}=x$，$\mathrm{CD}=y$ とおく．まず，三角形 ABC と三角形 ADC の面積の比は，AC を底辺とみたときの高さの比が②より 3:4 であるので，
$(\triangle\mathrm{ABC}):(\triangle\mathrm{ADC})=3:4$ ……④
また，$\angle\mathrm{ABC}+\angle\mathrm{ADC}=180°$ なので，
$\sin\angle\mathrm{ABC}=\sin\angle\mathrm{ADC}$ …………… ⑤
従って，

$(\triangle\mathrm{ABC}):(\triangle\mathrm{ADC})$
$=\dfrac{1}{2}\mathrm{AB}\cdot\mathrm{BC}\cdot\sin\angle\mathrm{ABC}:\dfrac{1}{2}\mathrm{CD}\cdot\mathrm{DA}\cdot\sin\angle\mathrm{ADC}$
$=\mathrm{AB}\cdot\mathrm{BC}:\mathrm{CD}\cdot\mathrm{DA}=x:2y$

とわかるから，$x:2y=3:4 \Longleftrightarrow x:y=3:2$ ……⑥
また，三角形 BAD に余弦定理を用いれば
$\mathrm{BD}^2=1^2+2^2-2\cdot1\cdot2\cos120°=7$ ……………… ⑦
$\angle\mathrm{BAD}+\angle\mathrm{BCD}=180°$ より $\angle\mathrm{BCD}=60°$ だから，三角形 BCD に余弦定理を用いれば
$\mathrm{BD}^2=x^2+y^2-2xy\cos60°=x^2+y^2-xy$ ……… ⑧

⑦，⑧より，$7=x^2+y^2-xy$ で，⑥より $y=\dfrac{2}{3}x$ だから，

$x^2+\dfrac{4}{9}x^2-\dfrac{2}{3}x^2=7 \Longleftrightarrow x^2=9$

従って，$x=\mathrm{BC}=\mathbf{3}$，$y=\mathrm{CD}=\mathbf{2}$ とわかる．

(2) $\angle\mathrm{ABC}=\theta$ とおくと，$\angle\mathrm{ADC}=180°-\theta$ だから
$\cos\angle\mathrm{ADC}=-\cos\theta$ ……………… ⑨
従って，三角形 ABC と三角形 ADC に余弦定理を用いて AC^2 を 2 通りに表わせば，
$\mathrm{AC}^2=1^2+3^2-2\cdot1\cdot3\cos\theta=2^2+2^2-2\cdot2\cdot2(-\cos\theta)$
整理して
$\mathrm{AC}^2=10-6\cos\theta=8+8\cos\theta$ ……… ⑩

であるから，(中辺)＝(右辺)より $\cos\theta=\dfrac{1}{7}$ ……… ⑪

従って，$\mathrm{AC}^2=10-\dfrac{6}{7}=\dfrac{64}{7}$ から，$\mathrm{AC}=\dfrac{\mathbf{8}}{\sqrt{\mathbf{7}}}$

(3) 三角形 BAD に正弦定理を用いれば，⑦より
$\mathrm{BD}=\sqrt{7}$ なので $\dfrac{\mathrm{BD}}{\sin\angle\mathrm{BAD}}=\dfrac{2\sqrt{7}}{\sqrt{3}}=2R$ …………⑫

従って，$R=\dfrac{\sqrt{7}}{\sqrt{3}}=\dfrac{\sqrt{\mathbf{21}}}{\mathbf{3}}$ とわかる． 終

確認すべきポイントをまとめれば，

- ②から④が得られる
- 「向かい合う角の和が 180°」の性質は，⑤や⑨の形で使える
- ⑤や⑨から，⑥や⑩，⑪が得られる
- 外接円半径と辺の長さの結びつけは「正弦定理」（⑫）

144

で，これらは「基本中の基本」として身につけておきたい事柄でもあります．

次は，外心の位置を得る手法の確認です．

問題 5-4.2

AB=6，BC=5，CA=4 の三角形 ABC の外接円の中心を D とする．
（1） $\overrightarrow{AD}=s\overrightarrow{AB}+t\overrightarrow{AC}$ を満たす実数 s，t を求めよ．
（2） 三角形 ABC を xy 平面の $y\geq 0$ で表わされる領域に，A=O(0, 0)，B(6, 0) となるように配置するとき，C の座標を求めよ．
（3） （2）のとき，D の座標を求めよ．

（3）のみならず，（2）でも（1）での過程を活かしたいところです．（1）においての，以下の手法は「定石の手法」として身につけておきたい事柄ですね．

解 簡単のため，
$\vec{b}=\overrightarrow{AB}$，$\vec{c}=\overrightarrow{AC}$ とおく．
このとき，$|\vec{b}|=6$，$|\vec{c}|=4$
で，$|\vec{b}-\vec{c}|=|\overrightarrow{CB}|=5$ より
$|\vec{b}-\vec{c}|^2=|\vec{b}|^2+|\vec{c}|^2-2\vec{b}\cdot\vec{c}=36+16-2\vec{b}\cdot\vec{c}=25$
なので，$\vec{b}\cdot\vec{c}=\dfrac{27}{2}$ である．

（1） D から AB，AC に下ろした垂線の足 M，N は，それぞれの辺の中点であるから，
$\overrightarrow{AD}\cdot\vec{b}=(\overrightarrow{AM}+\overrightarrow{MD})\cdot\vec{b}=\overrightarrow{AM}\cdot\vec{b}$ （∵ $\overrightarrow{MD}\cdot\vec{b}=0$）
$=\dfrac{1}{2}|\vec{b}|^2=18$

同様に，$\overrightarrow{AD}\cdot\vec{c}=\dfrac{1}{2}|\vec{c}|^2=8$

$\overrightarrow{AD}=s\vec{b}+t\vec{c}$ なので，
$\overrightarrow{AD}\cdot\vec{b}=s|\vec{b}|^2+t\vec{b}\cdot\vec{c}=36s+\dfrac{27}{2}t=18$ ………①

$\overrightarrow{AD}\cdot\vec{c}=s\vec{b}\cdot\vec{c}+t|\vec{c}|^2=\dfrac{27}{2}s+16t=8$ ………②

①，②を解いて，$s=\dfrac{16}{35}$，$t=\dfrac{4}{35}$

（2） C(p, q)（$q\geq 0$）とおくと，$\vec{b}=\begin{pmatrix}6\\0\end{pmatrix}$，$\vec{c}=\begin{pmatrix}p\\q\end{pmatrix}$

ここに，$|\vec{c}|^2=16$，$\vec{b}\cdot\vec{c}=\dfrac{27}{2}$ より

$p^2+q^2=16$ …………③，$6p=\dfrac{27}{2}$ …………④

③，④と $q\geq 0$ より，$p=\dfrac{9}{4}$，$q=\dfrac{5\sqrt{7}}{4}$ がわかるので，

C$\left(\dfrac{9}{4}, \dfrac{5\sqrt{7}}{4}\right)$

（3） $\overrightarrow{OD}=\overrightarrow{AD}$
$=\dfrac{4}{35}(4\vec{b}+\vec{c})=\dfrac{4}{35}\left\{4\begin{pmatrix}6\\0\end{pmatrix}+\dfrac{1}{4}\begin{pmatrix}9\\5\sqrt{7}\end{pmatrix}\right\}=\dfrac{1}{35}\begin{pmatrix}105\\5\sqrt{7}\end{pmatrix}$

従って，D$\left(3, \dfrac{\sqrt{7}}{7}\right)$ とわかる．

（3）は，AB，AC の垂直二等分線の式を求め，その交点として計算してもよいですが，今回のような素直な点の配置以外の場合だと苦戦することになりますから，ベクトルのフル活用の手筋はやはり身につけておいたほうが無難でしょう．

§2 内接円

やはり，計量の基本確認は次の一題で十分でしょう．2 通りの方針を示しますが，なにはともあれ，まずは手をつけてみてください．

問題 5-4.3

BC を斜辺とする直角三角形 ABC があり，BC の中点を D とする．三角形 ABD の内接円の半径を r_1，三角形 ACD の内接円の半径を r_2 とするとき，

$m=\dfrac{r_2}{r_1}$ のとりうる値の範囲を求めよ．

考える対象が比ですから，斜辺の長さを 1 として考えて問題ありません．以下，BC=1 のもとでの解答です．

解 1 三角形 ABD の内心を I とし，∠ABC=θ（$0°<\theta<90°$）とする．このとき，AB=$\cos\theta$，AC=$\sin\theta$ で，D は直角三角形の斜辺の中点だから，
DA=DB=DC=$\dfrac{1}{2}$

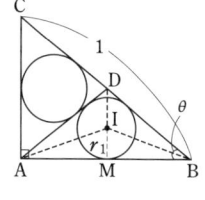

$(\triangle ABD)=\dfrac{1}{2}r_1(AB+BD+DA)$ ……① と

$(\triangle ABD)=\dfrac{1}{2}AB\cdot AC\cdot\dfrac{1}{2}=\dfrac{1}{4}\cos\theta\sin\theta$ から，
$2r_1(1+\cos\theta)=\cos\theta\sin\theta$

同様に，三角形 ACD の面積を 2 通りに表わすことで，
$2r_2(1+\sin\theta)=\cos\theta\sin\theta$

を得るから, $m = \dfrac{r_2}{r_1} = \dfrac{1+\cos\theta}{1+\sin\theta}$ ....②

$0°<\theta<90°$ においては,②の分母分子は正であり,分子は単調減少,分母は単調増加だから,m は θ について単調減少である.従って,θ を $0°<\theta<90°$ で動かすときの m の値域は $\dfrac{1+\cos 90°}{1+\sin 90°} < m < \dfrac{1+\cos 0°}{1+\sin 0°} \iff \dfrac{1}{2} < m < 2$

解 2 三角形 ABD の内心を I とし,$\angle ABI = \varphi$ ($0°<\varphi<45°$) とする.このとき $\angle ABC = 2\varphi$ であるから,AB の中点を M とすれば $BM = \dfrac{1}{2}\cos 2\varphi$ である.

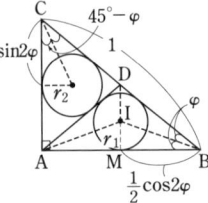

従って,$r_1 = IM = BM\tan\varphi = \dfrac{\cos 2\varphi \tan\varphi}{2}$

同様に考えれば,$\angle ACB = 90° - 2\varphi$ からは

$r_2 = \dfrac{\sin 2\varphi \tan(45° - \varphi)}{2}$ が得られるので,

$m = \dfrac{r_2}{r_1} = \dfrac{\sin 2\varphi \tan(45° - \varphi)}{\cos 2\varphi \tan\varphi}$

$= \tan 2\varphi \times \dfrac{1}{\tan\varphi} \times \dfrac{1-\tan\varphi}{1+\tan\varphi}$

ここに,$\tan 2\varphi = \dfrac{2\tan\varphi}{1-\tan^2\varphi}$ なので,$m = \dfrac{2}{(1+\tan\varphi)^2}$

$0°<\varphi<45°$ においては,分母は正で,かつ φ について単調増加であるから,m は φ について単調減少.従って m の値域は

$\dfrac{2}{(1+\tan 45°)^2} < m < \dfrac{2}{(1+\tan 0°)^2} \iff \dfrac{1}{2} < m < 2$ ■

内接円の半径は「面積を2通りに表わして」が基本(①式に相当)ですが,「内心の扱い」という話になると,「半角を主役に」も基本となります.この問題においては,解2は「やや大げさ」な感もありますが,

問題 図において,三角形 ABC の周の長さ L を求めよ.

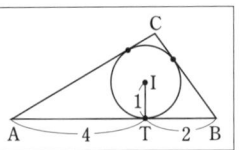

なら,$\angle IAB = \alpha$,$\angle IBA = \beta$ を主役にすれば,

$\angle ICA = \dfrac{180° - 2\alpha - 2\beta}{2} = 90° - (\alpha + \beta)$

から $T_1C = T_2C = \tan(\alpha + \beta)$ と計算できる展開になります.し(答は $L = \dfrac{96}{7}$),次のよう

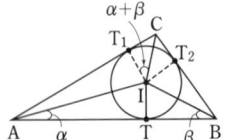

な問題でも,パラメタの設定の仕方に苦慮することがありません.

困ったときは角をパラメタに

の標語と同等に,

内接円がらみは半角をパラメタに

も頭に入れておきましょう.

問題 5-4.4
半径1の球に外接する,底面が正方形で側面が合同な三角形である四角錐(正四角錐)の体積の最小値と,表面積の最小値を求めよ.

断面に「内接円」が登場するように切断しましょう.

解 底面の正方形を ABCD とし,錐の頂点を P とする.

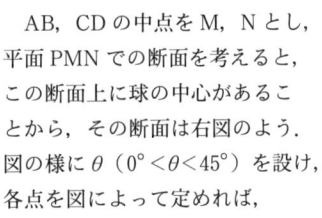

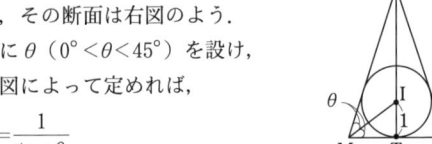

AB,CD の中点を M,N とし,平面 PMN での断面を考えると,この断面上に球の中心があることから,その断面は右図のよう.図の様に θ ($0°<\theta<45°$) を設け,各点を図によって定めれば,

$MT = \dfrac{1}{\tan\theta}$

$TP = MT\tan 2\theta = \dfrac{1}{\tan\theta} \times \dfrac{2\tan\theta}{1-\tan^2\theta} = \dfrac{2}{1-\tan^2\theta}$

従って,四角錐は底面が一辺 $2MT = \dfrac{2}{\tan\theta}$ の正方形で,高さが $\dfrac{2}{1-\tan^2\theta}$ の錐とわかるから,その体積 V は

$V = \dfrac{1}{3}\left(\dfrac{2}{\tan\theta}\right)^2 \dfrac{2}{1-\tan^2\theta} = \dfrac{8}{3\left\{-\left(\tan^2\theta - \dfrac{1}{2}\right)^2 + \dfrac{1}{4}\right\}}$

これは $\tan\theta = \dfrac{1}{\sqrt{2}}$ (このとき $0°<\theta<45°$)で最小値 $\dfrac{32}{3}$ をとるとわかる.また,側面の底面への正射影は正方形 ABCD であり,各側面と底面の成す角は 2θ であるから,側面積は $\dfrac{1}{\cos 2\theta} \times$ (正方形 ABCD) である.

ゆえに,四角錐の表面積は

$S = \left(1 + \dfrac{1}{\cos 2\theta}\right) \times \left(\dfrac{2}{\tan\theta}\right)^2$

$= \left(1 + \dfrac{1}{2\cos^2\theta - 1}\right) \times \dfrac{4}{\tan^2\theta}$

ここに，$\cos^2\theta = \dfrac{1}{1+\tan^2\theta}$ であるから，$\tan^2\theta = t$ とおけば

$$S = \left(1 + \dfrac{1+t}{1-t}\right) \times \dfrac{4}{t} = \dfrac{8}{t(1-t)} = \dfrac{8}{-\left(t-\dfrac{1}{2}\right)^2 + \dfrac{1}{4}}$$

これは，$t = \dfrac{1}{2}$（このとき $\tan\theta = \dfrac{1}{\sqrt{2}}$ で $0° < \theta < 45°$）で最小値 32 をとる．　🔚

▷注　成す角が φ の 2 平面 $\alpha,\ \beta$ について，α 上の図形 D_1 の β への正射影 D_2 の面積は，D_1 の面積の $\cos\varphi$ 倍となります．解答ではこの事実を用いましたが，$PM = \dfrac{1}{\cos 2\theta \tan\theta}$ から直接側面積を求めても何ら問題ありません．

§3 外接円と内接円

三角形の内接円は，一方で

三角形の各辺と共有点を持つ，
最小の円

という見方をすることができます．最後は，この「ものの見方」が効果的な 2 題をみておしまいにしましょう．

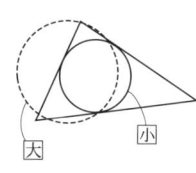

問題 5-4.5
三角形 ABC の外接円の半径を R，内接円の半径を r とするとき，$R \geqq 2r$ であることを示せ．

上述の「ものの見方」を活かすことを考えます．示すべき式は $r \leqq \dfrac{R}{2}$ ですから，三角形の各辺と共有点を持つ，半径 $\dfrac{R}{2}$ の円が必ず存在することがいえれば十分です．

🖋 解　辺 BC，CA，AB の中点をそれぞれ L，M，N とおけば，中点連結定理より $LM = \dfrac{1}{2}AB$，$MN = \dfrac{1}{2}BC$，$NL = \dfrac{1}{2}CA$

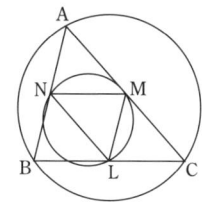

従って，三角形 ABC と三角形 LMN は相似（∵ 三辺比相等）であり，相似比は 2：1 だから，三角形 LMN の外接円 D の半径は $\dfrac{R}{2}$ である．D は三角形 ABC の各辺と共有点を持つ円であり，そのような円で最小なものは三角形 ABC の内接円であるから，$r \leqq \dfrac{R}{2}$

ゆえに $R \geqq 2r$ を得る．　🔚

問題 5-4.6
（1）AB=3，BC=5，CA=4 の三角形 ABC の辺 AB（両端を除く）上に点 P を，辺 BC，CA 上に点 Q，R を，$\angle PQR = 90°$ を満たすようにとる．PR の長さの最小値を求めよ．
（2）前問において，P，Q，R を $\angle PQR = 45°$ を満たすようにとるなら，PR の長さの最小値はどうなるか．

$\angle PQR$ と PR の長さを結びつけるものは「あれ」で，さらに，問題文に登場していない「なにか」を介在させて考える必要があります．

🖋 解　三角形 PQR の外接円 D の半径を R とすれば，正弦定理から $2R = \dfrac{PR}{\sin \angle PQR}$ である．

（1）$\angle PQR + \angle PAR = 180°$ であるから，D は点 A を必ず通る．D は Q を通るので，A から BC に下ろした垂線 AH の長さを h とすれば，

$$2R \geqq AQ \geqq h = \dfrac{12}{5}$$

（h は $2(\triangle ABC) = 3 \times 4 = 5 \times h$ から求められる．）

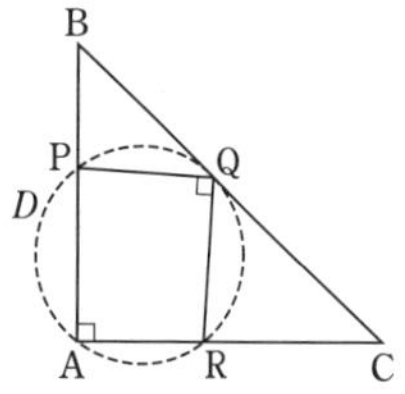

全ての等号は，Q=H，PQ⊥AB，QR⊥AC のときに成り立つので，PR=2R の最小値は $\dfrac{12}{5}$ とわかる．

（2）$PR = \sqrt{2}R$ であり，三角形 PQR の外接円は三角形 ABC の各辺と共有点を持つ円なので，R は三角形 ABC の内接円の半径 r 以上である．ゆえに，$R = r$ となりえるなら，求めるべき最小値は $\sqrt{2}r$ である．

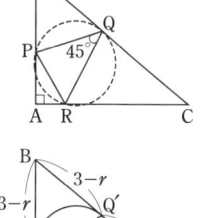

ここに，三角形 ABC の内接円と辺 AB，BC，CA との接点を P'，Q'，R' とし，三角形 ABC の内心を I とすれば，$\angle P'IR' = 90°$ より $\angle P'Q'R' = 45°$ であるから，実際 $R = r$ となりえる．四角形 AP'IR' が正方形であることから，BP' = BQ' = 3−r，CR' = CQ' = 4−r なので，

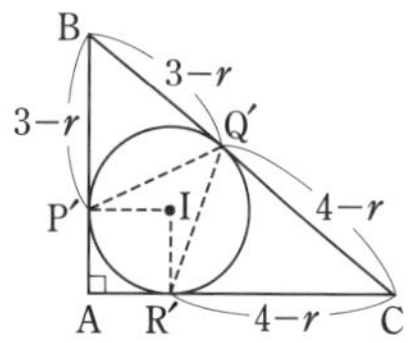

$$BC = 5 = (3-r) + (4-r) \quad \therefore\ r = 1$$

以上から，求めるべき最小値は $\sqrt{2}r = \sqrt{2}$ とわかる．　🔚

▷注　$\angle PQR$ を一般の角で固定すると煩雑な計算が必要になります．

第6章 方程式，不等式，数IIの微積分

◇1 解と係数の蜜な関係

数II
問題編

問題 6-1.1
x の2次方程式 $5x^2+17x+3=0$ の2解を α, β とする．
$\dfrac{1}{\alpha}$, $\dfrac{1}{\beta}$ を解にもつ x の整数係数の2次方程式を一つ作れ．

難易度 ★

問題 6-1.2
x の3次方程式 $x^3-2x^2+3x-7=0$ の3つの解を α, β, γ とするとき，次の式の値を求めよ．
(1) $\alpha^2+\beta^2+\gamma^2$
(2) $\alpha^2\beta^2+\beta^2\gamma^2+\gamma^2\alpha^2$
(3) $\alpha^3+\beta^3+\gamma^3$

難易度 ★

問題 6-1.3
$t^2-5t+3=0$ の2解を α, β とし，$a_n=\alpha^n+\beta^n$ とする．ただし n は整数とする．
(1) a_{n+2} を a_{n+1}, a_n で表わせ．
(2) a_5 を計算せよ．
(3) $a_{5n}=b_n$ とする．b_{n+2} を b_{n+1}, b_n で表わせ．

難易度 ★★

問題 6-1.4

$y=f(x)=x^3+2x^2-2x$ のグラフを C とし，x の方程式 $f(x)=k\ \cdots *$ は3つの実数解 α，β，γ（$\alpha \leqq \beta \leqq \gamma$）を持つとする．

(1) $\alpha=\beta$ のとき，γ の値を求めよ．

(2) $u=\alpha\beta-4\gamma$ のとりうる値の範囲を求めよ．必要ならば，$\sqrt{10}=3.162\cdots$ であることを用いてよい．

問題 6-1.5

x の方程式 $x^4+ax^3+bx^2+cx+d=0$ が4重解 β を持つ．

(1) a，b が整数であるとき，c，d も整数であることを示せ．

(2) b，c が整数であるとき，a，d も整数であるとはいえるか．

問題 6-1.6

n を2以上の整数とし，
$$f(x)=x^n+2x^{n-1}+3x^{n-2}+\cdots+(k+1)x^{n-k}+\cdots+nx+(n+1)$$
とする．

$f(x)=0$ が相異なる n 個の実数解を持つことはない．そのことを示せ．

第6章 方程式，不等式，数Ⅱの微積分

◇1 解と係数の蜜（みつ）な関係

数Ⅱ
解説編

本稿では，解と係数の関係についてを探求したいと思います．教科書的には，解と係数の関係といえば

【2次方程式の解と係数の関係】

x の方程式 $x^2-ax+b=0$ の2解を α，β とするとき，
$$\begin{cases} a=\alpha+\beta \\ b=\alpha\beta \end{cases} \cdots\cdots ☆$$
であり，逆に α，β を解にもつ x の2次方程式の一つは，☆で定められる a，b を用いて $x^2-ax+b=0$ で与えられる．

【3次方程式の解と係数の関係】

x の方程式 $x^3-ax^2+bx-c=0$ の3解を α，β，γ とするとき，
$$\begin{cases} a=\alpha+\beta+\gamma \\ b=\alpha\beta+\beta\gamma+\gamma\alpha \\ c=\alpha\beta\gamma \end{cases} \cdots\cdots ☆☆$$
であり，逆に α，β，γ を解にもつ x の3次方程式の一つは，☆☆で定められる a，b，c を用いて $x^3-ax^2+bx-c=0$ で与えられる．

の二つのことを指しますが，

【事実】

x の n 次多項式 $f(x)$ は，複素数 α_1，α_2，$\cdots$，α_n，A を用いて
$$f(x)=A(x-\alpha_1)(x-\alpha_2)\cdots\cdots(x-\alpha_n)$$
の形で表せる．

を認めるならば，4次以上の方程式に対しても，解と係数の関係，あるいはそれと同等の考え方をすることが可能になります．

まずは，2次，3次の解と係数の関係の，知っておきたい用い方をいろいろと確かめた上で，4次以上のもの

も味わってみたいと思います．

では，参りましょう．

⇨注【事実】の厳密な証明は，高校数学の範囲を超えますが，$n=2$ の場合，および係数が実数の場合の $n=3$ の場合についてはみなさんの持つ道具で，十分証明が可能です．興味のある人は，証明を試みてください．

§1 基本的な運用

2次方程式の場合，解の公式によって解を具体的に求めることが可能なので，解と係数の関係に頼らざるを得ないケースはそうは多くはありません．例えば，次のような「ちょっとしたこと」に利用するケースが基本的でしょう．

問題 6-1.1 x の2次方程式 $5x^2+17x+3=0$ の2解を α，β とする．

$\dfrac{1}{\alpha}$，$\dfrac{1}{\beta}$ を解にもつ x の整数係数の2次方程式を一つ作れ．

解の公式で α，β を求めると，$\dfrac{-17\pm\sqrt{229}}{10}$ となるので，まともにゆくのは「みかんの薄皮をむく」ようにちょっぴり面倒ですが，解と係数の関係が，見事に皮むき器の役割を果たしてくれますね．

解 解と係数の関係より，$\alpha+\beta=-\dfrac{17}{5}$，$\alpha\beta=\dfrac{3}{5}$ であるから，$\dfrac{1}{\alpha}+\dfrac{1}{\beta}=\dfrac{\alpha+\beta}{\alpha\beta}=-\dfrac{17}{3}$，$\dfrac{1}{\alpha}\cdot\dfrac{1}{\beta}=\dfrac{1}{\alpha\beta}=\dfrac{5}{3}$

従って，解と係数の関係より，
$$x^2+\dfrac{17}{3}x+\dfrac{5}{3}=0 \Longleftrightarrow \boldsymbol{3x^2+17x+5=0}$$

が求めるべき2次方程式の一つである．■

みかんの皮は，別に器械がなくともむくことは可能です．この問題の場合も，素直に $\dfrac{1}{\alpha}$，$\dfrac{1}{\beta}$ を

150

$$\frac{10}{-17\pm\sqrt{229}}=\frac{10(-17\mp\sqrt{229})}{60}=\frac{-17\mp\sqrt{229}}{6}$$

と求め，$ax^2+bx+c=0$ の a, b, c にあたるものを

$$6=2a,\ 17=b,\ b^2-4ac=229$$

から求めて，特に問題はありません．やや面倒に思うくらいです．ところが，3次方程式となると話が大きく変わってきます．私たちは，融通の利く3次方程式の解の公式を持ち合わせていませんから．

問題 6-1.2 x の 3 次方程式 $x^3-2x^2+3x-7=0$ の3つの解を α, β, γ とするとき，次の式の値を求めよ．
(1) $\alpha^2+\beta^2+\gamma^2$
(2) $\alpha^2\beta^2+\beta^2\gamma^2+\gamma^2\alpha^2$
(3) $\alpha^3+\beta^3+\gamma^3$

解と係数の関係から分かるものは，

$$A=\alpha+\beta+\gamma=2$$
$$B=\alpha\beta+\beta\gamma+\gamma\alpha=3$$
$$C=\alpha\beta\gamma=7$$

の3つです．α, β, γ を求めようとしたところで，うまくは求められませんから，この3つの結果を利用することを考える以外に手はありません．

解 （1） $\alpha^2+\beta^2+\gamma^2=A^2-2B=2^2-6=-2$

(2) $\alpha^2\beta^2+\beta^2\gamma^2+\gamma^2\alpha^2$
$=(\alpha\beta+\beta\gamma+\gamma\alpha)^2-2\alpha\beta\gamma(\alpha+\beta+\gamma)$
$=B^2-2AC=9-28=-19$

(3) $\alpha^3+\beta^3+\gamma^3-3\alpha\beta\gamma$
$=(\alpha+\beta+\gamma)(\alpha^2+\beta^2+\gamma^2-\alpha\beta-\beta\gamma-\gamma\alpha)$

より，

$$\alpha^3+\beta^3+\gamma^3=3C+A(A^2-3B)$$
$$=21+2(4-9)=\mathbf{11}$$

頼らざるを得ないのが解と係数の関係であるのならば，さまざまなアプローチを持っておくべきでしょう．このようなスタンダードな手法に加えて，次のような別法も常識としておくとよろしい．

別解 （1） $\alpha+\beta+\gamma=2$ だから，
$\alpha^2+\beta^2+\gamma^2=\alpha(2-\beta-\gamma)+\beta(2-\gamma-\alpha)+\gamma(2-\alpha-\beta)$
$=2(\alpha+\beta+\gamma)-2(\alpha\beta+\beta\gamma+\gamma\alpha)$
$=2\cdot2-2\cdot3=\mathbf{-2}$

(2) $\alpha\beta+\beta\gamma+\gamma\alpha=3$,
$\alpha\beta\cdot\beta\gamma+\beta\gamma\cdot\gamma\alpha+\gamma\alpha\cdot\alpha\beta=\alpha\beta\gamma(\alpha+\beta+\gamma)=14$
$\alpha\beta\cdot\beta\gamma\cdot\gamma\alpha=(\alpha\beta\gamma)^2=49$

より，$\alpha\beta$, $\beta\gamma$, $\gamma\alpha$ を解にもつ3次方程式の一つは

$$t^3-3t^2+14t-49=0$$

従って，$\alpha^2\beta^2+\beta^2\gamma^2+\gamma^2\alpha^2$ は（1）と同じ手順によって $3^2-2\cdot14=\mathbf{-19}$

(3) α, β, γ は $x^3-2x^2+3x-7=0$ の解なので，
$$\alpha^3=2\alpha^2-3\alpha+7$$
$$\beta^3=2\beta^2-3\beta+7$$
$$\gamma^3=2\gamma^2-3\gamma+7$$

従って，
$\alpha^3+\beta^3+\gamma^3=2(\alpha^2+\beta^2+\gamma^2)-3(\alpha+\beta+\gamma)+21$
$=-4-6+21=\mathbf{11}$

（1）や（2）では，解と係数の関係を用いた変形を行い，また（3）では，いわゆる「次数下げ」という手法を用いました．

解と係数の関係とは，方程式の解の基本対称式を，係数が与えてくれるという性質に他なりません．

<u>対称式は基本対称式の組合せで表現できる</u>

という性質があるので，それにのっとって「どう表現しようか」を考えるのが，このような問題での思考過程になるわけですが，その思考過程には比較的自由度があるのだな，と見ていただければ結構です．

（いくつかの数の i 次基本対称式とは，それらの数の異なる i 個の積の総和のことをいい，いくつかの文字の対称式とは，その式のどの2文字を入れ替えても，式として不変であるもののことをいいます．）

§2　活躍の場は幅広く

基本の確認を終えたところで，いろいろな問題に挑んでみましょう．いずれも，まず考えてみた上で読み進めるようにしてください．

問題 6-1.3 $t^2-5t+3=0$ の2解を α, β とし，$a_n=\alpha^n+\beta^n$ とする．ただし n は整数とする．
(1) a_{n+2} を a_{n+1}, a_n で表わせ．
(2) a_5 を計算せよ．
(3) $a_{5n}=b_n$ とする．b_{n+2} を b_{n+1}, b_n で表わせ．

（1）は「よくみるタイプの」問題でしょう．考えるべきは（3）ですが，小難しい発想は必要ありません．

解 （1） α, β は $t^2-5t+3=0$ の解なので，
$$\alpha^2-5\alpha+3=0,\ \beta^2-5\beta+3=0$$

それぞれの両辺を α^n, β^n 倍すれば，
$$\alpha^{n+2}-5\alpha^{n+1}+3\alpha^n=0,\ \beta^{n+2}-5\beta^{n+1}+3\beta^n=0$$

この辺々を加えれば，

第6章 方程式，不等式，数Ⅱの微積分

$$(\alpha^{n+2}+\beta^{n+2})-5(\alpha^{n+1}+\beta^{n+1})+3(\alpha^n+\beta^n)=0$$

従って，$a_{n+2}-5a_{n+1}+3a_n=0$ であるから，

$$a_{n+2}=5a_{n+1}-3a_n$$

（2） $a_0=1+1=2$ で，また解と係数の関係より
$a_1=\alpha+\beta=5$

（1）を用いて，順々に a_2, a_3, a_4, a_5 を計算すれば，

n	0	1	2	3	4	5
a_n	2	5	19	80	343	1475

従って，$a_5=\mathbf{1475}$

（3） $b_n=\alpha^{5n}+\beta^{5n}=(\alpha^5)^n+(\beta^5)^n$ であり，$\alpha^5+\beta^5=a_5=1475$，$\alpha^5\beta^5=(\alpha\beta)^5=3^5=243$ より，解と係数の関係から α^5, β^5 を解にもつ二次方程式の一つが $t^2-1475t+243=0$ であると分かる．従って，（1）と同様に考えることで，$b_{n+2}=\mathbf{1475}b_{n+1}-\mathbf{243}b_n$ とわかる． ◯終

次は，微分との融合問題です．いろいろと小技が使えるので，試してみてください．

問題 6-1.4 $y=f(x)=x^3+2x^2-2x$ のグラフを C とし，x の方程式 $f(x)=k \cdots *$ は 3 つの実数解 α, β, γ $(\alpha\leq\beta\leq\gamma)$ を持つとする．
（1） $\alpha=\beta$ のとき，γ の値を求めよ．
（2） $u=\alpha\beta-4\gamma$ のとりうる値の範囲を求めよ．
必要ならば，$\sqrt{10}=3.162\cdots$ であることを用いてよい．

解 $f'(x)=3x^2+4x-2=0$ の 2 解を x_1, x_2 $(x_1<x_2)$ とすれば，$f'(x)=3(x-x_1)(x-x_2)$

従って，$f(x)$ の増減は右のようであり，x_1, x_2 は $f'(x)=0$ を解くことで $\dfrac{-2\pm\sqrt{10}}{3}$ とわかる．

x	$\cdots$	x_1	$\cdots$	x_2	$\cdots$
$f'(x)$	+	0	−	0	+
$f(x)$	↗		↘		↗

（1） $f(x)=k$ の解は，$y=f(x), y=k$ の二つのグラフの共有点の x 座標である．$\alpha=\beta$ となるとき，2 つのグラフは右図の様に $x=x_1$ で接するので，$\alpha=\beta=x_1$

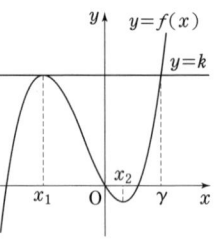

解と係数の関係から，$x^3+2x^2-2x-k=0$ の解の和は -2 であるから，$x_1+x_1+\gamma=-2$

従って，$\gamma=-2-2x_1=-2-2\cdot\dfrac{-2-\sqrt{10}}{3}=\dfrac{-2+2\sqrt{10}}{3}$

（2） 解と係数の関係から，
$\alpha+\beta+\gamma=-2, \alpha\beta+\beta\gamma+\gamma\alpha=-2$ である．
従って，$\alpha\beta+\gamma(\alpha+\beta)=-2$ に $\alpha+\beta=-2-\gamma$ を代入することで，$\alpha\beta-\gamma(2+\gamma)=-2$ を得るので，
$\alpha\beta=\gamma^2+2\gamma-2$
ゆえに $u=\gamma^2-2\gamma-2=(\gamma-1)^2-3$ である．
$f(x)=k$ が 3 つの実数解を持つように k が動くとき，γ は（右図から）

$$\dfrac{-2+\sqrt{10}}{3}\leq\gamma\leq\dfrac{-2+2\sqrt{10}}{3}$$

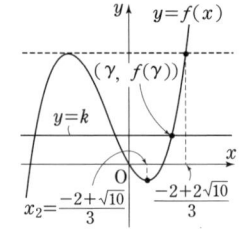

を動き，また $\sqrt{10}=3.162\cdots$ なので $\dfrac{-2+\sqrt{10}}{3}=\dfrac{1.162\cdots}{3}=0.38\cdots$,

$\dfrac{-2+2\sqrt{10}}{3}=\dfrac{4.32\cdots}{3}=1.4\cdots$

従って，$u=(\gamma-1)^2-3$ のグラフは右のようであるから，u の値域は

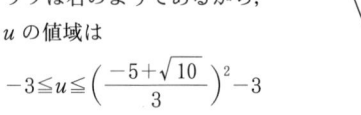

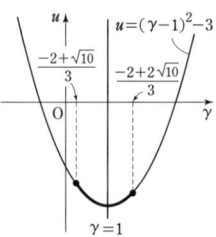

$$-3\leq u\leq\left(\dfrac{-5+\sqrt{10}}{3}\right)^2-3$$

整理して，$-3\leq u\leq\dfrac{8-10\sqrt{10}}{9}$

▷注 本来は，$3.162<\sqrt{10}<3.163$ という不等式の形で近似値を使用すべきですが，ここでは，例えば $0.38\cdots$ を $0.38\sim0.39$ の間にある数，という意味に用いて，少し横着な表現をしています．

（1）では，$f(x)$ の極値を $\dfrac{52\pm20\sqrt{10}}{27}$ と求め，$f(x)=\dfrac{52+20\sqrt{10}}{27}$ なる方程式を解いても一応は求まりますが，結構煩雑なことになりますね．

§3 高次になっても

一般に，n 次の方程式においても解と係数の関係を考えることができます．例えば，4 次方程式

$$x^4-ax^3+bx^2-cx+d=0 \quad\cdots\cdots\cdots ①$$

が 4 解 $\alpha, \beta, \gamma, \delta$ を解にもつならば，①の最高次係数が 1 であることにも注意して，①の左辺は

$$(x-\alpha)(x-\beta)(x-\gamma)(x-\delta) \quad\cdots\cdots\cdots ②$$

と因数分解されることになります．②を展開すると，

$$x^4-(\alpha+\beta+\gamma+\delta)x^3$$
$$+(\alpha\beta+\alpha\gamma+\alpha\delta+\beta\gamma+\beta\delta+\gamma\delta)x^2$$
$$-(\alpha\beta\gamma+\alpha\beta\delta+\alpha\gamma\delta+\beta\gamma\delta)x+\alpha\beta\gamma\delta$$

となるので，①の左辺と係数を比べることで，
$$\begin{cases} a=\alpha+\beta+\gamma+\delta \\ b=\alpha\beta+\alpha\gamma+\alpha\delta+\beta\gamma+\beta\delta+\gamma\delta \\ c=\alpha\beta\gamma+\alpha\beta\delta+\alpha\gamma\delta+\beta\gamma\delta \\ d=\alpha\beta\gamma\delta \end{cases}$$
と分かります．

結果を丸覚えする必要はなく，「一つ一つの係数に，解いくつかの積の和が登場するんだな」くらいに頭に入れておけば，必要に応じて再現することができるでしょう．むしろ，「係数に，解が登場するんだ」ということを認識しておくことのほうが大切です．

では，具体的な問題をみてみましょう．

問題 6-1.5 x の方程式 $x^4+ax^3+bx^2+cx+d=0$ が4重解 β を持つ．
(1) a, b が整数であるとき，c, d も整数であることを示せ．
(2) b, c が整数であるとき，a, d も整数であるとはいえるか．

$a\sim d$ が β で表現できる，ということに即座に反応できれば，第一段階はクリアです．その後の論証部分は，正確に処理できましたか？

解 与えられた方程式の左辺は $(x-\beta)^4$ で割り切れる．最高次の係数が1であることから，
$$x^4+ax^3+bx^2+cx+d=(x-\beta)^4$$
右辺を展開するときの x^i の係数は $(-1)^i{}_4C_i\beta^{4-i}$ だから ($0\leq i\leq 4$)，$a=-4\beta$, $b=6\beta^2$, $c=-4\beta^3$, $d=\beta^4$ である．

(1) $a=-4\beta$ が整数なので，$\beta=\dfrac{k}{4}$ (k は整数) とおける．$b=6\beta^2=\dfrac{3k^2}{8}$ より，$3k^2=8b$

k が2で p 回割り切れるとすると，$8b=2^3b$ は2で3回以上，$3k^2$ は2で $2p$ 回割り切れるので，$2p\geq 3$
従って，$p\geq 2$ とわかるので，k は 2^2 で割り切れる．
ゆえに $\beta=\dfrac{k}{4}$ は整数と分かるので，$c=-4\beta^3$, $d=\beta^4$ も整数である．■

(2) $b=0$ のときは，$\beta=0$ であるから，a, c, d は全て0である．$b\neq 0$ のときは，$\dfrac{c}{b}=-\dfrac{2}{3}\beta$ より，
$\beta=-\dfrac{3c}{2b}$ であるから，β は有理数となる．
あらためて，$\beta=\dfrac{l}{k}$ (k, l は互いに素な整数) とおくと，

$6\beta^2=\dfrac{6l^2}{k^2}=b$ より $6l^2=bk^2$

k が素数 p を約数に持つとすると，右辺は p^2 の倍数であるから，$6l^2=2\cdot 3\cdot l^2$ は p^2 の倍数である．従って，(p が2, 3であろうとなかろうと) l は p の倍数となるので，k, l は素数 p を公約数に持つことになり，k, l を互いに素としたことに反し不合理．
ゆえに，k は素数の約数を持たないので，$k=\pm 1$ である．
従って，$\beta=\dfrac{l}{k}$ は整数とわかるので，$a=-4\beta$, $d=\beta^4$ も整数である．
以上から，a, d も整数であるといえる．■

最後は，ちょっぴりお気に入りの問題をどうぞ．とっかかりを何にするか，が悩ましいところでしょう．じっくり考えてみてください．

問題 6-1.6 n を2以上の整数とし，
$$f(x)=x^n+2x^{n-1}+3x^{n-2}+\cdots+(k+1)x^{n-k}+\cdots+nx+(n+1)$$
とする．
$f(x)=0$ が相異なる n 個の実数解を持つことはない．そのことを示せ．

解 $f(x)=0$ が相異なる n 個の実数解 $\alpha_1, \alpha_2, \cdots, \alpha_n$ を持つとすると，$f(x)$ は（最高次の係数が1であることも加味して）
$$f(x)=(x-\alpha_1)(x-\alpha_2)\cdots\cdots(x-\alpha_n)$$
と因数分解できる．
右辺を展開し，係数を比べることで，
x^{n-1} の係数 $\cdots -(\alpha_1+\alpha_2+\cdots+\alpha_n)=2$
x^{n-2} の係数 $\cdots \alpha_1\alpha_2+\alpha_1\alpha_3+\cdots+\alpha_{n-1}\alpha_n=3$
（解2つずつの積 ${}_nC_2$ 個の総和）
と分かる．従って，
$\alpha_1^2+\alpha_2^2+\cdots+\alpha_n^2$
$=(\alpha_1+\alpha_2+\cdots+\alpha_n)^2-2(\alpha_1\alpha_2+\alpha_1\alpha_3+\cdots+\alpha_{n-1}\alpha_n)$
$=(-2)^2-2\cdot 3=-2<0$
しかし，$\alpha_1, \alpha_2, \cdots, \alpha_n$ は実数であるから，これは不合理である．ゆえに題意は示された．■

シンプルな情報からカギとなる部分を見出せるかのみがポイントで，でも，そういう「ウォーリーを探せ」的なところが，かわいらしくはないですか？

第6章 方程式，不等式，数Ⅱの微積分

◆2 数Ⅱ微積分の問題たち

数Ⅱ
問題編

チェック！

難易度 ★

問題 6-2.1

x の方程式 $f(x)=x^3-kx+2=0$ ……① が相異3実解を持つような実数 k の範囲を求めよ．また，そのときの解を α, β, γ （$\alpha<\beta<\gamma$）とするとき，β の整数部分 $[\beta]$ としてありえる値を全て求めよ．

チェック！

難易度 ★

問題 6-2.2

$x \geqq 0$ において，$x^3+32 \geqq px^2$ ……① が成り立つような p の最大値を求めよ．

◇2 数Ⅱ微積分の問題たち

難易度 ★★

問題 6-2.3
　$y=f(x)=x^3-3x+1$ のグラフ C に，原点から接線 l を引く．l と C によって囲まれる領域 W の面積 S を求めよ．

難易度 ★★

問題 6-2.4
　$y=f(x)=x^4-x^3$ のグラフ C に 2 ヶ所で接する接線（二重接線）を l とする．C と l とで囲まれる領域 W の面積 S を求めよ．

第6章 方程式，不等式，数Ⅱの微積分

◇2 数Ⅱ微積分の問題たち

数Ⅱ 解説編

今回のテーマは「数Ⅱの微積分」です．基本的な増減調べや，図形の求積の問題は他に譲ることにして，ここでは，知っておきたい話，に集中したいと思います．
それでは参りましょう．

§1 プラス α で形状をおさえる

まずはじめに，よくお世話になる3次関数のグラフの形状をおさえておきましょう．

> （3次関数のグラフの形状）
> 3次関数 $y=f(x)$ のグラフは，その導関数 $y=f'(x)$ のグラフが y 軸に平行な対称軸を持つので，点対称となる．対称の中心が，そのまま変曲点となっている．

微分の「こころ」は，「グラフを拡大してみると，直線に見える」ということで，その「みえる直線」の傾きのことを「微分係数」，各所での微分係数を与えてくれる関数のことを「導関数」といったのでした．

増加・減少のみならず，各所での傾きにも注意して図示すれば，右図の様に3次関数のグラフが出来上がりますね．軸 l の右側では，拡大したときに見える直線の傾きが増加してゆきますが，それは $y=f(x)$ のグラフの形状には「下に凸」として反映されます．l の左側では「上に凸」な挙動で現れます．凹凸の切り替わる点のことを「変曲点」といいますが，その変曲点は $y=f'(x)$ のグラフの軸に対応する点であることは，多くを語らずとも分かりますね．

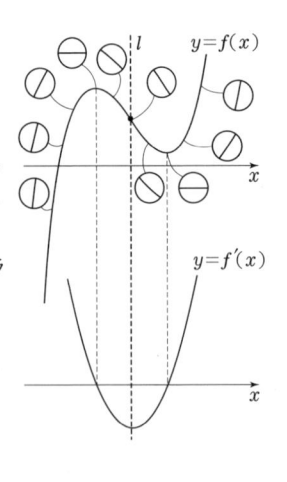

大雑把に，3次関数 $y=f(x)$ のグラフの形状は，$y=f'(x)$ のグラフと x 軸との共有点の個数で次のように分類されます（3次の係数が正の場合）．

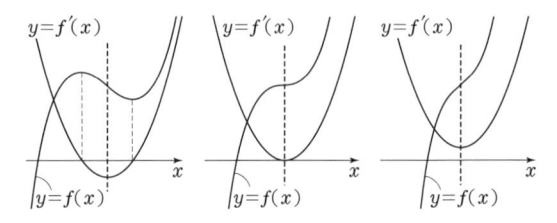

数Ⅱの微分で，グラフの形状を必要とすることは原則的にはなく，基本的には「増減調べ」のみで解決はしますが，時にこの形状把握が物事を見やすくすることもあります．
例えば，次のような問題はどうでしょうか？

> **問題 6-2.1**
> x の方程式 $f(x)=x^3-kx+2=0$ ……① が相異3実解を持つような実数 k の範囲を求めよ．また，そのときの解を $\alpha,\ \beta,\ \gamma\ (\alpha<\beta<\gamma)$ とするとき，β の整数部分 $[\beta]$ としてありえる値を全て求めよ．

3次方程式 $f(x)=0$ が，相異3実解を持つための条件は，$y=f(x)$ のグラフが，x 軸と図のように相異なる3点で交わることです．言い換えれば，

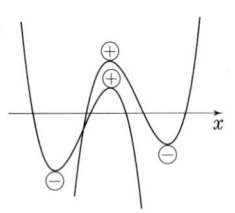

> $f(x)$ が極値を2つもち，かつ極値が異符号である

ということです．
「2つの値が異符号」とは，「積が負」と言い換えることができます．以上を踏まえれば，まず，次のようなスタンダードな解法が構成できます．

解
$f(x)=x^3-kx+2$ とおくと，$f'(x)=3x^2-k$ から，$k>0$ のときに，$x=\pm\sqrt{\dfrac{k}{3}}$ で $f(x)$ は極値を持つとわ

かる．従って，
$$k>0 \cdots\cdots ② \text{ かつ } f\left(\sqrt{\frac{k}{3}}\right)f\left(-\sqrt{\frac{k}{3}}\right)<0 \cdots\cdots ③$$
が求めるべき条件である．
$$f\left(\pm\sqrt{\frac{k}{3}}\right)=\pm\frac{k}{3}\sqrt{\frac{k}{3}}\mp k\sqrt{\frac{k}{3}}+2=2\mp\frac{2k}{3}\sqrt{\frac{k}{3}}$$
(複号同順)
から，②のもとで

③ $\iff \left(2-\frac{2k}{3}\sqrt{\frac{k}{3}}\right)\left(2+\frac{2k}{3}\sqrt{\frac{k}{3}}\right)<0$

$\iff 4-\left(\frac{2k}{3}\sqrt{\frac{k}{3}}\right)^2<0 \iff \frac{k^3}{27}>1 \iff k>3 \cdots ④$

で，④のとき，②は自動的に成り立つので，求めるべき k の範囲は $\boldsymbol{k>3}$ である．

また，$f(0)=2>0$ なので，$\beta>0$ であり，$f(1)=3-k$ の値は負であるから，$0<\beta<1$ であるとわかるので，$[\beta]=\boldsymbol{0}$ とわかる．📖

グラフの形状（凹凸）まで把握できていれば，次のようにビジュアル的に解決することも可能です．

別解

① $\iff x^3+2=kx$ であるから，$y=g(x)=x^3+2$ のグラフと $y=kx$ のグラフが相異なる3点で交わるような k の範囲を考えればよい．

$g'(x)=3x^2$ は常に0以上であり，そのグラフの対称軸は $x=0$ であるから，凹凸に注意して $y=g(x)$ のグラフを描くと右図のよう．

従って，図の k_0 が分かれば，答えは $k>k_0$ であり，図の β_0 が分かれば，β の範囲は $0<\beta<\beta_0$ となる．

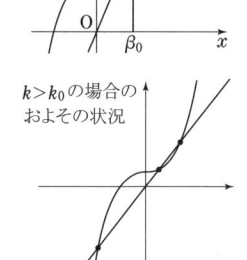

$y=g(x)$ の，$x=\beta_0$ での接線の式は，
$$y=g'(\beta_0)(x-\beta_0)+\beta_0^3+2$$
$$\iff y=3\beta_0^2 x-2\beta_0^3+2$$
で，これが原点を通ることから，$-2\beta_0^3+2=0$

従って，$\beta_0=1$ とわかり，$k_0=\frac{\beta_0^3+2}{\beta_0}=3$ と分かるので，求めるべき結果は $\boldsymbol{k>3}$，$[\beta]=\boldsymbol{0}$ である．📖

「おまけ」として，β のとりうる値の範囲が $0<\beta<1$ ということまで分かってしまいますね．

次の問題も，同じように，「まともに攻めるなら？」

を考えた後に，「図形的に考えると？」を考えてみてください．

問題 6-2.2
$x\geqq 0$ において，$x^3+32\geqq px^2 \cdots\cdots ①$ が成り立つような p の最大値を求めよ．

解

$x\geqq 0$ において①が成り立つ
$\iff f(x)=x^3-px^2+32$ が $x\geqq 0$ において常に0以上で，$f'(x)=3x^2-2px=x(3x-2p)$ より，$p\leqq 0$ のときは $f'(x)\geqq 0$（$x\geqq 0$）なので，$f(x)\geqq f(0)>0$（$x\geqq 0$）である．

$p>0$ のときは，$f(x)$ の増減は右のようであるから，$x\geqq 0$ での $f(x)$ の最小値は $f\left(\frac{2p}{3}\right)$ である．

x	0	...	$\frac{2p}{3}$	...
$f'(x)$	0	−	0	+
$f(x)$	32	↘		↗

従って，$f\left(\frac{2p}{3}\right)\geqq 0$ となる p の範囲を求めれば，
$$f\left(\frac{2p}{3}\right)\geqq 0 \iff \frac{8}{27}p^3-\frac{4}{9}p^3+32\geqq 0 \iff \frac{4}{27}p^3\leqq 32$$
$$\iff p^3\leqq 27\times 8 \iff p\leqq 6$$
より，$0<p\leqq 6$ とわかるので，
①が $x\geqq 0$ で成立 $\iff p\leqq 6$
従って，求めるべき p の最大値は $p_{\max}=\boldsymbol{6}$ とわかる．📖

さて，これを図形的に解決するならば，どうすればよいでしょうか？

そのために一つ，道具を用意しておきます．

（接する＝重解）
$f(x), g(x)$ を多項式とするとき，
$y=f(x), y=g(x)$ のグラフが $x=\alpha$ で接する
$\iff f(x)-g(x)=0$ が $x=\alpha$ を重解に持つ

きちんとやるなら，「接するとはなんぞや？」からお話をする必要がありますので，ここでは簡単に「接点とは，2つの交点が近づいていってできたもの」くらいで納得しておきましょう．

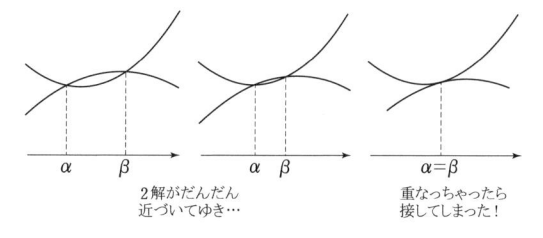

第6章 方程式，不等式，数IIの微積分

これを踏まえて，①の不等式を
「$x \geq 0$ において，$y=g(x)=x^3+32$ のグラフが，常に $y=px^2$ の上側にある」
と読みかえるとどうでしょうか？

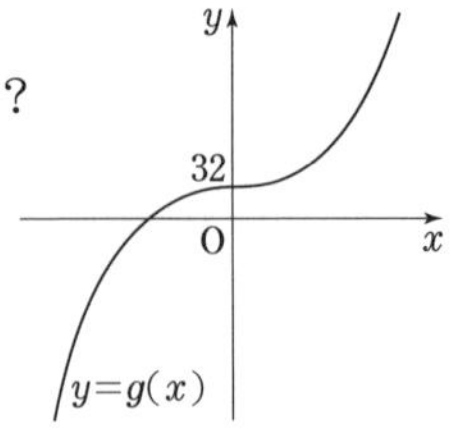

$g'(x)=3x^2$ は常に 0 以上で，その対称軸は $x=0$ ですから，大雑把な概形は右のようで，$x \geq 0$ の範囲でグラフは下に凸です．

p を小さい値から徐々に大きくしてゆくと，はじめのうちは，$y=px^2$ は $x \geq 0$ の範囲において $y=g(x)$ のグラフの下側を通りますが，あるところで $y=g(x)$ のグラフに接するでしょう（右図）．このときの p の値が求めるべき最大値と考えられます．

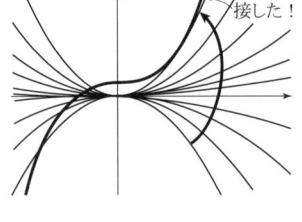

$x^3-px^2+32=0$ は重解 α と単解 β を持ち，解と係数の関係より，この α，β は

$$\begin{cases} \alpha\alpha+\alpha\beta+\beta\alpha=0 \\ \alpha\alpha\beta=-32 \end{cases} \iff \begin{cases} \alpha(\alpha+2\beta)=0 \\ \alpha^2\beta=-32 \end{cases}$$

を満たします．図から $\alpha \neq 0$ なので，$\alpha+2\beta=0$ ゆえ，$\alpha^2\beta=4\beta^3=-32$ 従って，$\beta=-2$，$\alpha=4$ とわかります．従って，再び解と係数の関係から，$p=\alpha+\alpha+\beta=\mathbf{6}$ で，これが求めるべき p の値と分かるわけです．🔵

一からこのような発想で解答を作るメリットは少ないですが，このような経験をしておけば，🔲解🔲 のように答えが 6 と求まった後で，「$x^3-6x^2+32=0$ は重解を持つに違いない！」というチェックを自ら進んで行うことが可能になりますね．

§2 ずらして考える

次は，積分の話題です．よく知られている公式の「導出部分」を，まずまとめておきましょう．

（平行移動の考え）

$\alpha < \beta$ のとき，$\int_\alpha^\beta -(x-\alpha)(x-\beta)dx$ は次図 1 の面積を表わす．この面積は，次図 2 の面積と同じであるから，

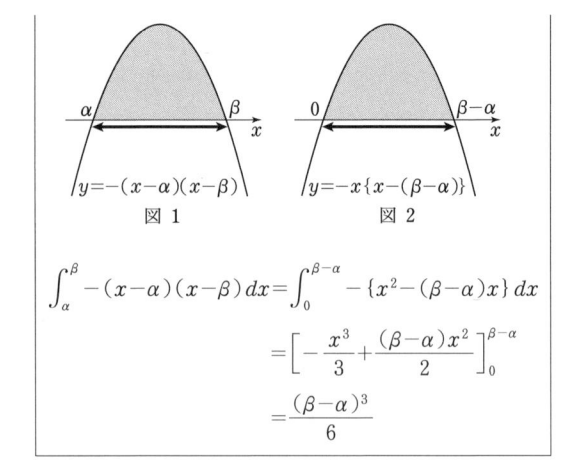

図1: $y=-(x-\alpha)(x-\beta)$
図2: $y=-x\{x-(\beta-\alpha)\}$

$$\int_\alpha^\beta -(x-\alpha)(x-\beta)dx = \int_0^{\beta-\alpha} -\{x^2-(\beta-\alpha)x\}dx$$
$$= \left[-\frac{x^3}{3}+\frac{(\beta-\alpha)x^2}{2}\right]_0^{\beta-\alpha}$$
$$= \frac{(\beta-\alpha)^3}{6}$$

結果については，ここでとやかくいう必要はないでしょう．見ておきたいのは，導出の過程です．定積分の下端を 0 とすることで計算しやすくできたわけですが，計算の簡単のためにこのように平行移動を考えることは，立派な「道具」です．

問題 6-2.3

$y=f(x)=x^3-3x+1$ のグラフ C に，原点から接線 l を引く．l と C によって囲まれる領域 W の面積 S を求めよ．

面積を定積分で立式する際には，曲線の上下関係を調べる必要があります．その際に，3次関数のグラフをある程度正確に図示しておけば，大げさに不等式を解く必要はなくなります．また，先の考え方は「解と係数の関係」とからめて使うと，やっぱり美味となります．

🔵解🔵
$f'(x)=3x^2-3=3(x+1)(x-1)$ であるので，増減と（y 切片）>0 に注意して C と l を図示すれば，右図のようとわかる．

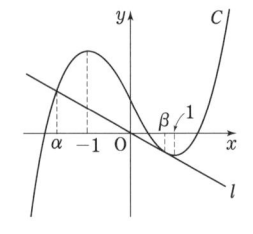

直線 l の式を $y=ax$ とおけば，図の α および β は
$x^3-3x+1=ax$
$\iff x^3-(a+3)x+1=0$
の単解と重解にあたるので，解と係数の関係から，

$$\begin{cases} \alpha+2\beta=0 \\ \alpha\beta^2=-1 \end{cases}$$ これを解いて，$\alpha=-\dfrac{2}{\sqrt[3]{2}}$，$\beta=\dfrac{1}{\sqrt[3]{2}}$

とわかる．
囲む領域においては，C が l の上側にあるので，

$S=\int_\alpha^\beta \{f(x)-ax\}dx$ で，$f(x)-ax$ は最高次の係数が1の3次式であるので，$S=\int_\alpha^\beta (x-\alpha)(x-\beta)^2 dx$

これは，下図1の面積に等しく，さらにそれは下図2の面積にも等しいので，

図1 $y=(x-\alpha)(x-\beta)^2$ 図2 $y=\{x-(\alpha-\beta)\}x^2$

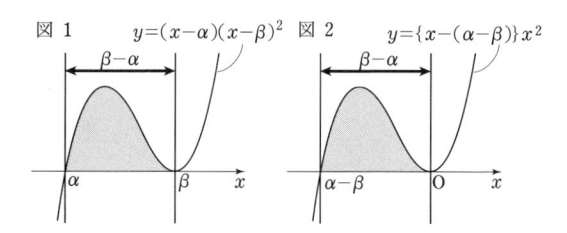

$$S=\int_{\alpha-\beta}^0 \{x-(\alpha-\beta)\}x^2 dx$$
$$=\int_{-(\beta-\alpha)}^0 \{x^3+(\beta-\alpha)x^2\}dx$$
$$=\left[\frac{x^4}{4}+\frac{(\beta-\alpha)x^3}{3}\right]_{-(\beta-\alpha)}^0 = \frac{(\beta-\alpha)^4}{12}$$

これに α，β の具体値を代入すれば，
$$S=\frac{1}{12}\times\left(\frac{1}{\sqrt[3]{2}}+\frac{2}{\sqrt[3]{2}}\right)^4 = \frac{27}{8\sqrt[3]{2}} = \boldsymbol{\frac{27\sqrt[3]{4}}{16}}$$

とわかる．㊗

直線の式を直接求めにかからずに，接点，交点を主役に考えるのがミソなわけです．

では，次の問題はどうですか？

問題 6-2.4
$y=f(x)=x^4-x^3$ のグラフ C に2ヶ所で接する接線（二重接線）を l とする．C と l とで囲まれる領域 W の面積 S を求めよ．

増減表を描かずとも，$f'(x)$ の符号が分かるグラフを用意すれば十分です．$f(x)$ の極値などは脇役以下で，知りたいのは大雑把な形状のみです（l との位置関係をつかめれば十分！）．

解
$$f'(x)=4x^3-3x^2=4x^2\left(x-\frac{3}{4}\right)$$

から，符号に注意して $f'(x)$ のグラフを描き，それを元に $y=f(x)$ のグラフを増減に注意して描くと右上図のようになる．

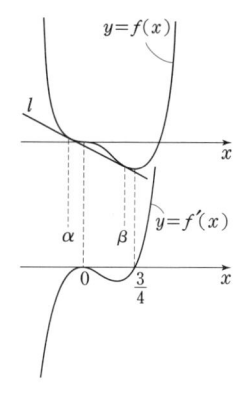

l の式を $y=ax+b$ とおけば，図の α，β は
$$x^4-x^3=ax+b$$
$$\iff x^4-x^3-ax-b=0 \quad \cdots\cdots *$$

の重解であり，従って * の左辺は $(x-\alpha)^2(x-\beta)^2$ と因数分解できる（最高次の係数が1であることを加味した）．

$$(x-\alpha)^2(x-\beta)^2$$
$$=x^4-2(\alpha+\beta)x^3+(\alpha^2+4\alpha\beta+\beta^2)x^2-\cdots$$

であるから，x^3，x^2 の係数を比べて
$$\alpha+\beta=\frac{1}{2},\quad \alpha^2+4\alpha\beta+\beta^2=0$$

$(\alpha+\beta)^2=\alpha^2+2\alpha\beta+\beta^2=\frac{1}{4}$ から $2\alpha\beta=-\frac{1}{4}$，つまり $\alpha\beta=-\frac{1}{8}$ とわかる．

さて，囲む部分では C の方が l の上側にあるので，
$$S=\int_\alpha^\beta \{f(x)-ax-b\}dx=\int_\alpha^\beta (x-\alpha)^2(x-\beta)^2 dx$$

であり，これは下図1の面積，つまり下図2の面積に等しいので，

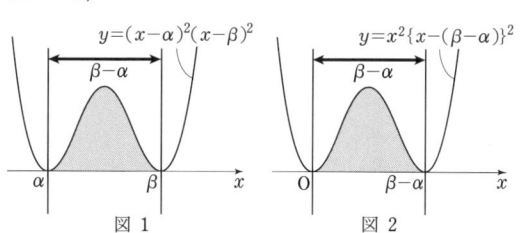

図1 $y=(x-\alpha)^2(x-\beta)^2$ 図2 $y=x^2\{x-(\beta-\alpha)\}^2$

$$S=\int_0^{\beta-\alpha} x^2\{x-(\beta-\alpha)\}^2 dx$$
$$=\int_0^{\beta-\alpha} \{x^4-2(\beta-\alpha)x^3+(\beta-\alpha)^2 x^2\}dx$$
$$=\left[\frac{x^5}{5}-\frac{(\beta-\alpha)x^4}{2}+\frac{(\beta-\alpha)^2 x^3}{3}\right]_0^{\beta-\alpha}$$
$$=\left(\frac{1}{5}-\frac{1}{2}+\frac{1}{3}\right)(\beta-\alpha)^5 = \frac{(\beta-\alpha)^5}{30}$$

ここに，$\alpha+\beta=\frac{1}{2}$，$\alpha\beta=-\frac{1}{8}$ であったので，

$(\beta-\alpha)^2=(\alpha+\beta)^2-4\alpha\beta=\frac{3}{4}$ ゆえに $\beta-\alpha=\frac{\sqrt{3}}{2}$ とわかるので，$S=\frac{1}{30}\times\left(\frac{\sqrt{3}}{2}\right)^5 = \boldsymbol{\frac{3\sqrt{3}}{320}}$ ㊗

似たような問題に出会ったら，落としたくないですね．

◇3 4次以上の関数の微分

問題 6-3.1
$y=f(x)=x^4-6x^3+12x^2-10x+3$ のグラフを，増減および x 切片を調べることで描け．

問題 6-3.2
x, b, c, d を正の数とする．
（1） $x^3+b^3+c^3 \geqq 3xbc$ …① を示し，等号成立条件も述べよ．
（2） $x^4+b^4+c^4+d^4 \geqq 4xbcd$ …② を示し，等号成立条件も述べよ．

難易度 ★★

問題 6-3.3

a, b を実数とする．$f(x)=x^4-a^2x^2+bx=0$ は相異なる実数解をちょうど3つ持つという．そのような a, b の条件を求め，ab 平面上に図示せよ．

難易度 ★★

問題 6-3.4

n を2以上の整数とし，x の方程式
$$f(x)=x^n-x^{n-1}-x^{n-2}-\cdots-x-1=0 \quad\cdots\cdots(*)$$
を考える．
（1） $f(x)$ が $x>0$ の範囲でとる極値はいずれも負であることを示せ．
（2） $(*)$ は，$x>0$ の範囲には実数解をちょうど一つ持つことを示せ．ただし，x が十分大きいときに $f(x)>0$ となることを断りなく用いてよい．
（3） $(*)$ の $x>0$ なる解を x_0 とする．$1<x_0<2$ であることを示せ．

◇3 4次以上の関数の微分

前節に引きつづき，数Ⅱの微積分をテーマにお話をします．従来のカリキュラムでは，微分は3次関数まで，という出題上の制約があったのですが，現在のカリキュラムでは，4次以上の関数の微分も扱われるようになりました．過去の入試問題でよくみる3次以下の関数についての話題は，他にゆずることとして，本稿では，4次以上の（多項式）関数の微分の扱いを中心にみてゆきたいと思います．

　　　　＊　　　＊　　　＊　　　＊　　　＊

微分係数 $f'(a)$ とは，$f'(a) = \lim_{h \to 0} \dfrac{f(a+h)-f(a)}{h}$ で与えられるもので，各所での微分係数を与えてくれる関数 $f'(x) = \lim_{h \to 0} \dfrac{f(x+h)-f(x)}{h}$ のことを，$f(x)$ の導関数というのでした．

$f(x)$ が多項式関数であるとき，私たちは
$$(x^n)' = nx^{n-1} \quad (n=1,\ 2,\ 3,\ \cdots)$$
をもとに，$f'(x)$ を自由に求めることができます（$f(x)$ から $f'(x)$ を求めることを，$f(x)$ を x で微分する，と表現します）．そして，$f'(x)$ が得られれば，その符号をみることで，$f(x)$ の増加・減少を調べることができました．効用をみるために，まずは次の問題をみてみましょう．

> **問題 6-3.1** $y=f(x)=x^4-6x^3+12x^2-10x+3$ のグラフを，増減および x 切片を調べることで描け．

$$f'(x) = 4x^3-18x^2+24x-10 \quad (\leftarrow x=1 \text{ で } 0 \text{ に！})$$
$$= (x-1)(4x^2-14x+10)$$
$$= 2(x-1)^2(2x-5)$$

から，$f'(x)$ の符号グラフ（正か負かだけを反映したグラフ）は

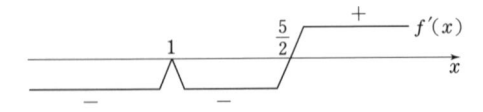

の様とわかりますから，$f(x)$ の増減は

x	$\cdots$	1	$\cdots$	$\dfrac{5}{2}$	$\cdots$
$f'(x)$	$-$	0	$-$	0	$+$
$f(x)$	$\searrow$	0	$\searrow$	$-\dfrac{27}{16}$	$\nearrow$

となります．

導関数から得られる情報はこれだけですから，x 切片は別に求めねばなりません．しかし，今回の場合は $f(1)=0$ が増減調べの過程から得られていますから，比較的楽に $f(x)=0$ を解くことができ，
$$f(x)=0 \iff (x-1)(x^3-5x^2+7x-3)=0$$
$$\iff (x-1)^2(x^2-4x+3)=0$$
$$\iff (x-1)^3(x-3)=0$$
から，x 切片は $x=1,\ 3$ です．以上から，グラフを描けば

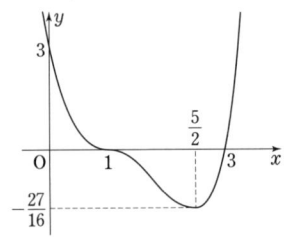

の様と分かります．

▷**注** $x=1$ の前後では，増加・減少は変わりませんが，$x=1$ での微分係数は 0 ですから，図の様にその付近ではなだらかになるように（x 軸に接するように）グラフを描くようにしましょう．

まず，グラフ描きの例題を見ていただきましたが，この例を元にまず確認していただきたいのは，

微分はグラフ描きのための道具

ではなく，グラフを描く上では

> 微分は高々増加減少調べにくらいにしか役に立たぬ

ということです．

確かに，$f'(x)$ の符号を調べることで，$x=\dfrac{5}{2}$ までは $f(x)$ は減少，そこから先は $f(x)$ は増加とは分かりましたが，だからといって，自動的に x 切片がわかるとまではいきません．x 切片は x 切片で，また別に調べる

必要があります．

グラフ描きは，「役割分担＋共同作業」という見方をしましょう．

- $f(x)=0$ を解く … x 切片調べ
- $f(0)$ を求める … y 切片調べ
- $f'(x)$ の符号を調べる … 増減調べ

と，それぞれに役割が与えられていて，それらをミックスしてグラフを完成させるのが，「グラフ描き」であるということです．新婚さんの生活みたいなものですね．

一般に，微分のさまざまな問題に対しては，「必要な情報は何か」と，「すべき事柄は何か」をきちんと認識しておくことが重要です．例えば，この例題に登場した関数
$$f(x)=x^4-6x^3+12x^2-10x+3$$
について，以下のように問われたとしましょう．

(い)　$f(x)>0$ を解け．
(ろ)　$f(x)$ の最小値を求めよ．
(は)　$f(x)=k$ が相異2実解を持つような k の範囲は？
(に)　k が正の実数を動くときの，$f(x)=k$ の解の範囲は？

いずれも，先ほどのグラフがあればすぐに結論が得られるものばかりですが，本当にグラフが必要な問題は(は)と(に)の二つだけです．

(い)は，$f(x)=(x-1)^3(x-3)$ と因数分解すればよいだけで，微分とは無関係です．(ろ)は，$f(x)$ の増減さえ調べれば（増減表さえあれば）結論はすぐに $-\dfrac{27}{16}$ と得られます．つまり，(い)や(ろ)を解く上で，グラフ描画までの必要はないということです．また，(は)においても，x 切片まで調べたグラフを描く必要はありません．増減のみを反映させたグラフを描くだけで十分です．

先にも申し上げましたように，微分によって得られる情報は，基本的には「たかだか増減くらい」なわけですから，それを「どう活かすか」を考えることが大切だ，ということです．

以上をふまえて，今回は3題ほど演習を積んでみましょう．はじめは不等式の問題です．どのように微分法を「活かすか」を考えてみましょう．

問題 6-3.2　x, b, c, d を正の数とする．
(1)　$x^3+b^3+c^3 \geqq 3xbc$ …① を示し，等号成立条件も述べよ．
(2)　$x^4+b^4+c^4+d^4 \geqq 4xbcd$ …② を示し，等号成立条件も述べよ．

いわゆる相加相乗平均の不等式ですが，それを微分法を用いて示せ，という趣旨の問題です．

見抜くべき事柄は，
「①を示すには，（左辺）−（右辺）で与えられる $x^3+b^3+c^3-3xbc$ を「x の関数」とみて（すなわち，b や c はただの文字定数とみて），この $x>0$ での最小値が0以上であることを示せばよさそう」ということです．さっそく参りましょう．

解　(1)　①の左辺から右辺を引いた式を，x の関数とみて
$$f(x)=x^3-3bcx+b^3+c^3$$
とおくと，
$$f'(x)=3x^2-3bc=3(x+\sqrt{bc})(x-\sqrt{bc})$$
なので，$x>0$ での $f(x)$ の増減は

x	(0)	$\cdots$	$\sqrt{bc}$	$\cdots$
$f'(x)$		$-$	0	$+$
$f(x)$		$\searrow$		$\nearrow$

の様である．従って，$f(x)$ の $x>0$ での最小値は
$$f(\sqrt{bc})=bc\sqrt{bc}-3bc\sqrt{bc}+b^3+c^3$$
$$=b^3-2bc\sqrt{bc}+c^3$$
$$=(b\sqrt{b}-c\sqrt{c})^2$$
で，これは0以上であるから，①は示された．
等号が成立するのは，$b\sqrt{b}-c\sqrt{c}=0$ かつ $x=\sqrt{bc}$ のとき，つまり **$x=b=c$ のときである．**

(2)　同様に，②の左辺から右辺を引いた式を x の関数とみて
$$g(x)=x^4-4bcdx+b^4+c^4+d^4$$
とおけば，
$$g'(x)=4x^3-4bcd$$
で，これは x についての増加関数であるから，$g'(\sqrt[3]{bcd})=0$ を加味すれば，$g(x)$ の $x>0$ での増減は

x	(0)	$\cdots$	$\sqrt[3]{bcd}$	$\cdots$
$g'(x)$		$-$	0	$+$
$g(x)$		$\searrow$		$\nearrow$

の様とわかる．従って，$g(x)$ の $x>0$ での最小値は
$$g(\sqrt[3]{bcd})=bcd\sqrt[3]{bcd}-4bcd\sqrt[3]{bcd}+b^4+c^4+d^4$$
$$=(b\sqrt[3]{b})^3+(c\sqrt[3]{c})^3+(d\sqrt[3]{d})^3-3\underbrace{b\sqrt[3]{b}\cdot c\sqrt[3]{c}\cdot d\sqrt[3]{d}}_{=bcd\sqrt[3]{bcd}}$$
で，これは $b\sqrt[3]{b}, c\sqrt[3]{c}, d\sqrt[3]{d}>0$ より(1)より0以上であるから，②の不等式は示された．
等号が成立するのは，$x=\sqrt[3]{bcd}$ かつ $b\sqrt[3]{b}=c\sqrt[3]{c}=d\sqrt[3]{d}$ のとき，つまり **$x=b=c=d$ のとき**

である．🔚

　⇨注　同様の手順で，一般の n 変数の相加相乗平均の不等式の成立を帰納法で示すことが可能です．興味のある人は挑んでみてください．

では，次です．

> **問題 6-3.3** a, b を実数とする．
> $f(x) = x^4 - a^2 x^2 + bx = 0$ は相異なる実数解をちょうど3つ持つという．そのような a, b の条件を求め，ab 平面上に図示せよ．

いきなり微分に走る前に見抜くべきことが，「$f(x) = 0$ は $x = 0$ を必ず解にもつ」ということです．微分できるものは何でもしてしまおう，というのはあわてすぎです．

解　$f(x) = x(x^3 - a^2 x + b)$ なので，$f(x) = 0$ の解は $x = 0$ および $g(x) = x^3 - a^2 x + b = 0$ の解である．従って，

(あ)　$g(x) = 0$ が相異3実解を持ち，かつそれらの一つが 0 である．

(い)　$g(x) = 0$ が相異実数解をちょうど2つ持ち，かつそれらは 0 ではない．

のいずれかが満たされるような a, b の条件を求めればよい．

(あ)のとき：$g(x) = 0$ が $x = 0$ を解に持つのは $b = 0$ のときである．このとき，$g(x) = x(x^2 - a^2)$ であるから，$g(x) = 0$ が，$x = 0$ および $x \neq 0$ なる2実解を持つのは $a \neq 0$ のとき．以上から，$b = 0$ かつ $a \neq 0$ …① が条件とわかる．

(い)のとき：$g(x) = 0$ が相異実数解をちょうど2つ持つための条件を考えれば，$g'(x) = 3x^2 - a^2$ より，$a = 0$ のとき…$g'(x)$ は常に 0 以上なので，$g(x)$ は単調増加であるから，題意を満たさない．

$a \neq 0$ のとき…$g'(x) = 3\left(x + \dfrac{a}{\sqrt{3}}\right)\left(x - \dfrac{a}{\sqrt{3}}\right)$

だから，増減に注意して $y = g(x)$ のグラフを描けば

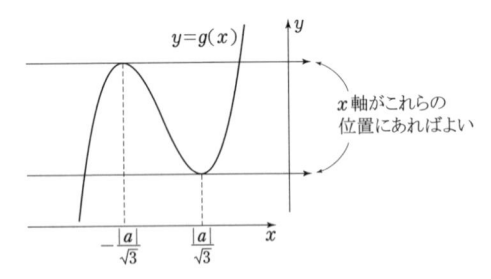

の様である．従って，条件を満たすのは

$a \neq 0$ かつ $\left(g\left(-\dfrac{a}{\sqrt{3}}\right) = 0 \text{ または } g\left(\dfrac{a}{\sqrt{3}}\right) = 0\right)$

のときと分かる．(このとき，$g(x) = 0$ は $x = 0$ を解に持たない．)

つまり，$a \neq 0$ かつ $b = \pm \dfrac{2}{9}\sqrt{3}\, a^3$ …② が条件である．

$b = \dfrac{2}{9}\sqrt{3}\, a^3$ のグラフは単調増加で，$a = 0$ での微分係数は 0 であることなどを考慮して，(①または②) を図示すれば，以下の太線のとおりになる．

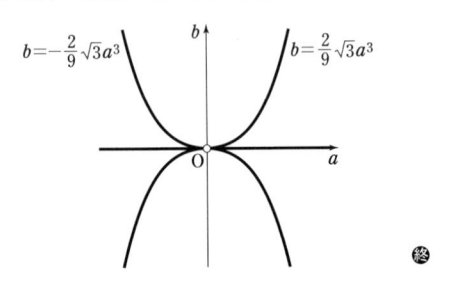

🔚

$g(x)$ のグラフを描く際に，「必要な情報は何か」に着目して，余計な情報を含めないことや，最後の結論部分で「グラフの増減」よりも，「外見上の特徴」を注意したところなどがみどころです．

最後は，一般の n 次関数についての問題です．いろいろと考えてみてください．

> **問題 6-3.4** n を 2 以上の整数とし，x の方程式
> $$f(x) = x^n - x^{n-1} - x^{n-2} - \cdots - x - 1 = 0 \quad \cdots(*)$$
> を考える．
> (1) $f(x)$ が $x > 0$ の範囲でとる極値はいずれも負であることを示せ．
> (2) $(*)$ は，$x > 0$ の範囲には実数解をちょうど一つ持つことを示せ．ただし，x が十分大きいときに $f(x) > 0$ となることを断りなく用いてよい．
> (3) $(*)$ の $x > 0$ なる解を x_0 とする．$1 < x_0 < 2$ であることを示せ．

$f(x)$ の極値を与える x の値を求める必要はありません．というより，求めようとしてもなかなかうまく扱いづらいでしょう．

解　(1) $f(x)$ の極値を与える x は $f'(x) = 0$ の解であるから，「$f'(x) = 0$ の正の解 α が $f(\alpha) < 0$ を満たす」…(☆) ことを示せばよい．

$$f'(x) = nx^{n-1} - (n-1)x^{n-2} - \cdots - 2x - 1$$

より，

$$n\alpha^{n-1}-(n-1)\alpha^{n-2}-\cdots-2\alpha-1=0$$

であるから,両辺を $\dfrac{\alpha}{n}$ 倍すれば

$$\alpha^n - \frac{n-1}{n}\alpha^{n-1} - \frac{n-2}{n}\alpha^{n-2} - \cdots - \frac{2}{n}\alpha^2 - \frac{1}{n}\alpha = 0$$

一方,

$$f(\alpha) = \alpha^n - \alpha^{n-1} - \alpha^{n-2} - \cdots - \alpha - 1$$

であるから,

$$f(\alpha) = -\frac{1}{n}\alpha^{n-1} - \frac{2}{n}\alpha^{n-2} - \cdots - \frac{n-1}{n}\alpha - 1 < 0$$

$(\because \alpha > 0)$

従って,題意は示された. ◼

(2) $f(0) = -1 < 0$ であるので,x が十分大きいときに $f(x) > 0$ であることを加味すれば,$y = f(x)$ のグラフは $x > 0$ の範囲で少なくとも一回は x 軸と触れる.

もし二回以上 x 軸と触れるとすると,$x > 0$ の範囲において,

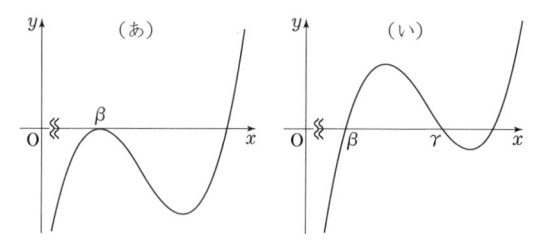

(グラフ (あ) と (い))

のどちらかが必ずおこることになるが,

(あ)のときは,$x = \beta$ において $f(x)$ は極大値 0 をとるので,(1)に反し不合理

(い)のときは,$\beta < x < \gamma$ において $f(x)$ は正の極大値をとるので,やはり(1)に反し不合理

従って,$y = f(x)$ のグラフは x 軸と 2 回以上触れることはない.

つまり,$f(x) = 0$ は $x > 0$ の範囲にちょうど一つ実数解を持つ. ◼

(3) $f(1) = 1 - 1 - 1 - \cdots - 1 = 1 - n < 0$ であり,

$$f(2) = 2^n - 2^{n-1} - 2^{n-2} - \cdots - 2 - 1 = 2^n - \frac{2^n - 1}{2 - 1} = 1 > 0$$

であるから,$1 < x < 2$ で $y = f(x)$ のグラフは必ず x 軸と共有点を持つことになる.

従って,確かに $1 < x_0 < 2$ とわかる. ◼

⇨注 $f'(x) = 0$ の解が必ずしも $f(x)$ の極値を与えるとは限りません(例えば,$f(x) = x^3$)が,(☆)は題意が成り立つための十分条件になっていますから,解答に問題はありません.

違った視点からの別解も紹介しておきましょう.まず(2)(3)を示し,似たような手法で(1)もクリアする,という流れで進みます.

別解 (2)(3) $x > 0$ においては,

$$(*) \Longleftrightarrow x^n = x^{n-1} + x^{n-2} + \cdots + x + 1$$
$$\Longleftrightarrow 1 = \frac{1}{x} + \frac{1}{x^2} + \cdots + \frac{1}{x^{n-1}} + \frac{1}{x^n} \cdots (\bigstar)$$

と変形できるので,$(*)$ の $x > 0$ での解は,$(\bigstar)$ の $x > 0$ での解に等しい.右辺を $g(x)$ とおけば,$g(x)$ $(x > 0)$ は x について単調減少な連続関数で,

$$g(1) = 1 + 1 + \cdots + 1 = n > 1$$
$$g(2) = \frac{1}{2} + \frac{1}{2^2} + \cdots + \frac{1}{2^n} = 1 - \frac{1}{2^n} < 1$$

であるから,$g(x) = 1$ の $x > 0$ での解は唯一つ存在し,しかもそれは $1 < x < 2$ の範囲に存在すると分かる.

(1) $f'(x)$
$= nx^{n-1} - (n-1)x^{n-2} - (n-2)x^{n-3} - \cdots - 2x - 1$
$= nx^{n-1}\left\{1 - \left(\dfrac{n-1}{n}\cdot\dfrac{1}{x} + \dfrac{n-2}{n}\cdot\dfrac{1}{x^2}\right.\right.$
$\left.\left.\quad + \cdots + \dfrac{2}{n}\cdot\dfrac{1}{x^{n-2}} + \dfrac{1}{n}\cdot\dfrac{1}{x^{n-1}}\right)\right\}$

ここに,

$$h(x) = \frac{n-1}{n}\cdot\frac{1}{x} + \frac{n-2}{n}\cdot\frac{1}{x^2} + \cdots + \frac{2}{n}\cdot\frac{1}{x^{n-2}} + \frac{1}{n}\cdot\frac{1}{x^{n-1}}$$

とおけば,$h(x)$ は $x > 0$ の範囲で単調減少な連続関数であるから,$1 - h(x)$ は単調増加な連続関数である.

従って,

(あ) $1 - h(x)$ は $x > 0$ で常に正

(い) $1 - h(x)$ はあるところ(x_1 とおく)まで負,そこから先は正

のどちらかだが,$nx^{n-1} > 0$ であることを加味すれば,

(あ)のときは $f'(x)$ は常に正(つまり $f(x)$ は単調増加)

(い)のときは $0 < x < x_1$ の範囲で $f'(x) < 0$,$x > x_1$ の範囲で $f'(x) > 0$ ($f(x)$ は途中まで減少,途中から増加)

であるから,$f(x)$ は $x > 0$ において極大値をとることはない.そして,$f(0) = -1 < 0$ であるから,もし極小値をとるとしても((い)の場合であっても),その値は負である.

ゆえに,$f(x)$ が $x > 0$ の範囲でとる極値は全て負であるとわかる. ◼

⇨注 n が 4 以上のときは $h(1) > 1$ で,x が十分大きいときは $h(1) < 1$ となるので,実際には,$f(x)$ は $x > 1$ において唯一の極小値をとります.

$f(x) = 0$ の正の解 x_0 については,$\displaystyle\lim_{n \to \infty} x_0 = 2$ が成り立ちます.(理系の人で,)腕に自信のある人は,証明を試みるとよいでしょう.

ミニ講座③
相加相乗平均の不等式の証明

0 以上の数 $x_1, x_2, \cdots, x_n$ に対して，その相加平均とは $\dfrac{x_1+x_2+\cdots+x_n}{n}$ のことを，相乗平均とは $\sqrt[n]{x_1 x_2 \cdots x_n}$ のことを言います．数の個数 n によらず，常に

（相加平均）≧（相乗平均）

の関係が成り立つ，というのが，いわゆる相加相乗平均の不等式というものです．

その証明法は多岐にわたり，初等的なものから，数Ⅲの知識を用いるものまでいろいろですが，ここでは，単純なからくりで進めることのできる帰納法での証明を紹介しようと思います．

証明として完成させる前に，まずは「単純なからくり」の部分を解説しておきましょう．

2 変数の場合の不等式の成立はすぐに分かりますね．

$a, b \geqq 0$ のとき，$\dfrac{a+b}{2} \geqq \sqrt{ab} \iff a - 2\sqrt{ab} + b \geqq 0$

と変形すれば，左辺は $(\sqrt{a}-\sqrt{b})^2$ とできるので，この不等式の成立は自明です（加えて，等号成立条件が $a=b$ であることもすぐに分かります）．

この結果を用いて，三変数の場合の不等式の証明をしてみましょう．

$x_1 = a^3$ などとおけば，示すべきは $a, b, c \geqq 0$ に対しての
$$a^3 + b^3 + c^3 \geqq 3abc \quad \cdots\cdots\cdots\cdots\cdots ①$$
の成立です．①を導くために，$a^3+b^3+c^3+abc$ という式を考えれば，二変数の相加相乗平均から
$$\begin{aligned}a^3+b^3+c^3+abc &= (a^3+b^3)+(c^3+abc)\\ &\geqq 2\sqrt{a^3b^3}+2\sqrt{c^3 \cdot abc}\\ &\geqq 4\sqrt{\sqrt{a^3b^3}\sqrt{c^3 \cdot abc}} = 4\sqrt{\sqrt{a^4b^4c^4}}\\ &= 4abc\end{aligned}$$

を得ます．つまり，$a^3+b^3+c^3+abc \geqq 4abc$ ですから，これで①の不等式が示されました．

はじめに $a^3+b^3+c^3+abc$ を考えたのは，「$a=b=c$ のときに等しくなる，4 つの和を考えてみよう」という動機によります．

では，4 変数の場合はどうすればよいでしょうか？実は，4 は偶数なので，そう難しくなく証明が可能です．やはり，示すべきは $a, b, c, d \geqq 0$ に対しての
$$a^4+b^4+c^4+d^4 \geqq 4abcd \quad \cdots\cdots\cdots\cdots\cdots ②$$
の成立ですが，
$$a^4+b^4+c^4+d^4 = (a^4+b^4)+(c^4+d^4)$$
$$\geqq 2\sqrt{a^4b^4}+2\sqrt{c^4d^4}$$
$$\geqq 4\sqrt{\sqrt{a^4b^4c^4d^4}} = 4abcd$$

で，すぐに②の成立がいえます．

このからくりを利用して，以下のように帰納法に乗せてみましょう．

【証明】

0 以上の数 $x_1, x_2, \cdots, x_n$ に対して
$$\dfrac{x_1+x_2+\cdots+x_n}{n} \geqq \sqrt[n]{x_1 x_2 \cdots x_n}$$
が成り立つことを示す．そのためには，

　0 以上の数 $a_1, a_2, \cdots, a_n$ に対して．
$$a_1{}^n + a_2{}^n + \cdots + a_n{}^n \geqq n a_1 a_2 \cdots a_n \quad \cdots\cdots\cdots ③$$
が成り立つことを示せば十分である．

（ⅰ）$n=2$ のとき
$(a_1-a_2)^2 = a_1{}^2 + a_2{}^2 - 2a_1 a_2 \geqq 0$ より③は成り立つ．

（ⅱ）$2 \leqq n \leqq k$ のときに③が成り立つと仮定する．
$k+1$ が偶数 $2m$ のとき（m は 2 以上）:
$$a_1{}^{2m} + a_2{}^{2m} + \cdots + a_{2m}{}^{2m}$$
$$= (a_1{}^{2m} + \cdots + a_m{}^{2m}) + (a_{m+1}{}^{2m} + \cdots + a_{2m}{}^{2m})$$
$$\geqq m \sqrt[m]{a_1{}^{2m} a_2{}^{2m} \cdots a_m{}^{2m}}$$
$$\quad + m \sqrt[m]{a_{m+1}{}^{2m} a_{m+2}{}^{2m} \cdots a_{2m}{}^{2m}}$$
$$\geqq m \cdot 2 \sqrt{\sqrt[m]{a_1{}^{2m} a_2{}^{2m} \cdots a_{2m}{}^{2m}}} = 2m a_1 a_2 \cdots a_{2m}$$

であるから，$n=k+1 (=2m)$ のときも③は成り立つ．
$k+1$ が奇数 $2m-1$ のとき（m は 2 以上）:
$$a_1{}^{2m-1} + a_2{}^{2m-1} + \cdots + a_{2m-1}{}^{2m-1} + a_1 a_2 \cdots a_{2m-1}$$
$$= (a_1{}^{2m-1} + a_2{}^{2m-1} + \cdots + a_m{}^{2m-1})$$
$$\quad + (a_{m+1}{}^{2m-1} + a_{m+2}{}^{2m-1} + \cdots + a_{2m-1}{}^{2m-1}$$
$$\qquad\qquad\qquad\qquad\qquad + a_1 a_2 \cdots a_{2m-1})$$
$$\geqq m \sqrt[m]{a_1{}^{2m-1} a_2{}^{2m-1} \cdots a_m{}^{2m-1}}$$
$$\quad + m \sqrt[m]{a_{m+1}{}^{2m-1} a_{m+2}{}^{2m-1} \cdots a_{2m-1}{}^{2m-1} \times a_1 a_2 \cdots a_{2m-1}}$$

（$n=m$ のときの仮定を利用した）
ここに，根号内の全ての積は $(a_1 a_2 \cdots a_{2m-1})^{2m}$ なので，$n=2$ のときの③の結果から，この右辺は
$2m \sqrt{\sqrt[m]{(a_1 a_2 \cdots a_{2m-1})^{2m}}} = 2m a_1 a_2 \cdots a_{2m-1}$ 以上と分かる．従って，
$$a_1{}^{2m-1} + a_2{}^{2m-1} + \cdots + a_{2m-1}{}^{2m-1}$$
$$\geqq (2m-1) a_1 a_2 \cdots a_{2m-1}$$

であるから，$n=k+1(=2m-1)$ のときも③は成り立つ．

（ⅰ）（ⅱ）より，全ての $n \ (\geqq 2)$ で③が成り立つ．■

等号成立条件が $x_1 = x_2 = \cdots = x_n$（つまり $a_1 = \cdots = a_n$）のときのみであることもあわせて証明できますが，それは読者の皆さんの理解にお任せしましょう．

Teatime
どうでもいい話
〜いまとむかし〜

ネット時代になって久しいですが，私が現役の中高生のころは，まだまだ「メール」などというものは普及しておらず，もちろん携帯電話などというものも全然一般的ではありませんでした．

何かを知りたいと思っても，気軽に「検索」できる環境になかったわけですが，それはそれで楽しかった時代だったように思います．何か素敵なことを思いつけば，「きっと世界中の誰もが知らないことだぞ！」という勘違いが少なくとも1週間はできるわけですから．

最近はそこまででもないのですが，中高生のころはものすごく「フィボナッチな数列」にはまってました．とりわけ私を魅了したのが，本書にも登場する「ルカスの基本定理」です．

$l_1=1$, $l_2=3$, $l_{n+2}=l_{n+1}+l_n$ ($n=1, 2, 3, \cdots$) で定まる数列 $\{l_n\}$ をルカスの数列といいますが，この数列には

$$\text{素数 } p \text{ に対して, } l_p \equiv 1 \pmod{p}$$

というきれいな性質が備わっているのです．これがルカスの基本定理なわけですが，「その逆はどうなのだ？」少し見てみましょう．

n	2	3	4	5	6	7	8	9	10	11	12	13	14
l_n	3	4	7	11	18	29	47	76	123	199	322	521	843
l_n を n で割った余り	1	1	3	1	0	1	7	4	3	1	10	1	3

ほら，素数番目以外は，余りが「1」以外になっているでしょう？

さらにこの先の方までを見ても，手を動かして調べられるレベルでは，素数番目以外で，余りが1になるものは見つかりません．

「n が素数でない2以上の整数 $\Longrightarrow l_n \not\equiv 1 \pmod{n}$」

これは正しいのでは？？

どうにかして「示したい！」と思うじゃないですか？今の時代なら，予想が正しいのかどうかを，なんちゃら知恵袋で尋ねるのかも知れませんが（どんな反応があるのでしょうかね？），あの時代，正誤も含めて一人で悶々と考える以外に，とるべき選択肢はありませんでしたら，それはそれはいろいろと「証明」を試みたものです．大きくなってから，「たぶん反例があるな」という気持ちにはなったのですが，当時は「信じたかった」のが強かったのです．

おかげで，本題とは全く関係のない，いろんなフィボナッチの性質を知ることができたので，貴重な経験にはなったのですが，結局，逆が成り立つのか成り立たないのかもはっきりしないまま，うん年がすぎてゆきました．ま，でもいまさら真偽のほどはどうでも良いかな？ いろいろと他に面白いことも知ることが出来たし．

少しだけ大きくなって，大学生時分のある日，年下にあたる「数学できるんだよ」な男の子に，この話，ルカスの基本定理の逆は成り立つと思うんだけどなぁ，をしました．仮に名前をX君としておきましょう．X君のリアクションは，はぁ，そんなもんですかねぇ，といった感じ．熱くもなく，寒くもなく．

大学生のころになると，少しは「メール」文化が浸透し始めています．翌日，我が家のパソコンに見知らぬ女性名義のアドレスからメールが届いていました．

「Xです．昨日の話は，パソコンで調べたらこんな反例がありました．…」

X君は，熱くもならず冷静に機械に頼り，あろうことか「彼女」の家のパソコンから，結果だけを私に送りつけてきたわけです．あぁ．

はじめて「時代の変化」を肌で感じた瞬間でした．

◇4 おめかししてみた

数Ⅱ / 問題編

難易度 ★★

問題 6-4.1

相異なる実数 $a, b\ (a>b)$ が
$$a^3 - 3a = b^3 - 3b \quad \cdots ②$$
を満たしているとき,a のとりうる値の範囲を求めよ.

難易度 ★★

問題 6-4.2

x の方程式 $x^3 - 3x = a^3 - 3a$ …③ が相異なる3つの実数解を持つような,実数 a の範囲を求めよ.

難易度 ★★

問題 6-4.3

x の方程式 $x^3 - 3x = k$ …① が相異なる3つの実数解 $\alpha, \beta, \gamma\ (\alpha > \beta > \gamma)$ を持つように実数 k が動く.
(1) $\alpha + \gamma$ のとりうる値の範囲を求めよ.
(2) $\alpha - \gamma$ のとりうる値の範囲を求めよ.

◇4 おめかししてみた

6-4

チェック！

難易度
★

問題 6-4.4
　x の方程式 $x^3-3x=k$ …① が相異なる3つの実数解 α, β, γ を持つように実数 k が動く．$L=|\alpha|+|\beta|+|\gamma|$ のとりうる値の範囲を求めよ．

チェック！

難易度
★★★

問題 6-4.5
　$x^2+xy+y^2+a(x+y)+b=0$ …⑥ を満たすような相異なる実数 x, y が存在するような実数 a, b の条件を求めよ．

チェック！

難易度
★★★★

問題 6-4.6
　相異なる実数 x, y, z が
$$3x^4-4x^3-12x^2=3y^4-4y^3-12y^2=3z^4-4z^3-12z^2$$
を満たして動くとき，$w=x+y+z$ のとりうる値の範囲を求めよ．

第6章 方程式，不等式，数IIの微積分

◇4 おめかししてみた

数II 解説編

方程式の解を，グラフ同士の共有点（の x 座標）とみよう，という発想は，目新しくもなんともありません．

例1
x の方程式 $x^3-3x=k$ …① が相異なる3つの実数解を持つとき，次の問いに答えよ．
（1） k の範囲を求めよ．
（2） 最大解 α のとりうる値の範囲を求めよ．

なら，①の実数解を $y=f(x)=x^3-3x$，$y=k$ の2つのグラフの共有点の x 座標とみて解決すればよく，$f'(x)=3(x-1)(x+1)$ から

x	…	-1	…	1	…
$f'(x)$	$+$	0	$-$	0	$+$
$f(x)$	↗	2	↘	-2	↗

と増減を調べ，$y=f(x)$ のグラフを図示すれば，右図のようですから，これが $y=k$ と異なる3点で交わる範囲を求めて，（1）の答は $-2<k<2$ と分かります．

また，k がこの範囲を動くときの①の最大解 α は右上図のように x 軸上に現れますから，図の α_0 を求めれば，α の動く範囲は $1<\alpha<\alpha_0$ と分かります．

$y=f(x)$ と $y=2$ の共有点の x 座標は，$x^3-3x=2$ の解で与えられ，両者は $x=-1$ で接する多項式関数のグラフですから，$x=-1$ を重解に持つと分かるので，解と係数の関係から $(-1)+(-1)+\alpha_0=0$
これから $\alpha_0=2$ と求め，α の範囲は $1<\alpha<2$
これが（2）の答，と結論づけておしまいですね．

このありきたりな問題に，ちょっとしたおめかしをすることはできないものかなぁ，と考えてみると，いろいろとくだらなく面白い問題ができてしまいました．我ながら，よくやるなぁとおもいます．

まあ，きいてください．

§1 まずは素朴に

問題 6-4.1
相異なる実数 a, b （$a>b$） が
$$a^3-3a=b^3-3b \quad \cdots\cdots ②$$
を満たしているとき，a のとりうる値の範囲を求めよ．

式の形が**例1**と似ていますが，ばればれですか？

知恵比べをしましょう．先に進む前に頭の中だけで大雑把に考えてみてください．そして，その後で紙の上で答を出してみてください．

では，解答です．以下，**例1**の結果を認めて話を進めます．

解 $a^3-3a=b^3-3b=k$ とおくと，k の満たすべき条件は，

「$x^3-3x=k$ を満たす実数 x が少なくとも2つ存在する」

$\iff f(x)=x^3-3x$ のグラフと $y=k$ が共有点を2つ以上持つ

$\iff -2\leq k\leq 2$

であり，k がこの範囲を動くときの $x^3-3x=k$ …① の解が a, b である．

$a>b$ より，a は（①の相異実解の個数が2個であろうと3個であろうと）①の最小解以外の実数であるから，その存在範囲を x 軸上に図示すると，右のよう．
従って，
$$-1<a\leq 2$$
が求めるべき a の範囲．**終**

少しおしゃれでしょう？ 調子に乗ってこんな問題も作ってみました．

問題 6-4.2

x の方程式 $x^3-3x=a^3-3a$ …③ が相異なる3つの実数解を持つような，実数 a の範囲を求めよ．

文字が異なるだけで，③は②と同じ式ですが，だから何だというのでしょうか．やはり，知恵比べのノリで少し考えてみてください．

解 $y=f(x)=x^3-3x$ のグラフと，直線 $y=a^3-3a$ のグラフとが，相異なる3つの共有点を持つような a の範囲を求めればよい．

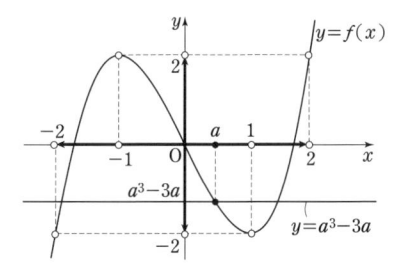

(a, a^3-3a) が $y=f(x)$ のグラフ上にあることに注意すれば，a^3-3a が $-2<a^3-3a<2$ の範囲を動くとき，a は $-2<a<2$ の $a\neq\pm1$ の部分を動くとわかる（$f(x)$ は奇関数なので，グラフは原点対称であることに注意）ので，求めるべき範囲は

$$-2<a<-1,\ -1<a<1,\ 1<a<2$$

例1で，①が相異3実解を持つような k の範囲を $-2<k<2$ と求めているわけですから，a の不等式 $-2<a^3-3a<2$ …④ を解けばよいだけで，④を「グラフを利用して解いた」というのが，上の解でやっている内容です．「不等式をグラフを利用して解く」，というのも，なにをいまさら，といった感のする使い古された手法ですが，まともに解くと

④ $\iff \begin{cases} a^3-3a+2>0 \\ a^3-3a-2<0 \end{cases} \iff \begin{cases} (a-1)^2(a+2)>0 \\ (a+1)^2(a-2)<0 \end{cases}$

$\iff \begin{cases} -2<a<1,\ a>1 \\ a<-1,\ -1<a<2 \end{cases}$

となるものが，ビジュアル的にあっさり解決してしまうところには，あらためてその手法のよさを感じてしまいます．

▷**注** ③を $(x-a)(x^2+ax+a^2-3)=0$ と変形し，x について解くという方針ももちろん OK です．

§2 解と係数の関係をかませて

素朴な問題に，解と係数の関係をからませると，また違った面白さが出てきます．

$x^3-3x=k$ …① $\iff x^3-3x-k=0$

の3つの解を α, β, γ とすれば，

$$\begin{cases} \alpha+\beta+\gamma=0 \\ \alpha\beta+\beta\gamma+\gamma\alpha=-3 \\ \alpha\beta\gamma=k \end{cases}$$

となりますから，例えば，

例2

x の方程式 $x^3-3x=k$ …① が相異なる3つの実数解を持つとき，その3解の積のとりうる値の範囲を求めよ．

のようなかわいらしい問題もつくれてしまいます．
（多くは語らなくてよいでしょう．答は
$-2<(3\text{解の積})<2$ となります．）

少しだけどきどるなら，次のような問題でしょうか．

問題 6-4.3

x の方程式 $x^3-3x=k$ …① が相異なる3つの実数解 α, β, γ ($\alpha>\beta>\gamma$) を持つように実数 k が動く．
（1） $\alpha+\gamma$ のとりうる値の範囲を求めよ．
（2） $\alpha-\gamma$ のとりうる値の範囲を求めよ．

（1）はさらりと，（2）はどきどきしながら解決してください．

解 （1） 解と係数の関係から，$\alpha+\beta+\gamma=0$ …⑤ であるので，$\alpha+\gamma=-\beta$

従って，β の動く範囲を調べればよい．

①の実解は，$y=f(x)=x^3-3x$, $y=k$ の共有点の x 座標で，k を $-2<k<2$ の範囲で動かすときの β の範囲を，$y=f(x)$ のグラフを用いて x 軸上でみれば，

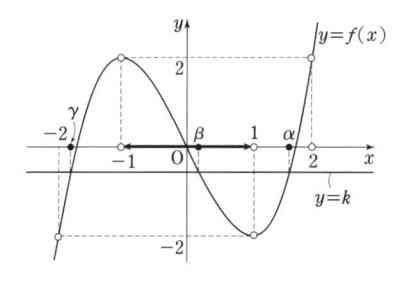

$-1<\beta<1$ とわかるので，$1>-\beta>-1$ が $-\beta$ の動く範囲．従って，$\alpha+\gamma$ の動く範囲は $-1<\alpha+\gamma<1$

（2） ⑤より，$\alpha+\gamma=-\beta$
また，解と係数の関係から，$\alpha\beta+\beta\gamma+\gamma\alpha=-3$

従って、
$$\alpha\gamma = -3 - \beta(\alpha+\gamma) = \beta^2 - 3$$
であるから、
$$(\alpha-\gamma)^2 = (\alpha+\gamma)^2 - 4\alpha\gamma = \beta^2 - 4(\beta^2-3)$$
$$= 12 - 3\beta^2$$
従って、$\alpha-\gamma = \sqrt{12-3\beta^2}$ とわかる。(1)より、β の動く範囲は $-1<\beta<1$ であるので、$0 \leq \beta^2 < 1$ が β^2 の値域。以上から、$\alpha-\gamma$ の動く範囲は $3 < \alpha-\gamma \leq 2\sqrt{3}$ とわかる。■

$\alpha+\gamma$ の値域はともかく、$\alpha-\gamma$ の値域が分かるのは少し新鮮ですね。ついでに、次のような問題もみておきましょう。

問題 6-4.4
x の方程式 $x^3 - 3x = k$ …① が相異なる3つの実数解 α, β, γ を持つように実数 k が動く。$L = |\alpha| + |\beta| + |\gamma|$ のとりうる値の範囲を求めよ。

方針はさらりと立ちましたか?

解 $\alpha > \beta > \gamma$ として一般性を失わない。$f(x)$ は奇関数であるので、k が $0 \leq k < 2$ の範囲を動く場合のみを調べれば十分で、このとき $\gamma < \beta \leq 0 < \alpha$ であるから、$L = \alpha - \beta - \gamma$ で、⑤より $\beta + \gamma = -\alpha$ であるから
$$L = 2\alpha$$
$y = f(x)$ のグラフの x 切片が $0, \pm\sqrt{3}$ であることを加味すると、k が $0 \leq k < 2$ の範囲を動くときの α のとりうる値の範囲は $\sqrt{3} \leq \alpha < 2$ であるので、$L = 2\alpha$ のとりうる値の範囲は $2\sqrt{3} \leq L < 4$ とわかる。■

⇨注 $\alpha - \gamma = \sqrt{12-3\beta^2}$ なので、$L = -\beta + \sqrt{12-3\beta^2}$ とみて、β の動く範囲 $-1 < \beta \leq 0$ に注意して値域を求めても良いでしょう。

問題 6-4.3、問題 6-4.4 とも、「単調に変化する」のが少し残念(?)ですが、興味深い手法を確立することができました。

§3 最後はごちゃまぜで

そんなこんなの話をいろいろ考えた挙句、出来上がったのが次の問題たちです。では、もう少しだけお付き合いください。

問題 6-4.5
$x^2 + xy + y^2 + a(x+y) + b = 0$ …⑥ を満たすような相異なる実数 x, y が存在するような実数 a, b の条件を求めよ。

解法はさまざまですが、以下のように考えれば、題意をビジュアル化できてストレスを軽減できます。

解 ⑥を満たす相異なる実数 x, y が存在する
$\iff (x-y)(x^2+xy+y^2) + a(x-y)(x+y)$
$\qquad + b(x-y) = 0$
を満たす相異なる実数 x, y が存在する
$\iff x^3 - y^3 + a(x^2-y^2) + b(x-y) = 0$
を満たす相異なる実数 x, y が存在する
$\iff x^3 + ax^2 + bx = y^3 + ay^2 + by$
を満たす相異なる実数 x, y が存在する
であるから、問題1と同様に考えれば、
tY 平面上において、$Y = g(t) = t^3 + at^2 + bt$ のグラフと直線 $Y = k$ が2点以上で交わるような k が存在する …⑦
ような a, b の条件を求めればよいと分かる。

⑦となるのは、3次関数のグラフ $Y = g(t)$ の形状が

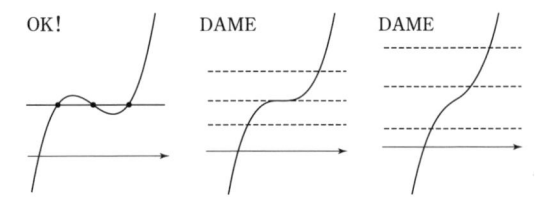

OK!　　　DAME　　　DAME

左端のケースになるときである。つまり、$g'(t)$ が符号変化を起こすときであるので、
$g'(t) = 3t^2 + 2at + b = 0$ が相異2実解を持つ条件を求めれば、(判別式)>0 から
$a^2 - 3b > 0$ が求めるべき答とわかる。■

別の方針もつけておきましょう。ストレスの軽重をみてください。

別解 $s = x+y$, $t = xy$ とおくと、⑥式は
$$s^2 - t + as + b = 0 \iff t = s^2 + as + b \cdots ⑧$$
一方、$s = x+y$, $t = xy$ を満たす相異なる実数 x, y が存在するための s, t の条件は、x, y が X の方程式 $X^2 - sX + t = 0$ の2解であることから、
$s^2 - 4t > 0$ …⑨ である。従って、⑧、⑨を満たすような実数 s, t が存在するような a, b の条件を求めればよい。st 平面上で考えれば、⑧は放物線を、⑨は放物線の下

側を表わす式なので，両者が共有点を持つのは
$t=s^2+as+b$, $s^2-4t=0$ が交わるとき．
従って，2式を連立した s の方程式 $3s^2+4as+4b=0$ が
相異 2 実解を持つ a, b の条件を求めればよく，判別式
からその条件は $4a^2-12b>0 \iff \boldsymbol{a^2-3b>0}$ 終

では，最後の問題です．がちんこでどうぞ．

問題 6-4.6
相異なる実数 x, y, z が
$$3x^4-4x^3-12x^2=3y^4-4y^3-12y^2$$
$$=3z^4-4z^3-12z^2$$
を満たして動くとき，$w=x+y+z$ のとりうる値の範囲を求めよ．

初めて 4 次式が登場しましたが，今までの話の流れを
ふまえれば，十分戦えることでしょう．

解 式の値を k とおけば，x, y, z は t の方程式
$$g(t)=3t^4-4t^3-12t^2=k \quad \cdots\cdots\cdots ⑩$$
の解であるので，k は
$Y=g(t)$ のグラフと，直線 $Y=k$ とが相異なる 3 点を共
有点に持つような範囲を動く．
$$g'(t)=12(t^3-t^2-2t)=12t(t+1)(t-2)$$
から，$g(t)$ の増減は

t	$\cdots$	-1	$\cdots$	0	$\cdots$	2	$\cdots$
$g'(t)$	$-$	0	$+$	0	$-$	0	$+$
$g(t)$	$\searrow$	-5	$\nearrow$	0	$\searrow$	-32	$\nearrow$

とわかるので，$Y=g(t)$ のグラフの概形は下図のよう．

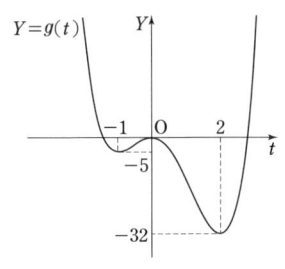

従って，k は $-5 \leq k \leq 0$ の範囲を動くと分かる．
さて，解と係数の関係から ⑩ の 4 解の和は $\frac{4}{3}$ であり，
$-5 \leq k \leq 0$ のときの ⑩ の 4 解のうち，x, y, z 以外のも
のを v とおけば，$x+y+z+v=\frac{4}{3}$ から $w=\frac{4}{3}-v$ なの
で，v についての考察ができれば十分．以下，v のとり
うる値の範囲を考える．

$k=0$ および $k=-5$ のとき，$Y=g(t)$, $Y=k$ の 2 つ
の（多項式関数の）グラフ同士は接するので，⑩ は
$k=0$ のときは $t=0$ を，
$k=-5$ のときは $t=-1$ を，
それぞれ重解に持つ．x, y, z が異なるので，$k=0$,
-5 のときは，v は ⑩ の重解 0, -1 にあたるとわかる．
$-5<k<0$ のとき，v は ⑩ の解としてとりうる値を動く
ので，その範囲を t 軸上に表わすために，$Y=g(t)$ と
$Y=-5$ の共有交点の t 座標を
$$3t^4-4t^3-12t^2=-5$$
$$\iff (t+1)^2(3t^2-10t+5)=0$$
から，$t=-1$, $\frac{5\pm\sqrt{10}}{3}$ と，またグラフの t 切片を
$$g(t)=0 \iff t^2(3t^2-4t-12)=0$$
$$\iff t=0, \frac{2\pm 2\sqrt{10}}{3}$$
と求めて準備して図示すれば，v の範囲は

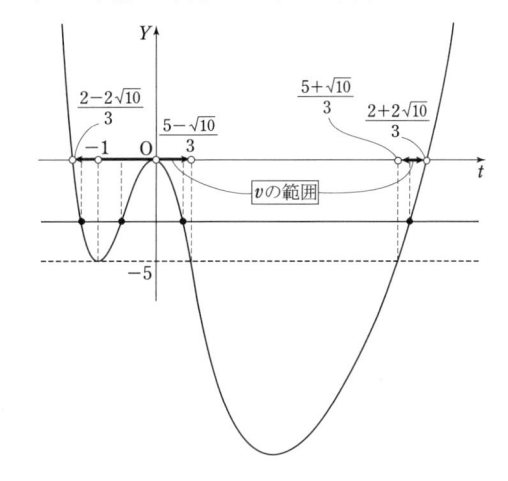

のよう．

v が 0, -1 ともなりえることを加味すれば，v のとり
うる値の範囲は
$$\frac{2-2\sqrt{10}}{3}<v<\frac{5-\sqrt{10}}{3}, \quad \frac{5+\sqrt{10}}{3}<v<\frac{2+2\sqrt{10}}{3}$$
と分かるので，w のとりうる値の範囲は
$$\frac{2-2\sqrt{10}}{3}<w<\frac{-1-\sqrt{10}}{3},$$
$$\frac{-1+\sqrt{10}}{3}<w<\frac{2+2\sqrt{10}}{3} \quad 終$$

テーマは同じでも，出題の仕方が変わるだけでずいぶ
ん変わってみえてくるのが面白いとおもいませんか？

◆5 もっておくべき二つの見方

問題 6-5.1

相異なる実数 x, y, z が，
$$\begin{cases} x+y+z=6 & \cdots\cdots① \\ xy+yz+zx=9 & \cdots\cdots② \end{cases}$$
を満たして動くとき，$w=xyz$ のとりうる値の範囲を求めよ．

問題 6-5.2

相異なる実数 x, y が $x^3-3x^2=y^3-3y^2$ ……① を満たして動くときの，$k=x+y$ の値域を求めよ．

6-5

チェック!

難易度 ★★★

問題 6-5.3

x, y, z を正の実数とし,$A = \dfrac{x}{x+y} + \dfrac{y}{y+z} + \dfrac{z}{z+x}$ とする.

（1） $1 < A < 2$ であることを示せ.

（2） $A = \dfrac{3}{2}$ となるための x, y, z の条件を求めよ.

第6章　方程式，不等式，数IIの微積分

◇5 もっておくべき二つの見方

数II
解説編

本稿では，「対称性をおびた式」をテーマに，「もっておくべき二つの見方」をお話したいと思います．さまざまなことを勉強してゆく上で，核としてほしい話でもあります．

§1 「たもつ」vs「くずす」

対称性をおびたものを扱う上で覚えておいて欲しいのは，

> 対称式＝きれいなもの
> 迷うべきは…「たもつ」か「くずす」か

ということです．
まずは，その基本的な概念についてを，次の例題で紹介したいと思います．

> **問題** 6-5.1 相異なる実数 x, y, z が，
> $$\begin{cases} x+y+z=6 & \cdots\cdots\cdots① \\ xy+yz+zx=9 & \cdots\cdots② \end{cases}$$
> を満たして動くとき，$w=xyz$ のとりうる値の範囲を求めよ．

①，②および w はいずれも x, y, z についての対称式です．
まずは対称性を「たもつ」，「くずす」ということが，一体どのようなことを指しているのかをお話しましょう．
【たもつ，という姿勢にたつならば】
着目すべきは，

> 解と係数の関係

の利用でしょう．①，②および $w=xyz$ より，x, y, z は t の方程式 $t^3-6t^2+9t-w=0\cdots③$ の3解ですから，考えるべきは，この事実をどうやって「答え」に結びつけるか，ということになります．
【くずす，という姿勢にたつならば】
未知数は x, y, z の3つ，で，①，②の二つが条件として与えられていますから，

> $w=xyz$ は，実質1変数の関数である

という見方をします．
つまり，①，②式をうまく組み合わせれば，xyz を x のみで表わせるのではないか，と考えるわけです．

それぞれの姿勢にたったときに，実際にはどのような結末が待っているのかをみてみましょう．
【解1：たもつ】
w の値域（とりうる値の範囲）を W とすれば，
$w\in W \iff$ ①，②，$w=xyz$ を満たす相異なる実数 x, y, z が存在する
$\iff t$ の方程式 $t^3-6t^2+9t-w=0\cdots③$ が相異なる実数解を3つ持つ
であり，③の実数解は $u=f(t)=t^3-6t^2+9t$ のグラフと $u=w$ のグラフの共有点の t 座標に現れるので，tu 平面上で，$u=f(t)$ のグラフと直線 $u=w$ が相異なる3点で交わるような w の範囲を求めればよい．
$f'(t)=3t^2-12t+9$
　　　$=3(t-1)(t-3)$
より，$f(t)$ の増減は

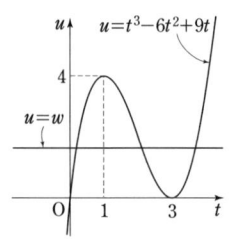

t	$\cdots$	1	$\cdots$	3	$\cdots$
$f'(t)$	+	0	−	0	+
$f(t)$	↗	4	↘	0	↗

の様であるから，グラフは
右図の様で，求めるべき w の範囲は $0<w<4$　🐾

【解2：くずす】
①，②より，
$yz=9-x(y+z)=9-x(6-x)=x^2-6x+9$
であるから，$w=x^3-6x^2+9x$ である．
また，$yz=x^2-6x+9$，$y+z=6-x$ なので，
　　　$y(-y+6-x)=x^2-6x+9$
従って，$y^2-(6-x)y+x^2-6x+9=0$ だから，
$$y=\frac{6-x\pm\sqrt{(6-x)^2-4(x^2-6x+9)}}{2}$$
$$=\frac{6-x\pm\sqrt{-3x(x-4)}}{2}$$
とわかり，$z=6-x-y$ であるから，

$$(y, z) = \left(\frac{6-x \pm \sqrt{-3x(x-4)}}{2}, \frac{6-x \mp \sqrt{-3x(x-4)}}{2}\right)$$
(複号同順)

y, z が実数 $\iff -3x(x-4) \geq 0 \iff 0 \leq x \leq 4 \cdots$ ④

であり，

$y \neq z \iff \sqrt{-3x(x-4)} \neq 0 \iff x \neq 0, 4 \cdots\cdots$ ⑤

また，

$$x \neq y, z \iff x \neq \frac{6-x \pm \sqrt{-3x(x-4)}}{2}$$
$$\iff 3x - 6 \neq \pm\sqrt{-3x(x-4)}$$
$$\iff |3x-6| \neq \sqrt{-3x(x-4)}$$
$$\iff (3x-6)^2 \neq -3x(x-4)$$
$$\iff 12x^2 - 48x + 36 \neq 0 \iff x \neq 1, 3 \cdots$$ ⑥

以上から，x が④，⑤，⑥を満たして，つまり $0 < x < 4$ かつ $x \neq 1, 3$ を満たして動くときの，$w = x^3 - 6x^2 + 9x$ の値域が求めるべき w の範囲と分かり，$w = x^3 - 6x^2 + 9x$ のグラフは（解1の過程を利用して）右の様であることから，**$0 < w < 4$** が答えと分かる．🈡

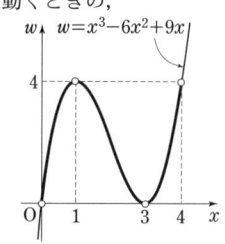

この問題を解く上では，（結果的に）【たもつ】の路線の方が楽ではありますが，ここでは，どっちの方針が楽か，ではなく，

> 【たもつ】と【くずす】では，注目する事柄が大きく異なる

ことに目を向けたいと思います．少し反省をしましょう．【たもつ】路線においては，実ははじめのステップ，つまり

> 「w が値域に含まれるか否か」を，
> 「③が相異なる3つの実数解を持つか否か」に

言い換えるところが一番考えにくい箇所となります．ですが，その言い換え部分さえクリアーできれば，残りの部分は「標準的な作業」のみで解決しました．

一方で，【くずす】の場合は，一見膨大な処理を強いられる（見方を変えれば，「ださい作業」を強いられる）ようにも見えるのですが，「単純作業」の繰り返しにすぎません．そして，道中で「頭を使った言い換え」を強いられることもありません．簡単に言えば，

> 【たもつ】…きれいなもの，を処理するためにどうしようかを計画的に考えてから Go!
> 【くずす】…とりあえず，処理しにかかるぞ Go!

です．くだらないたとえで表現すると，

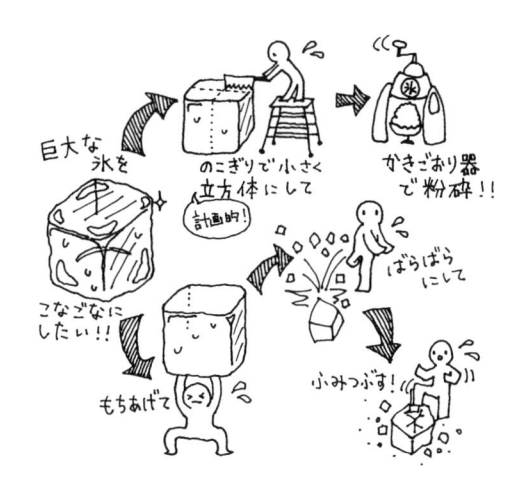

というイメージで，

> 根本的に，異なった攻め方をしている

ということを理解していただけると思います．

さまざまな問題に取り組む上では，いろいろな「手法」を持つことも重要ですが，いろいろな「視点」を持つことも大切です．一方的な視点からでは，思いもよらずに苦労することもままあるからです．

いろいろな（といってもあと2題）「対称性をおびた」問題をみることで，視点を増やす練習をしてみましょう．

まずは似たような設定で，次の問題に取り組んでみてください．できれば，「答えを出す前に」二通りの方針を立ててみましょう．少し骨が折れるかもしれませんが，「解法をたしなむ」つもりでどうぞ．

> **問題 6-5.2** 相異なる実数 x, y が
> $x^3 - 3x^2 = y^3 - 3y^2 \cdots\cdots$ ① を満たして動くときの，$k = x + y$ の値域を求めよ．

話の流れからすれば，対称性を「たもつ」か「くずす」かの2通りの方針を立てなさい，ということですが，どうですか？

【対称性をたもつ】，での方針なら，①が x, y について対称な式であることを最大限に活かす方針を模索することに，【対称性をくずす】，での方針なら，①の式の形などは無視して，なりふりかまわず正答への道をさぐることになりましょう．たしか，方針に迷わない（だがしかし面倒かもしれない）のは後者の方でしたから，まずはそこから考えてみます．

【対称性をくずす】

①式から，$x^3 - y^3 - 3(x^2 - y^2) = 0$ を得て，左辺を $x - y$ ($\neq 0$) で割ることにより

$$x^2 + xy + y^2 - 3x - 3y = 0 \cdots\cdots$$ ②

を得ます．このことから，考えるべきが

「相異なる実数 x, y が②を満たして動くときの，$k=x+y$ の値域」

となるとわかりますが，これは，$y=k-x$ を②式に代入した $x^2+x(k-x)+(k-x)^2-3k=0$ ……③ が x について実数解を持つか否かの問題にすりかわります．従って，③の判別式の符号から k の範囲は求まりそうで，これに「相異なる実数 x, y」の条件を加味すれば，どうにかなりそうです．

【対称性をたもつ】

　要は，「x, y を対等に扱ってあげよう」という発想で攻めようというわけですから，①式の値を a とでもおいてみましょう．さすれば，x, y はともに t の方程式 $t^3-3t^2=a$ の解である，という見方ができます．これに，あとひとつスパイス加えれば，どうにかなりそうな予感がしてきます．

　これから，皆さんがさまざまな問題に取り組むに当たっても，このように，（決して結果を深追いせずに）まずはのんびりと「その後の展望」をみることをお勧めします．計算に走り出すと，まわりが見えなくなりますし，なにより時間を食ってしまいます．それならば，走る前に考える方が「全体も見えるし，気持ちも楽に」なるからです．

　では，「その後」の流れを，それぞれ，解決まで一気に見てしまいましょうか．

【解1：くずす】

$x \neq y$ であるから，

① $\iff (x-y)(x^2+xy+y^2)-3(x-y)(x+y)=0$
　 $\iff x^2+xy+y^2-3(x+y)=0$ ……④

$k=x+y$ の値域を K とおくと，

$k \in K \iff k=x+y$ かつ④を満たす相異なる実数 x, y が存在

$\iff x^2+x(k-x)+(k-x)^2-3k=0$ なる実数 x で，$x \neq \dfrac{k}{2}$ なるものが存在

$\iff x^2-kx+k^2-3k=0$ ……⑤ が $x \neq \dfrac{k}{2}$ なる実数解を持つ

⑤が $x=\dfrac{k}{2}$ のみを実数解にもつのは，

⑤ $\iff \left(x-\dfrac{k}{2}\right)^2=-\dfrac{3}{4}k^2+3k$ より，

$-\dfrac{3}{4}k^2+3k=0 \iff k(k-4)=0 \iff k=0, 4$

のときで，⑤が実数解を持つのは，判別式の符号から

$k^2-4(k^2-3k) \geq 0 \iff 3k^2-12k \leq 0 \iff 0 \leq k \leq 4$

のときであるから，結局

$k \in K \iff \mathbf{0 < k < 4}$ で，これが求めるべき範囲．　終

【解2：たもつ】

$x^3-3x^2 = y^3-3y^2 = a$ とおくと，x, y は t の方程式 $t^3-3t^2=a$ …⑥ の解である．⑥の解は tu 平面上のグラフ $u=f(t)=t^3-3t^2$ と $u=a$ の共有点の t 座標で，x, y は⑥式の相異なる2実解であるから，$u=f(t)$ と $u=a$ が共有点を2つ以上持つような a の範囲を考えれば，a の範囲が求まる．

$f'(t)=3t(t-2)$ より，$f(t)$ の増減は

t	…	0	…	2	…
$f'(t)$	+	0	−	0	+
$f(t)$	↗	0	↘	−4	↗

の様だから，$u=f(t)$ のグラフは右図の様で，従って a の範囲は $-4 \leq a \leq 0$ で，⑥の解のうち，x, y 以外のものを z とすれば，（$x \neq y$ であるから）点 $(z, f(z))$ の存在範囲はグラフの太線部（白丸を除く）となる．

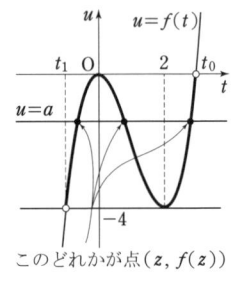

図の t_0 は $f(t)=t^2(t-3)=0$ の $t \neq 0$ なる解で，$t_0=3$

図の t_1 は $f(t)=t^3-3t^2=-4 \iff (t-2)^2(t+1)=0$ の $t \neq 2$ なる解で $t_1=-1$ であるから，z の範囲は

$-1 < z < 3$ ……………………………………⑦

ここに，x, y, z は⑥ $\iff t^3-3t^2-a=0$ の解であるから，解と係数の関係から $x+y+z=3$

従って，$k=x+y=3-z$ であるから，⑦より k のとりうる範囲は $\mathbf{0 < k < 4}$ とわかる．　終

§2 対称くさいなら，いっそのこと

　ここで，「対称」という概念を定式化しておきたいと思います．一般には，x, y, z について対称な式（あるいは条件）とは，「x, y, z のどの任意の2文字を入れ替えても，式として不変なもの」のことをいいます．

　例えば，$(x+y)(y+z)(z+x)$ は x, y, z について対称ですが，$(x-y)(y-z)(z-x)$ は x, y, z について対称ではありません．x と y を入れ替えると $(y-x)(x-z)(z-y)$ となり，元の式のちょうど -1 倍となるからです（x, y, z の交代式といいます）．これを踏まえると，例えば次のような問題に出くわしたときには少し躊躇してしまうことと思います．

問題 6-5.3 x, y, z を正の実数とし，

$A = \dfrac{x}{x+y} + \dfrac{y}{y+z} + \dfrac{z}{z+x}$ とする．

(1) $1<A<2$ であることを示せ.
(2) $A=\dfrac{3}{2}$ となるための x, y, z の条件を求めよ.

躊躇する箇所は，「A が実は x, y, z の対称式でない」というところです．

A の x, y を入れ替えた式は $\dfrac{y}{y+x}+\dfrac{x}{x+z}+\dfrac{z}{z+y}$ であり，これは微妙に A とは異なるのです．このような場合には，むしろ，対称な状況に変えてしまうというのも一手となります．つまり，こういう方針です．

【解(1)：たもつ】
$B=\dfrac{y}{x+y}+\dfrac{z}{y+z}+\dfrac{x}{z+x}$ とおくと，
$A+B=\dfrac{x+y}{x+y}+\dfrac{y+z}{y+z}+\dfrac{z+x}{z+x}=1+1+1=3$
である．ここに，
$A>\dfrac{x}{x+y+z}+\dfrac{y}{x+y+z}+\dfrac{z}{x+y+z}=\dfrac{x+y+z}{x+y+z}=1$
で，同様に $B>1$ もいえるので，
$1<A=3-B<2$，つまり $1<A<2$ である．🈴

B を持ち出すことにより，対称性を「生じさせた」わけです．また，$A>1$ を得るときの変形は，「A を，それと似た対称な式で下から押さえる」という発想から得られるわけです．つまり，

| 対称くさいなら，いっそ対称なものにしちゃえ |

という考え方を持つわけです．

では，対称性をたもつことにこだわらないならどうなるでしょうか？

【解(1)：くずす】
A
$=\dfrac{x(y+z)(z+x)+y(z+x)(x+y)+z(x+y)(y+z)}{(x+y)(y+z)(z+x)}$
$=\dfrac{3xyz+2x^2y+xy^2+2y^2z+yz^2+2z^2x+zx^2}{2xyz+x^2y+xy^2+y^2z+yz^2+z^2x+zx^2}$

ここに，文字が全て正であることから，
$2xyz+x^2y+xy^2+y^2z+yz^2+z^2x+zx^2$
$<$(分子)
$<4xyz+2x^2y+2xy^2+2y^2z+2yz^2+2z^2x+2zx^2$
であるので（各項の係数を比べよ），題意は示された．🈴
（なんとまあ，ただ「展開」をするだけで解決してしまいました．）

対称性に固執する場合，見た目の艶やかさはあるのですが，このように，結果的に手法としては「くずす」に負けてしまう（?）ケースも多々あります．しかし，ここはめげずに，手法のトレーニングに励むことにして(2)に臨みましょう．先の B は，(2)においてはそう

力を発揮してくれませんから，少し違った形で「対称性」を生み出しましょう．

【解(2)：たもつ】
$A=\dfrac{1}{1+\dfrac{y}{x}}+\dfrac{1}{1+\dfrac{z}{y}}+\dfrac{1}{1+\dfrac{x}{z}}$ であるから，

$X=\dfrac{y}{x}, Y=\dfrac{z}{y}, Z=\dfrac{x}{z}$ とおけば，考えるべきは $XYZ=1, X, Y, Z>0$ のときに
$A=\dfrac{1}{1+X}+\dfrac{1}{1+Y}+\dfrac{1}{1+Z}=\dfrac{3}{2}$ ……①
となるための X, Y, Z の条件である．
①の左辺を通分すれば，
$\dfrac{(1+Y)(1+Z)+(1+Z)(1+X)+(1+X)(1+Y)}{(1+X)(1+Y)(1+Z)}$
$=\dfrac{3+2(X+Y+Z)+(XY+YZ+ZX)}{1+(X+Y+Z)+(XY+YZ+ZX)+XYZ}$
なので，$XYZ=1$ にも注意すれば，
① $\Longleftrightarrow X+Y+Z=XY+YZ+ZX$
従って，
① $\Longleftrightarrow XYZ-1-(XY+YZ+ZX)+(X+Y+Z)=0$
$\Longleftrightarrow (X-1)(Y-1)(Z-1)=0$
$\Longleftrightarrow X=1$ or $Y=1$ or $Z=1$
であるから，$x=y$ または $y=z$ または $y=z$ が条件と分かる．🈴

最後の「因数分解」は，$X+Y+Z=XY+YZ+ZX=k$ とおけば，X, Y, Z が $t^3-kt^2+kt-1=0$ ……② の 3 解で，②が $(t-1)$ でくくれることから類推することができます．

結果的には，以下の様に「くずす」の方針で夢も希望もなく処理することもできますが，要所にでてくる因数分解の必然性に気付けない場合のことなどを考えれば，やはり「手法としての最高形」よりも，「複数の手法の幅をふやす」ことにこだわりを持っておくべきでしょう．

【解(2)：くずす】
$A=\dfrac{3}{2}$
$\Longleftrightarrow \dfrac{3xyz+2x^2y+2y^2z+2z^2x+x^2z+y^2x+z^2y}{2xyz+x^2y+y^2x+y^2z+yz^2+z^2x+x^2z}=\dfrac{3}{2}$
$\Longleftrightarrow 6xyz+4(x^2y+y^2z+z^2x)+2(x^2z+y^2x+z^2y)$
  $=6xyz+3(x^2y+y^2z+z^2x)+3(x^2z+y^2x+z^2y)$
$\Longleftrightarrow x^2y+y^2z+z^2x-(x^2z+y^2x+z^2y)=0$
$\Longleftrightarrow (y-x)(z-y)(x-z)=0$
$\Longleftrightarrow x=y$ or $y=z$ or $z=x$ 🈴

対称性を持ったものの扱いは，きれいなピザ（Pizza）の扱いと似ています．私は，丸いピザにかぶりつくよりも，きれいに 8 カットにしてから食べるのが好きです．

第 6 章　方程式，不等式，数 II の微積分

◆6 はじかしい Max, Min

数 I II 問題編

問題 6-6.1　難易度 ★

実数 x, y, z が $0 \leq x, y, z \leq 1$ を満たしながら動くときの，$A = f(x, y, z) = x^2 z + 2xy - yz$ の最大値，最小値を求めよ．

問題 6-6.2　難易度 ★

(1) $0 \leq x, y, z \leq \pi$ のときの，$A = f(x, y, z) = x \cos y + \cos \dfrac{y+z}{2} - z$ の最大値，最小値を求めよ．

(2) $1 \leq x, y, z \leq 3$ のときの，$A = f(x, y, z) = x^2 yz - xy - 10yz + 4zx$ の最大値を求めよ．

問題 6-6.3　難易度 ★

a, b を実数とする．$f(x) = ax + \dfrac{b}{x}$ の $1 \leq x \leq 2$ における最大値が 1 以下となるような a, b の条件を求め，それを ab 平面上に図示せよ．

◇6 はじかしい Max, Min

6-6

チェック！

難易度 ★★

問題 6-6.4

$1 \leqq a, b, c, d, e \leqq 2$ のとき，$25 \leqq (a+b+c+d+e)\left(\dfrac{1}{a}+\dfrac{1}{b}+\dfrac{1}{c}+\dfrac{1}{d}+\dfrac{1}{e}\right) \leqq 28$ であることを示せ．

チェック！

難易度 ★★

問題 6-6.5

実数 a, b は $0<a<1, 0<b<1$ を満たす．$a \leqq x \leqq 1, b \leqq y \leqq 1$ の範囲を動く実数 x, y に対し，$z = \dfrac{x}{ay} + \dfrac{y}{bx}$ とするとき，z の最大値と最小値を求めよ．

チェック！

難易度 ★★

問題 6-6.6

xy 平面内の領域 $-1 \leqq x \leqq 1$，$-1 \leqq y \leqq 1$ において，$1-ax-by-axy$ の最小値が正となるような定数 a, b を座標とする点 (a, b) の範囲を図示せよ．

◇6 はじかしい Max, Min

数ⅠⅡ 解説編

多変数関数の最大, 最小のお話をしましょう. とはいっても, 一般の場合のお話ではなく, 「はずかしいくらい」簡単に見抜けてしまうタイプの問題のお話です. だから, 「はじかしい Max, Min」なのです. だじゃれ的要素も含んだタイトル名ですが, たまには許してください.

§1 基本となる考え方

さっそく問題です. 気楽に考えてください. そして, 頭の中だけで結論を出してください.

> **例1** 実数 x, y, z が $0 \leq x, y, z \leq 1$ を満たしながら動くときの, $A = f(x, y, z) = x^2 + 2xy + yz$ の最大値, 最小値を求めよ.

$0 \leq x, y, z \leq 1$ という表現は, x も y も z も 0 以上 1 以下であることを意味します.

わざわざ解答, というのも大げさなくらい易しい問題です. いずれの項も 0 以上ですから, 最小値は $(f(0, 0, 0)=)$ **0** で, x, y, z がなるべく大きい方が $f(x, y, z)$ は大きくなりますから, 最大値は $f(1, 1, 1) = $ **4** でおしまいです.

では, これではどうですか? やはり気楽にどうぞ.

> **例2** 実数 x, y, z が $0 \leq x, y, z \leq 1$ を満たしながら動くときの, $A = f(x, y, z) = x^2 y - 2xyz$ の最大値を求めよ.

$x^2 y$ は最大でも 1 です. $-2xyz$ は最大でも 0 です. そして, $x=1, y=1, z=0$ のときに, この2つは同時に成立します. 従って, 最大値は $f(1, 1, 0) = $ **1** とわかります. 最小値は…, 今は後回しにしましょう.

この簡単な 2 例を少し掘り下げて考えてみましょう. いずれの場合も, 求めるべき値はどの文字についても区間 $[0, 1]$ の端点でとっていました. これは次のように考えることですっきり落ちます. 例1で解説しましょう.

$f(x, y, z) = x^2 + 2xy + yz$ を, y, z を定数視して, x の関数とみます. すると A は x の 2 次関数となり, 軸 $x = -y$ は 0 以下の範囲にあるので, $0 \leq x \leq 1$ においては A は x について単調増加です. 従って, y, z を固定したもとでは, A は $x = 1, 0$ で最大, 最小をとるといえます. 同じように, x, z を定数視して

$A = (2x+z)y + x^2$ とみるとどうでしょう. 今度は, A が y についての 1 次以下の関数となりました. 1 次以下の関数は, 区間の端点で最大, 最小を与えますから, x, z を固定したもとでの A の最大, 最小は $y = 0, 1$ でとると分かります. 少し考えれば, どちらで最大, どちらで最小, も分かりますが, ここでは漠然と「$y = 0$ or 1 で最大, 最小値を与える」とみましょう. 最後に, x, y を定数視して, A を z の関数 $A = yz + (x^2 + 2xy)$ とみましょう. やはり, 先と同じようにして, 「$z = 0$ or 1 で最大, 最小値を与える」と分かります.

いいたいことは, A の最大値, 最小値は x, y, z が 0 or 1 のときに実現する, ということが式の形から見抜けるでしょ, ということです.

でも, もとの問題があまりに易しすぎるのでピンとこない, という方もおられるでしょう. 第 3 の例でさらに深くみてゆきます.

> **問題 6-6.1** 実数 x, y, z が $0 \leq x, y, z \leq 1$ を満たしながら動くときの,
> $A = f(x, y, z) = x^2 z + 2xy - yz$ の最大値, 最小値を求めよ.

先ほどいったことはこういうことです.

【考え方】

「A は y, z を定数視して x の関数とみれば, x の 2 次以下の式である」

「その次数が2次の場合も，1次の場合も，0次の場合も，区間 $[0, 1]$ では単調増加か単調減少かのどちらかである」
「従って A の最大，最小は $x=0$ or 1 で実現する」
「A は x, z を定数視して y の関数とみれば，y の一次以下の式である」
「従って A の最大，最小は $y=0$ or 1 で実現する」
「同様に，A の最大，最小は $z=0$ or 1 で実現する」
「以上から，x, y, z が 0 or 1 であるような 2^3 通りの値の最大のものと最小のものが A の最大値と最小値である」
実際に全てを書き出してみると，

x	y	z	A	x	y	z	A
0	0	0	0	1	1	0	2
0	0	1	0	1	0	1	1
0	1	0	0	0	1	1	-1
1	0	0	0	1	1	1	2

なので，A の最大値は 2，A の最小値は -1 である．🔚

まじめに正当化するなら，次のような説明になります．3つの文字のうち，2つを固定したもとでは，端点で最大，最小をとる，と分かったその先の議論です．

正当化（最大値の方のみ）

実数 $p, q, \cdots, r$ のうち最大のもの，最小のものをそれぞれ $\max\{p, q, \cdots, r\}$, $\min\{p, q, \cdots, r\}$ で表す．$p, q, \cdots, r$ はそれぞれ関数であっても良いものとする．その場合は，その関数の最大，最小を表すものとする．例えば
$$\max\left\{\sin x, \frac{1}{2+x^2}\right\}=1, \quad \min\left\{\cos x, \frac{-3}{2+y^2}\right\}=-\frac{3}{2}$$
である．すると，
$A \leq \max\{f(0, y, z), f(1, y, z)\}$
$= \max\{\max\{f(0, 0, z), f(0, 1, z)\},$
$\qquad\qquad \max\{f(1, 0, z), f(1, 1, z)\}\}$
$= \max\{\max\{\max\{f(0, 0, 0), f(0, 0, 1)\},$
$\qquad\qquad \max\{f(0, 1, 0), f(0, 1, 1)\}\},$
$\qquad \max\{\max\{f(1, 0, 0), f(1, 0, 1)\},$
$\qquad\qquad \max\{f(1, 1, 0), f(1, 1, 1)\}\}\}$
$= \max\{f(0, 0, 0), f(0, 0, 1), \cdots, f(1, 1, 1)\}$
で，等号は成立するので，最大値は
$\max\{f(0, 0, 0), f(0, 0, 1), \cdots, f(1, 1, 1)\}$ 🔚

この **正当化** から，次の結論が得られます．

> 多変数関数 A について，どの文字についても，その文字以外を定数視したときの最大，最小値の候補がわかるときは，A の最大，最小は，各文字がその候補のいずれかのときに実現される．

こまかな記述にこだわらず，最大値，最小値の発見の旅にでてみましょう．

§2 さまざまな例

先ほど捨て置いた問題を考えてみましょう．

> **問題** 実数 x, y, z が $0 \leq x, y, z \leq 1$ を満たしながら動くときの，$A = f(x, y, z) = x^2 y - 2xyz$ の最小値を求めよ．

x 以外を固定したときの A の最小値を与える x の候補を探ると少し厄介なので，y, z について先に考えてみます．

「**1次以下の式は区間の端(はじ)で最大，最小をとる**」

は非常に有効で（**1次以下の式は恥(はじ)かしい**，と覚えておきましょう），A は y については1次以下の式，z についても1次以下の式ですから，A の最小値は
$\min\{f(x, 0, 0), f(x, 0, 1), f(x, 1, 0),$
$\qquad\qquad\qquad\qquad f(x, 1, 1)\}$
$= \min\{0, 0, x^2, x^2 - 2x\} = \min\{0, (x-1)^2 - 1\} = -1$
とわかります．このように，一部の文字について，最大，最小を与える候補が確定するような場合でも適用できます（この解説をもって解答とします）．

今回，皆さんに身につけてもらいたいことは，きっちりした答案を書けることに先立って，

「こんなの，こんな場合のいずれかで最大，最小をとるに決まってんじゃん」

ということを式をみて感じ取れるセンスです．

今の問題なら，

「y や z については1次以下だから，こんなの $f(x, 0, 0), f(x, 0, 1), f(x, 1, 0), f(x, 1, 1)$ の4つだけ考えればよくね？」

と，気楽に「あなた，しょぼい式だよね？」とつっこめるようになってください（その結果，「式」は本当のことを指摘され思わず赤面してしまいます．だから「はじかしい Max, Min」なのです）．

いくつか易しい問題を並べますから，身構えずに最大，最小値を出してみてください．

> **問題** 6-6.2
> （1） $0 \leq x, y, z \leq \pi$ のときの，
> $A = f(x, y, z) = x \cos y + \cos \dfrac{y+z}{2} - z$ の最大値，最小値を求めよ．

第6章 方程式，不等式，数Ⅱの微積分

（2） $1 \leq x, y, z \leq 3$ のときの，
$A = f(x, y, z) = x^2yz - xy - 10yz + 4zx$
の最大値を求めよ．

解 （1） x については一次以下の式であり，y については（$x \geq 0$, $0 \leq \frac{y+z}{2} \leq \pi$ なので）減少関数．また，z についても減少関数．従って，A の最大値，最小値は x, y, z のいずれもが 0 か π のときにとるとわかる．

x	y	z	A	x	y	z	A
0	0	0	1	π	π	0	$-\pi$
π	0	0	$\pi+1$	π	0	π	0
0	π	0	0	0	π	π	$-\pi-1$
0	0	π	$-\pi$	π	π	π	$-2\pi-1$

から，最大値は $\pi+1$，最小値は $-2\pi-1$． 終

▷注 最大値はいくら？最小値はいくら？と個別に調べる方が（実は）楽です．

（2） x については2次関数で，最高次の係数は正であるから，y, z を定数と見たとき，その最大値は区間の端点でとる．y, z については一次以下の式であるから，結局 A の最大値は x, y, z いずれもが1または3のときにとるとわかる．

x	y	z	A	x	y	z	A
1	1	1	-6	3	3	1	0
1	1	3	-16	3	1	3	30
1	3	1	-26	1	3	3	-72
3	1	1	8	3	3	3	18

から，A の最大値は 30 とわかる．

§3 ついでにこんな形も

a, b を正の数とします．このとき，$y = ax + \frac{b}{x}$ のグラフを考えると，右の様です（$y' = a - \frac{b}{x^2}$ から増減がわかります．極小値が $2\sqrt{ab}$ であるのは相加相乗平均の不等式の結果と同じです）．特に $x > 0$ の範囲ではグラフが下に凸になっていることに注意して次の問題を考えてみてください．少し難しめに作ってみましたが，あきらめずに粘り倒してみてください．

問題 6-6.3 a, b を実数とする．$f(x) = ax + \frac{b}{x}$ の $1 \leq x \leq 2$ における最大値が1以下となるような a, b の条件を求め，それを ab 平面上に図示せよ．

解 a, b が正のときは，$1 \leq x \leq 2$ の範囲で $y = f(x)$ のグラフは下に凸なので，最大値の候補は $f(1)$ または $f(2)$ です．a, b が異符号のときは $f(x)$ は $x > 0$ では単調増加，または単調減少で，$a = 0$ のとき，または $b = 0$ のときも同じ．$a, b < 0$ のときは，$f(x)$ は $1 \leq x \leq 2$ の範囲において負であるから，最大値は1以下．以上から，求めるべき条件は
$a, b < 0$ または「$\max\{f(1), f(2)\} \leq 1$」で，「　」は「$f(1) \leq 1$ かつ $f(2) \leq 1$」と同値ゆえ，
「$a, b < 0$」または
「$f(1) = a + b \leq 1$ かつ $f(2) = 2a + \frac{b}{2} \leq 1$」
が求めるべき条件で，図示すると次図の斜線部（境界を含む）．

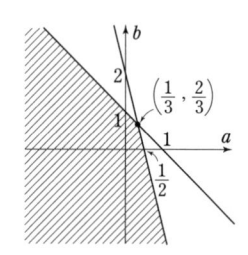

「$a, b < 0$」は「$f(1) \leq 1$ かつ $f(2) \leq 1$」に含まれるので，求める a, b の条件は $\boldsymbol{a + b \leq 1}$ かつ $\boldsymbol{2a + \frac{b}{2} \leq 1}$ 終

この例から分かるよう，$ax + \frac{b}{x}$ の形の「最大値」も，恥ずかしいくらいの要領で解決してしまいます．より印象に残すために，次の問題を考えてみてください．出典はアメリカの数学オリンピックからです．オリンピックの名にひるまず，挑んでみてください．

問題 6-6.4 $1 \leq a, b, c, d, e \leq 2$ のとき，
$$25 \leq (a+b+c+d+e)\left(\frac{1}{a} + \frac{1}{b} + \frac{1}{c} + \frac{1}{d} + \frac{1}{e}\right) \leq 28$$
であることを示せ．

解 （中辺）$= F$ とおく．b, c, d, e を定数視して，a の関数とみると，F は

$$(a+A)\left(\frac{1}{a}+B\right)=1+AB+Ba+\frac{A}{a}$$

の形で，A, B は正であるから，これは a について下に凸な関数である．

従って，F の最大値は $a=1$ または $a=2$ のときにとるとわかる．

同様の議論を他の文字についても行うことで，F の最大値は，a, b, c, d, e がいずれも 1 または 2 のときにとると分かる．式が a, b, c, d, e について対称であるので，5つのうちのいくつが1か，で場合分けして調べれば十分で，1のものが k 個のときの F の値は

$$F=(10-k)\frac{k+5}{2}=-\frac{1}{2}\left(k-\frac{5}{2}\right)^2+\frac{225}{8}$$

であるから，$k=2$, 3 のときの F の値，即ち 28 が F の最大値と分かる．従って $F \leq 28$ がわかる．

また，F を展開すれば，

$$5+\left(\frac{a}{b}+\frac{b}{a}\right)+\left(\frac{a}{c}+\frac{c}{a}\right)+\cdots+\left(\frac{e}{d}+\frac{d}{e}\right)$$

で，（ ）の数は ${}_5C_2=10$ 個あり，一つ一つの値の最小値は相加相乗平均の不等式から 2 であるので，
$F \geq 5+10 \times 2 = 25$

以上から，$25 \leq F \leq 28$ が示された．　■

右側と左側で，証明に用いる道具は異なるものの，たいしたことはありませんね．

§4　仕上げは入試問題で

ここまでさまざまな「はじかしい例」をみてくれば，実際の入試問題はとてもやさしく見えてきます．解説も薄味にして，テンポ良くみてゆきましょう．いずれも，まずさくっと答を出してみてください．そして，答案風に解答を作成してみてください．

問題　a, b, c, d が $0 \leq b \leq a \leq 1$, $0 \leq c \leq 1$, $0 \leq d \leq 1$ を動くときの，$X=bc+d(a-b)$ の最大値を求めよ．

解　a, c, d については最高次係数が 0 以上の1次以下の関数なので，X は $a=c=d=1$ で最大値をとる．このとき，X の値は 1 であるから，$X_{\max}=1$　■

⇒**注**　最大値を与える組を全て求めよ，という設定なら，少々めんどくさくなります．

問題 6-6.5　実数 a, b は $0<a<1$, $0<b<1$ を満たす．$a \leq x \leq 1$, $b \leq y \leq 1$ の範囲を動く実数 x, y に対し，$z=\frac{x}{ay}+\frac{y}{bx}$ とするとき，z の最大値と最小値を求めよ．

解　y を定数とみれば，x の関数 $z=\frac{x}{ay}+\frac{y}{bx}$ のグラフは下に凸であるから，z の最大値は $x=a$ または 1 のときにとる．同様に，z の最大値は $y=b$ または 1 のときにとる．全ての場合を考えれば，次表を得て，

$$1+\frac{1}{ab}-\left(\frac{1}{a}+\frac{1}{b}\right)$$
$$=\left(\frac{1}{a}-1\right)\left(\frac{1}{b}-1\right)>0$$

x	y	z
a	b	$\frac{1}{a}+\frac{1}{b}$
a	1	$1+\frac{1}{ab}$
1	b	$1+\frac{1}{ab}$
1	1	$\frac{1}{a}+\frac{1}{b}$

を踏まえれば，$z_{\max}=1+\frac{1}{ab}$

また，相加相乗平均の不等式から，

$$z=\frac{x}{ay}+\frac{y}{bx} \geq 2\sqrt{\frac{x}{ay}\cdot\frac{y}{bx}}=\frac{2}{\sqrt{ab}}$$

で，等号は
$$\frac{x}{ay}=\frac{y}{bx} \Longleftrightarrow bx^2=ay^2 \Longleftrightarrow x:y=\sqrt{a}:\sqrt{b}$$

のときにとるので，例えば $x=\sqrt{a}$, $y=\sqrt{b}$ のときに $z=\frac{2}{\sqrt{ab}}$ となるから，$z_{\min}=\frac{2}{\sqrt{ab}}$

（$0<a<1$, $0<b<1$ より，$a<\sqrt{a}<1$, $b<\sqrt{b}<1$ である．）　■

最後は昔の東大の問題です．でも，東大の問題としてみなさんに解説するのが「恥かしい」ような問題です．結論だけを述べて，おしまいにしますね．

問題 6-6.6　xy 平面内の領域 $-1 \leq x \leq 1$, $-1 \leq y \leq 1$ において，$1-ax-by-axy$ の最小値が正となるような定数 a, b を座標とする点 (a, b) の範囲を図示せよ．

答：$(1, -1)$, $(-1, -1)$, $(0, 1)$ を3頂点とする三角形の内部（周を除く）．

さすがに，間違えたらはじかしいですよね（笑）．

第7章 座標

◆1 ひねり出された式

数Ⅱ
問題編

チェック！

難易度 ★

問題 7-1.1
　下に凸な放物線 $C_1: y=x^2+x+1$ と，上に凸な放物線 $C_2: y=-x^2-3x+2$ の2交点をP, Qとする．直線PQの式を求めよ．

チェック！

難易度 ★

問題 7-1.2
　次の式の表わす図形を求めよ．図示などで説明せよ．
（1）　$x^2=y^2$
（2）　$x+y=|x+y|$
（3）　$\cos x+\cos y=2$

チェック！

難易度 ★

問題 7-1.3
　次の2つの図形はいずれも共有点を2つもつ．それを認めて，その2交点を通る直線の式を求めよ．
（1）　$y=x^2+x+1$ ……①, $y=2x^2+3x-3$ ……②
（2）　$x^2+y^2+4x+6y=0$ ……①, $x^2+y^2-2x-1=0$ ……②
（3）　$x=y^2$ ……①, $3y=x^2-2$ ……②

7-1

チェック!

難易度 ★

問題 7-1.4

2つの円 $\begin{cases} C_1 : x^2+y^2+x-3y-4=0 & \cdots\cdots\cdots ① \\ C_2 : x^2+y^2-4x-6y-1=0 & \cdots\cdots\cdots ② \end{cases}$ がある.

（1） ①，②は異なる2点P，Qで交わることを示せ．
（2） （1）のP，Qおよび点R(1, 1)を通る円Cの式を求めよ．

チェック!

難易度 ★★

問題 7-1.5

4次関数のグラフ$C : y=x^4-x^2$ ……① と放物線$D : y=2x^2-1$ ……② がある．

（1） ①，②が異なる4点で交わることを示せ．
（2） ①，②の4交点は同一円周上にある．その円の中心Aと半径rを求めよ．

チェック!

難易度 ★★★

問題 7-1.6

aを実数とする．放物線$y=2x^2+a$は，$y=x^2-1$と2点P，Qで交わり，$y=-x^2+1$と2点R，Sで交わる．

（1） このようなaの範囲を求めよ．
（2） 4点P，Q，R，Sは同一円周上にあることを示せ．
（3） （2）の円の半径を最小にするaの値を求めよ．

◇1 ひねり出された式

数Ⅱ 解説編

私がまだ中学生だったころ，次のような問題とその解法を目の当たりにして，ポカンとしたことがあります．

問題 7-1.1 下に凸な放物線 $C_1: y=x^2+x+1$ と，上に凸な放物線 $C_2: y=-x^2-3x+2$ の2交点をP，Qとする．直線PQの式を求めよ．

私はせこせこ交点の座標を計算しようとしたのですが，隣の某君は，

$$y=x^2+x+1 \quad \cdots\cdots\cdots ①$$
$$y=-x^2-3x+2 \quad \cdots\cdots\cdots ②$$

の辺々を加えて，さくっと

$$2y=-2x+3 \quad \cdots\cdots\cdots ③$$

が答だ！　と結論付けて平然としています．
んなわけねぇだろ，と思いながら，私は交点の座標計算を続けてみました．そして驚きました．

$$x^2+x+1=-x^2-3x+2 \iff 2x^2+4x-1=0$$

を解くと，$x=\dfrac{-2\pm\sqrt{6}}{2}$ で，これを①に代入すると，

$$y=\dfrac{(-2\pm\sqrt{6})^2}{4}+\dfrac{-2\pm\sqrt{6}}{2}+1$$
$$=\dfrac{10\mp 4\sqrt{6}}{4}+\dfrac{-2\pm\sqrt{6}}{2}+1=\dfrac{5\mp\sqrt{6}}{2}$$

なので，2交点は $\left(\dfrac{-2\pm\sqrt{6}}{2},\ \dfrac{5\mp\sqrt{6}}{2}\right)$（複号同順）です．2点 $\left(\dfrac{-2+\sqrt{6}}{2},\ \dfrac{5-\sqrt{6}}{2}\right)$，$\left(\dfrac{-2-\sqrt{6}}{2},\ \dfrac{5+\sqrt{6}}{2}\right)$ を通る直線の傾きは -1 ですから，2交点P，Qを通る直線の式は

$$y=-\left(x-\dfrac{-2+\sqrt{6}}{2}\right)+\dfrac{5-\sqrt{6}}{2}$$

整理すると　$y=-x+\dfrac{3}{2}$　で，確かに③と同じ結果になってしまうのです（！）．

十幾年たった今，当時のことを振り返り，あらためていろいろ考えてみました．そして，次のようなことを考えることになったのです．

§1　式の表わす図形とは

一般に，「式の表わす図形」とは，その式を満たす点全体の集合のことをいいます．ここでいう「図形」とは，有限，無限にかかわらない，いくつかの点の集まり，という意味です．与えられた式に応じて集まってきた点全体が，その式の表わす図形，です．例えば $x^2+y^2=1$ なら，原点からの距離が1である点たちが無数に集まって，円が出来上がりますし，$x^2+(y-1)^2=0$ なら，一点 $(0, 1)$ のみが集まってきて，それがこの式の表わす図形，となります．つまり，「円」も「一点」も，どちらも「図形」なわけです．

まず，「図形といえば円や直線，放物線や双曲線だ！」というイメージを払拭するために，次の問題をやってみましょう．

問題 7-1.2 次の式の表わす図形を求めよ．図示などで説明せよ．
（1）　$x^2=y^2$
（2）　$x+y=|x+y|$
（3）　$\cos x+\cos y=2$

解　（1）　$x^2-y^2=0$
　　　$\iff (x-y)(x+y)=0$
　　　$\iff y=x$ or $y=-x$
なので，この式は
「二直線（！）」を表わします． 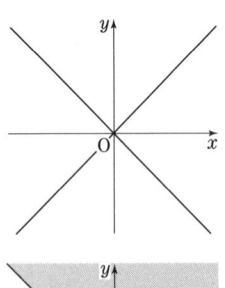
（2）　$x+y<0$ のときは，左辺と右辺で符号が異なるので，この式は満たしません．
　$x+y\geqq 0$ のときは，
　（右辺）$=x+y$
なので，この式を満たします．従って，$x+y\geqq 0 \iff y\geqq -x$ の表わす領域（!!）がこの式の表わす図形です．

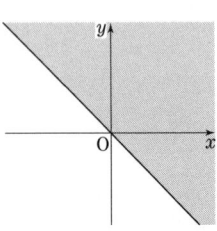

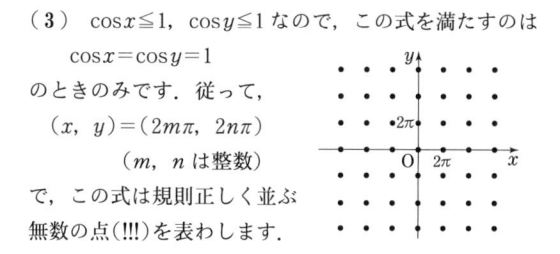

（3）　$\cos x \leqq 1$，$\cos y \leqq 1$ なので，この式を満たすのは
$$\cos x = \cos y = 1$$
のときのみです．従って，
$$(x, y) = (2m\pi, 2n\pi)$$
$$(m, n \text{ は整数})$$
で，この式は規則正しく並ぶ無数の点(!!!)を表わします．

§2　「ならば」と包含

ここでは，あまり論理にうるさいことは言わず，直感的なお話をしましょう．

x, y の式 $P(x, y)$ と $Q(x, y)$ があるとき，「$P(x, y)$ ならば $Q(x, y)$」が正しい，とは，$P(x, y)$，$Q(x, y)$ なる式の表わす図形を単に P, Q と表わすことにすれば，「P が Q に含まれる」ことを意味します．

例えば，$P(x, y) : x = y$ なら，両辺を二乗することで $x^2 = y^2$ を得られるので，$Q(x, y) : x^2 = y^2$ とすれば，「$P(x, y)$ ならば $Q(x, y)$」です．問題 **7-1.2** の結果を見れば，$Q(x, y)$ の表わす図形 Q（二直線）は，$P(x, y)$ の表わす図形 P（直線）を含んでいる様子が分かりますね．それがなぜなのか，は，次のようにイメージすると理解しやすいでしょう．

$P(x, y)$ ならば $Q(x, y)$，とは，$P(x, y)$ という式を満たしていれば，必ず $Q(x, y)$ も満たしている，という主張です．ここで，実際に，xy 平面上の全ての点たちに，大きな声でこう呼びかけてみます．

　　　「おーい，$P(x, y)$ を満たしているやつは，緑の帽子をかぶれー！」

次に，　「おーい，$Q(x, y)$ を満たしているやつは，バンザイをしろ！」

といいましょう．

緑の点を集めたものが P で，肌色（=手の色）の点を集めたものが Q ですが，緑の帽子をかぶった点は必ずバンザイをしているので，P は Q に含まれますね．

これで，「○○ならば××」とは，「○○の表わす図形が××の表わす図形に含まれる」ということだと理解できました．

§3　「①かつ②」の表わす図形とは？

冒頭の問題は，2つの直線の式①，②から，第3の式③をひねり出していました．ここでは，2つの式から第3の式をひねり出すということについて考えてみます．

たしかに，$\begin{cases} y = x^2 + x + 1 & \cdots\cdots① \\ y = -x^2 - 3x + 2 & \cdots\cdots② \end{cases}$ の両方が成り立っていれば，その辺々を足すことでひねり出された式
$$2y = -2x + 3 \quad\cdots\cdots\cdots\cdots\cdots\cdots③$$
も成り立ちます．この流れに「ならば」という言葉をはさむと，

　　　　　　①かつ②　ならば　③

ということになります．表現の簡略化のために，
「かつ」は「$\wedge$」，「ならば」は「$\Longrightarrow$」
で表しましょう．すると，一般に

2つの式 $P(x, y)$, $Q(x, y)$ から $R(x, y)$ を作るという過程は，
$$P(x, y) \wedge Q(x, y) \Longrightarrow R(x, y)$$
と表現できます．

ここで考えたいのは，
「$P(x, y) \wedge Q(x, y)$ の表わす図形とは？」
です．具体例で考えてみましょう．しつこいですが，冒頭の例を用いて
$P(x, y) : y = x^2 + x + 1$, $Q(x, y) : y = -x^2 - 3x + 2$
としてみます．

$P(x, y) \wedge Q(x, y)$ の表わす図形，とは，
「おーい，$y = x^2 + x + 1$ も $y = -x^2 - 3x + 2$ も満たすやつ，緑の帽子をかぶれー！」
との呼びかけに応じる点全体の集合です．

それがどんなものかを考えるには，このように考えればよいでしょう．

まず，$y = x^2 + x + 1$ を満たす点たちに，青い帽子をかぶってもらい，次に，$y = -x^2 - 3x + 2$ を満たす点たちに，黄色い帽子をかぶってもらうのです．

両方の帽子をかぶった点は，帽子の色が混ざり合って(??)，緑の帽子をかぶっている様に見えますね．

その「緑の帽子」の点は，そのまま $y = x^2 + x + 1$ の表わす放物線と $y = -x^2 - 3x + 2$ の表わす放物線の交点に他なりません．

即ち，$P(x, y) \wedge Q(x, y)$ の表わす図形とは，それぞれの表わす図形 P, Q の交点を全て集めた図形である，ということがわかりました．

§4　考察の末，行き着いたところは…？

以上から，次のようなことが分かりました．

2つの式①，②がある．
①と②から，③なる式がひねり出された．
それは，① $\wedge$ ② $\Longrightarrow$ ③ ということ．
---

①∧②の表わす図形は，①と②の交点たち．
「ならば」の包含，から，③の表わす図形は必ず①と②の交点全てを含む．

結局，冒頭の問題で某君がやっていたことは，次のようなことだったのです．

【推測される某君の思考過程】

$\begin{cases} y = x^2+x+1 & \cdots\cdots\cdots ① \\ y = -x^2-3x+2 & \cdots\cdots\cdots ② \end{cases}$ の2交点を通る直線かぁ．

①と②からうまく直線の式をひねり出せればおしまいなんだけど，x^2 が邪魔だなぁ．

えいっ，辺々足して消してやれ！
$$2y = -2x+3 \cdots\cdots\cdots ③$$
そっか，コレデオワリダ．x, y の一次式は直線だからね．

某君，お見事！ では，某君のものまねをやってみましょう．

> **問題 7-1.3** 次の2つの図形はいずれも共有点を2つもつ．それを認めて，その2交点を通る直線の式を求めよ．
> (1) $y = x^2+x+1 \cdots ①$, $y = 2x^2+3x-3 \cdots ②$
> (2) $x^2+y^2+4x+6y = 0 \cdots ①$,
> $x^2+y^2-2x-1 = 0 \cdots ②$
> (3) $x = y^2 \cdots ①$, $3y = x^2-2 \cdots ②$

(3)はすこし意地悪です．答が出るように作られている，と考えて解決してください．

解 いずれも，①と②から，x, y の一次式をひねり出すことを考えます．x^2 など，邪魔なものは消してしまいましょう．独裁者の原理，といいます．
(1) ①×2－② として x^2 を消去して，$y = -x+5$
(2) ①－② で x^2, y^2 を同時に消去して，
$$6x+6y+1 = 0$$
(3) ①を②に代入して，
$3y = y^4-2 \iff y^4-3y-2 = 0$
$\iff (y^2+y+2)(y^2-y-1) = 0$
$\iff y^2 = y+1 \cdots ③ \ (\because \ y^2+y+2 > 0)$
③を①に代入して，$x = y+1$

⇨**注**：(3)の①，②は軸の直交する2つの放物線なので，2交点しか持たないかは定かではない（4つかもしれない！）ですが，$x = y+1$ と $x = y^2$ の交点のみしか①，②の交点とはなりえないので，確かに2つしか交点を持たないとわかります．

§5 典型問題から目新しい問題まで

準備が整ったところで，さまざまな問題を通して理解を深めましょう．はじめの問題はよく参考書などでも取り上げられるものなので，目にしたこともあることでしょう．いずれも，いきなり解答を見ることなしにして，いろいろ考えてみてください．

> **問題 7-1.4** 2つの円
> $\begin{cases} C_1: x^2+y^2+x-3y-4 = 0 & \cdots\cdots\cdots ① \\ C_2: x^2+y^2-4x-6y-1 = 0 & \cdots\cdots\cdots ② \end{cases}$ がある．
> (1) ①，②は異なる2点P，Qで交わることを示せ．
> (2) (1)のP，Qおよび点R(1, 1)を通る円 C の式を求めよ．

(1) 2円の位置関係は，半径2つと中心間距離から考察することもできますが，同値変形をして点と直線の距離公式を用いたほうが楽です．

解 ①－② から，$5x+3y-3 = 0 \cdots\cdots\cdots ③$
②と③から，①式を導けるので，
$$① \wedge ② \iff ② \wedge ③$$
(即ち，①と②の交点は，②と③の交点と同じということ！)
② $\iff (x-2)^2+(y-3)^2 = 14$ であるから，②の中心は $(2, 3)$ であり，この点と③の直線の距離
$$d = \frac{|10+9-3|}{\sqrt{5^2+3^2}} = \frac{16}{\sqrt{34}} = \sqrt{\frac{128}{17}}$$
は，②の半径 $\sqrt{14}$ より小であるので，②と③は確かに2点で交わる．

(2) P，Qは「①と②の交点」と考えるより，「②と③の交点」と考えたほうが楽です．そこで，②と③から，Rを通るような円の式がひねり出せないかを考えてみます．

解 ②と③から得られる式
$$x^2+y^2-4x-6y-1+k(5x+3y-3) = 0 \cdots\cdots\cdots ④$$
の表わす図形は必ずP，Qを通り，また，k の値によらずこれは円を表わすので，④がR(1, 1)を通るように k の値を調整できるかを考えると，

④がR(1, 1)を通る
$\iff 1+1-4-6-1+k(5+3-3) = 0 \iff k = \dfrac{9}{5}$

なので，$k = \dfrac{9}{5}$ とすればよいと分かるから，
$$x^2+y^2-4x-6y-1+\frac{9}{5}(5x+3y-3) = 0$$

$\iff x^2+y^2+5x-\dfrac{3}{5}y-\dfrac{32}{5}=0$ が C の式. ■

⇨注 ④の表わす図形上には 2 点 P, Q があるので，④が一点や空集合を表わす可能性はありません．

⇨注 直線 PQ 上にない点の座標を④式に代入すると，必ず k の一次方程式となるので，実は P, Q を通るいかなる円も④の形で表わせます．

問題 7-1.5 4 次関数のグラフ $C:y=x^4-x^2\cdots$ ①と放物線 $D:y=2x^2-1\cdots$ ② がある．
(1) ①，②が異なる 4 点で交わることを示せ．
(2) ①，②の 4 交点は同一円周上にある．その円の中心 A と半径 r を求めよ．

図を描けば，4 点で交わることも，その 4 点が同一円周上にあることもすぐに分かります．4 点は，2 つずつが y 軸対称の位置にあるので等脚台形の 4 頂点，そして等脚台形は円に内接しますから，問題は中心と半径です．

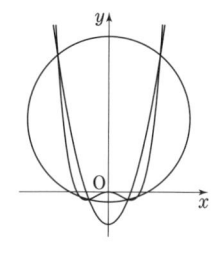

解 ①，②の交点の x 座標は，
$2x^2-1=x^4-x^2\iff x^4-3x^2+1=0\cdots$ ③ の実数解で，$x^2=t$ とおけば，$t^2-3t+1=0\iff t=\dfrac{3\pm\sqrt{5}}{2}$ なので，
③の実数解は $\pm\sqrt{\dfrac{3\pm\sqrt{5}}{2}}$（複号任意）の 4 つであるので，確かに①，②は 4 点で交わる．

(2) ② $\iff x^2=\dfrac{y+1}{2}$ を①に代入して，
$y=\left(\dfrac{y+1}{2}\right)^2-\dfrac{y+1}{2}\iff y^2-4y-1=0$ ……④
② より，$x^2-\dfrac{y}{2}-\dfrac{1}{2}=0$ ……⑤
なので，④＋⑤ から
$$x^2+y^2-\dfrac{9}{2}y-\dfrac{3}{2}=0 \quad\cdots\cdots ⑥$$
①∧② ⟹ ⑥ なので，⑥は①，②の 4 交点を全て通る円であるので，確かに題意の 4 点は同一円周上にあると分かり，その中心，半径は
$$⑥\iff x^2+\left(y-\dfrac{9}{4}\right)^2=\dfrac{105}{16}$$
より $A\left(0,\dfrac{9}{4}\right)$，$r=\dfrac{\sqrt{105}}{4}$ である． ■

では，最後の問題です．すこしひねりを入れて作ってみました．

問題 7-1.6 a を実数とする．放物線 $y=2x^2+a$ は，$y=x^2-1$ と 2 点 P, Q で交わり，$y=-x^2+1$ と 2 点 R, S で交わる．
(1) このような a の範囲を求めよ．
(2) 4 点 P, Q, R, S は同一円周上にあることを示せ．
(3) (2) の円の半径を最小にする a の値を求めよ．

解 (1) $2x^2+a=x^2-1\iff x^2=-a-1$ が相異 2 実解を持つ条件から，$a<-1$ ……①
$2x^2+a=-x^2+1\iff 3x^2=-a+1$ が相異 2 実解を持つ条件から，$a<1$ ……②
①かつ②から，$\boldsymbol{a<-1}$

(2) $y=x^2-1$，$y=-x^2+1$ の 2 つの放物線をあわせた図形は，$(y-x^2+1)(y+x^2-1)=0$ ……③ の表わす図形と捉えることができるので，P, Q, R, S は
③ $\iff y^2=x^4-2x^2+1$ ……④ の表わす図形と，
$y=2x^2+a$ ……⑤ の放物線の交点とみることができる．

⑤ $\iff x^2=\dfrac{y-a}{2}$ を④に代入して，
$$y^2=\dfrac{y^2-2ay+a^2}{4}-y+a+1$$
整理し，y^2 の係数を調整して
$$6y^2+(4a+8)y-2a^2-8a-8=0 \quad\cdots\cdots ⑥$$
を得る．一方，⑤から
$$6x^2-3y+3a=0 \quad\cdots\cdots ⑦$$
なので，⑥＋⑦ より
$$6x^2+6y^2+(4a+5)y-2a^2-5a-8=0 \quad\cdots\cdots ⑧$$
従って，P, Q, R, S は⑧の表わす円上にあるとわかるので，題意は示された．

(3) ⑧を平方完成して，
$$6x^2+6\left(y+\dfrac{4a+5}{12}\right)^2=\dfrac{8}{3}a^2+\dfrac{20}{3}a+\dfrac{217}{24}$$
(右辺)$=\dfrac{8}{3}\left(a+\dfrac{5}{4}\right)^2+\cdots$ より，この円の半径を最小にする a の値は $\boldsymbol{a=-\dfrac{5}{4}}$ とわかる．この値は確かに (1) の範囲にある． ■

某君のアイデア，なかなかのものですね！

第7章　座標

◆2 あたりまえにもほどがある　数ⅡB 問題編

問題 7-2.1

実数 x, y が $x^2+y^2=1$ ……① を満たしながら動くときの，$z=\dfrac{\sqrt{2}+y}{\sqrt{2}+x}$ の値域（とりうる値の範囲）を求めよ．

問題 7-2.2

$0° \leqq x \leqq 360°$ のとき，$f(x)=\dfrac{\sin^2 x}{\cos x - 2}$ の値域を求めよ．

問題 7-2.3

x, y が全実数を動くときの，$z=\dfrac{\sin x+\sin y}{\cos x+\cos y+3}$ の最大値を求めよ．

◇2 あたりまえにもほどがある

7-2

チェック！

難易度 ★

問題 7-2.4

実数 x, y が $x+2y \geqq 1$ を満たして動くときの，$z=x^2+xy+y^2$ の最小値を求めよ．

チェック！

難易度 ★★

問題 7-2.5

x, y が全実数を動くときの，
$$z=(\cos x+2\cos y+1)^2+(\sin x+2\sin y+2)^2$$
の値域を求めよ．

チェック！

難易度 ★★

問題 7-2.6

実数 x, y に対して，$z=(x+y-1)^2+(xy-2)^2$ の最小値を求めよ．

◇2 あたりまえにもほどがある　数ⅡB 解説編

§1 分数式は傾き

くだらないことをまじめに考えてみる，という行為は，時として非常に勉強になることもあります．我が家に（たまたま）あった昔の大数をパラパラと眺めていると，次の問題が目に入りました．

問題 ☆
関数 $f(x) = \dfrac{\sqrt{2}+\sin x}{\sqrt{2}+\cos x}$ を最大，最小にする x の値を求めよ．

まさか，そのまま微分なんかしないよなぁ，と思い，（少しどきどきしながら）解答のページを見てみると，そこには

「**分数式を傾きと見る**のが有効な典型例です．」

とありました．

わざわざ太字で書いてあるってことは，ある程度常識になっている考え方なんだろうな，と思ったわけですが，同時に，「それなら多少へんてこりんなあんな問題やこんな問題も作ることができるのかぁ」なんて良からぬ思いに駆られたわけです．

四の五の言わずに，まずは解答をみてみましょうか．

解
$f(x) = \dfrac{\sin x - (-\sqrt{2})}{\cos x - (-\sqrt{2})}$ とみれば，$f(x)$ は XY 平面上での点 $A(-\sqrt{2}, -\sqrt{2})$ と点 $P(\cos x, \sin x)$ を結ぶ直線の傾きを表わし，P は点 $(1, 0)$ を $+x$ だけ回転したものであるので，単位円周上を動く．

従って，右図から直線 AP が単位円の接線となるときに $f(x)$ は最大，最小となるとわかるので，図の三角形 AOP_1，AOP_2 が，三辺比が $1:2:\sqrt{3}$ の直角三角形であることを踏まえて，そのときの x を一般角で求めれば，

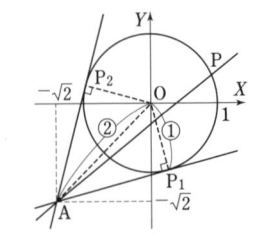

$x = 165° + 360° \times t$ で最大，$x = 285° + 360° \times t$ で最小（t は整数）とわかる．■

この見方が「常識」であれば，次のような問題はいずれもすぐに方針を立てることができるでしょう？

ここから先は，「まず考えてみて」→「自信がなければ答まで出してみて」→「先に行く」のステップでお願いします．では，「あたりまえ」の旅に出ましょうか．

問題 7-2.1
実数 x, y が $x^2 + y^2 = 1$ ……① を満たしながら動くときの，$z = \dfrac{\sqrt{2}+y}{\sqrt{2}+x}$ の値域（とりうる値の範囲）を求めよ．

問題☆をあたりまえだとすると，すぐに方針が立ちませんか？　そうです．①が表わす図形は単位円であるので，先の問題同様，z は点 $A(-\sqrt{2}, -\sqrt{2})$ と，単位円周上の点 P を結ぶ直線の傾きに他ならない，ただそれだけです．

問題☆の結果を利用することで，$\tan 15° \leq z \leq \tan 75°$ が値域とわかり，

$$\tan 15° = \sqrt{\dfrac{\sin^2 15°}{\cos^2 15°}} = \sqrt{\dfrac{1-\cos 30°}{1+\cos 30°}}$$

$$= \sqrt{\dfrac{(1-\cos 30°)^2}{1-\cos^2 30°}} = \dfrac{1-\dfrac{\sqrt{3}}{2}}{\dfrac{1}{2}} = 2-\sqrt{3}$$

と $\tan 75° = \dfrac{1}{\tan 15°} = 2+\sqrt{3}$ から，求めるべき値域は $2-\sqrt{3} \leq z \leq 2+\sqrt{3}$ で，これでおしまいです．

これを踏まえて，次の問題をみてください．

問題
x が $-1 \leq x \leq 1$ の範囲を動くときの，
$f(x) = \dfrac{\sqrt{2}+\sqrt{1-x^2}}{\sqrt{2}+x}$ の値域を求めよ．

つい，笑みがこぼれてしまいませんか？
$y=\sqrt{1-x^2}$ とおけば，考えるべきは
「x, y が $-1\leqq x\leqq 1$, $y=\sqrt{1-x^2}$ …… ① を満たして動くときの，$\dfrac{\sqrt{2}+y}{\sqrt{2}+x}$ の値域は？」
ですし，あるいは $x=\cos\theta$ とおくことで，
「$0°\leqq\theta\leqq 180°$ のときの，$\dfrac{\sqrt{2}+\sin\theta}{\sqrt{2}+\cos\theta}$ の値域は？」として**問題☆**の形に帰着させても良いでしょう．結果は $2-\sqrt{2}\leqq z\leqq 2+\sqrt{3}$ ですね．

要領を得てきたところで，このような問題はいかがでしょうか？

問題 7-2.2
$0°\leqq x\leqq 360°$ のとき，$f(x)=\dfrac{\sin^2 x}{\cos x-2}$ の値域を求めよ．

微分しても何とかなりますが，少し面倒です．話の流れから，「分数式は傾き」の見方をしたいところですが…

解
$\cos x=X$, $\sin^2 x=Y$ とおくと，$X^2+Y=1$ であり，X が $-1\leqq X\leqq 1$ を動くことから，点 (X, Y) は放物線 $Y=-X^2+1$ の $-1\leqq X\leqq 1$ の部分を動くと分かる．

これを C とおけば，$f(x)=\dfrac{Y}{X-2}$ は C 上の点と点 $A(2, 0)$ を結ぶ直線の傾きであるから，図の m を求めれば $m\leqq f(x)\leqq 0$ が求めるべき値域．$Y=m(X-2)$ と $Y=-X^2+1$ が接するのは，X の方程式 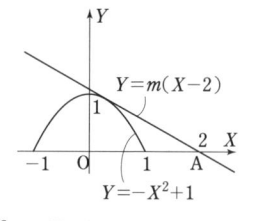
$m(X-2)=-X^2+1 \iff X^2+mX-2m-1=0$
が重解を持つときで，判別式 $D=m^2+8m+4=0$ から $m=-4\pm 2\sqrt{3}$ 大きいほうを採用して，$m=-4+2\sqrt{3}$ とわかるので，求めるべき値域は $-4+2\sqrt{3}\leqq f(x)\leqq 0$ とわかる．**終**

ほう，なるほど，という置き換えですね．「分数式は…」を意識して初めてできる置き換えでもあります．

どんどん行きましょう．

問題 7-2.3
x, y が全実数を動くときの，
$z=\dfrac{\sin x+\sin y}{\cos x+\cos y+3}$ の最大値を求めよ．

さてどうしましょう．なんだか，「なんでもあり」な感じもしてきましたが…

解
$P(\cos x, \sin x)$, $Q(-\cos y-3, -\sin y)$ とおくと，x, y が全実数を動くとき，P は単位円 $C: X^2+Y^2=1$ 上を，Q は $A(-3, 0)$ を中心とする半径 1 の円 D 上を動くので，C 上の点と D 上の点を結ぶ直線の傾きの最大値を求めればよく，それは C, D の共通内接線 l の傾きに他ならない（2つある共通内接線のうち，傾きが正の方を l とした）．

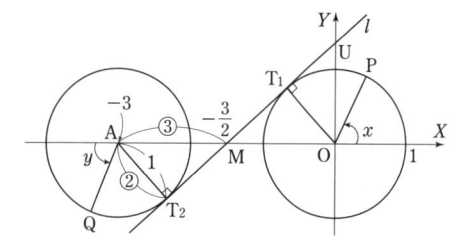

三角形 AT_2M と三角形 UOM の相似から，$OM:OU=\sqrt{5}:2$ とわかるので，z の最大値は $\dfrac{2}{\sqrt{5}}$ とわかる．**終**

しかし，ここまでくると，次のようにベクトルを介して考えた方が実はすっきりとします．

別解
$\vec{v}=\underbrace{\begin{pmatrix}\cos x\\ \sin x\end{pmatrix}}_{=\vec{a}}+\underbrace{\begin{pmatrix}\cos y\\ \sin y\end{pmatrix}}_{=\vec{b}}$ 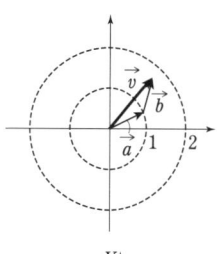
とおけば，x, y が全実数を動くときに $\vec{a}, \vec{b}$ は大きさ 1 のまま任意の向きを取りうるので，$\vec{v}$ は $0\leqq|\vec{v}|\leqq 2$ を満たして自由に動く．$\vec{v}=\overrightarrow{OR}$, $S(-3, 0)$ とおけば，
$\overrightarrow{SR}=\begin{pmatrix}\cos x+\cos y+3\\ \sin x+\sin y\end{pmatrix}$ であるから，z は直線 RS の傾きで，R が図の円板の周・内部を動くときの，直線 RS の傾きの最大値は $\dfrac{2}{\sqrt{5}}$ である．**終**

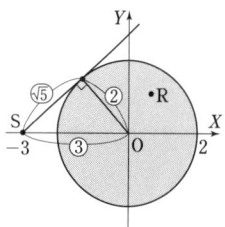

$\cos x + \cos y + 3$ は $\neq 0$ ですから，直線 RS の「傾き」と表現できるわけですが，一般にはベクトルに「傾き」という概念はありません．しかし，誤解を恐れずにいうならば，分数式を傾きとみる，というよりも，**分数式をベクトルの傾きとみる** というほうがおいしい様子がわかりますね．え？ なぜおいしいかって？ だって，

> **問題**
> x, y, z が全実数を動くときの
> $$w = \frac{\sin x + \sin y + \sin z}{\cos x + \cos y + \cos z + 4}$$
> の最大値を求めよ．

なんて問題も一瞬で解決できてしまうじゃないですか．

§2 2乗和は距離の2乗

分数式は傾き，をあたりまえなこととみなした上で，さまざまな問題を見てきましたが，あたりまえといえばもう一つ，「2乗和は距離の2乗とみるのがよい」という話もあります．

> **問題** ◇
> 実数 x, y が $x + 2y = 1$ を満たして動くときの，$z = x^2 + y^2$ の最小値を求めよ．

なら，点 P が直線 $x + 2y = 1$ 上を動くときの，$z = \mathrm{OP}^2$ の最小値を求めよ，と解釈することで，求めるべきは O と直線 $x + 2y = 1$ の距離 d の 2 乗とわかり，点と直線の距離公式から，$z_{\min} = d^2 = \dfrac{1}{5}$ と分かるわけです．

話は少し横道にそれますが，例えばコーシー・シュワルツの不等式として知られる次の問題も同じ解釈で解決です．

> **問題**
> 実数 a, b, x, y に対して，
> $$(a^2 + b^2)(x^2 + y^2) \geq (ax + by)^2 \quad \cdots\cdots ①$$
> が成り立つことを示せ．

解
$a = b = 0$ のときの成立は自明であるので，それ以外の場合を考えると，①は $x^2 + y^2 \geq \dfrac{(ax + by)^2}{a^2 + b^2} \cdots\cdots ②$ と変形できるので，これを示す．

$ax + by$ の値を固定し，$ax + by = k$ とおくと，

このもとでの $x^2 + y^2$ の最小値は，**問題** ◇ と同様に考えると，直線 $ax + by = k$ と原点の距離の 2 乗であるので，
$$x^2 + y^2 \geq \left(\frac{|-k|}{\sqrt{a^2 + b^2}}\right)^2 = \frac{k^2}{a^2 + b^2}$$
この k を $ax + by$ に置き換えれば，①を得る．従って題意は示された．■

無論，コーシー・シュワルツの不等式はベクトルの内積を経由して考えるのが自然ではあるのですが，「こんな考え方でも解決できる」というところに面白さを感じませんか？

それた話を元に戻しましょう．§1同様，あたりまえの考え方をいろいろ膨らませて，さまざまな問題を考えてみましょうか．ここから先はやはり「まず考えてみて」のステップを踏んでくださいね．

> **問題**
> 実数 x, y が $(x - 3)^2 + (y - 4)^2 = 1 \cdots\cdots ①$ を満たして動くときの，$z = x^2 + y^2$ の値域を求めよ．

これは完全に初級編の問題です．パッと図が頭に浮かびましたか？ 以下に略解を載せておくので，ピンときてから次に進んでください．

略解
点 $\mathrm{A}(3, 4)$ を中心とする半径 1 の円 C 上の点 P と，原点 O の距離の 2 乗が z であるとみる．直線 OA と C との交点を O に近い順に $\mathrm{P}_1, \mathrm{P}_2$ とすれば，$\mathrm{P}_1, \mathrm{P}_2$ が O から最も近い点，最も遠い点となるので，z の値域は
$$\mathrm{OP}_1^2 \leq z \leq \mathrm{OP}_2^2.$$
ここに，$\mathrm{OP}_1 = \mathrm{OA} - 1 = 4$, $\mathrm{OP}_2 = \mathrm{OA} + 1 = 6$ なので，求めるべき値域は $16 \leq z \leq 36$．■

⇨ **注** O を中心とする円で，C と外接するもの，内接するものを考えれば，その接点にあたるのがそれぞれ $\mathrm{P}_1, \mathrm{P}_2$ です．

ウォームアップが終わったところでどんどんいきます．

> **問題** 7-2.4
> 実数 x, y が $x + 2y \geq 1$ を満たして動くときの，$z = x^2 + xy + y^2$ の最小値を求めよ．

あなたの心が清ければ，z が「2 乗和」に見えてくるはずです．

解
$z = \left(x + \dfrac{y}{2}\right)^2 + \left(\dfrac{\sqrt{3}}{2} y\right)^2$ なので，$X = x + \dfrac{y}{2}$,

$Y=\dfrac{\sqrt{3}}{2}y$ とおけば，考えるべきは $X+\sqrt{3}\,Y\geqq 1$ ……① のときの $z=X^2+Y^2$ の最小値である．XY 平面上で①の表わす領域は，直線 $X+\sqrt{3}\,Y=1$ ……② の上側であるから，z の最小値は $\mathrm{O}(0,\ 0)$ と②の距離 d の 2 乗である．

従って，$z_{\min}=d^2=\dfrac{1}{4}$　㊊

▷注　置き換えの仕方はさまざまです．例えば，z が x，y について対称であることに着目するなら，z を $\dfrac{3}{4}(x+y)^2+\dfrac{1}{4}(x-y)^2$ とみて $X=\dfrac{\sqrt{3}}{2}(x+y)$，$Y=\dfrac{x-y}{2}$ とおけば，「$\sqrt{3}\,X-Y\geqq 1$ のときの $z=X^2+Y^2$ の最小値は？」となります．

なんだか，楽しくなってきました．

問題 7-2.5
　x，y が全実数を動くときの，
　$z=(\cos x+2\cos y+1)^2+(\sin x+2\sin y+2)^2$
　の値域を求めよ．

問題 7-2.3 を踏まえれば，さっと方針は立つのではないでしょうか？

解

$\vec{v}=\underbrace{\begin{pmatrix}\cos x\\ \sin x\end{pmatrix}}_{=\vec{a}}+2\underbrace{\begin{pmatrix}\cos y\\ \sin y\end{pmatrix}}_{=\vec{b}}$ とおけば，x，y が全実数を動くとき，$\vec{a}$，$\vec{b}$ は大きさ 1 のまま任意の向きを取りうるので，$\vec{v}=\vec{a}+2\vec{b}$ は，$1\leqq |\vec{v}|\leqq 3$ を満たして自由に動く（$0\leqq |\vec{v}|\leqq 3$ でないことに注意）．

$\vec{v}=\overrightarrow{\mathrm{OP}}$，$\mathrm{Q}(-1,\ -2)$ とおけば，$z=|\overrightarrow{\mathrm{PQ}}|^2$ で，この最小値は $\mathrm{P}=\mathrm{Q}$ のとき $z_{\min}=0$，最大値は，右下図において $\mathrm{P}=\mathrm{P}_0$ となるときで，

$z_{\max}=(3+\sqrt{5})^2$
　　　$=14+6\sqrt{5}$

である．z は $z_{\min}$ から $z_{\max}$ の間をくまなく動くので，求めるべき値域は $0\leqq z\leqq 14+6\sqrt{5}$ とわかる．　㊊

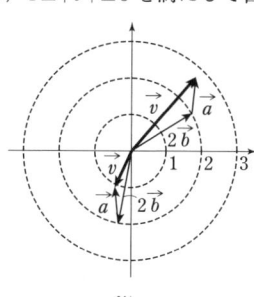

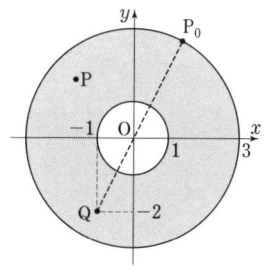

なるほど，「2 乗和はベクトルの大きさとみる」わけね．最後くらいは，「まともな問題」で終わりましょうか．

問題 7-2.6
　実数 x，y に対して，
　$z=(x+y-1)^2+(xy-2)^2$ の最小値を求めよ．

解

$x+y=s$，$xy=t$ とおくと，x，y は u の方程式 $u^2-su+t=0$ の 2 解であるので，判別式から，s，t の満たすべき条件は $s^2\geqq 4t$ である．従って，求めるべきは s，t が $s^2\geqq 4t$ ……① を満たして動くときの，$z=(s-1)^2+(t-2)^2$ の最小値である．

ここに，①および点 $\mathrm{A}(1,\ 2)$ を図示すると図のようであるので，$s^2=4t$ ……② に接する，A を中心とする円 C の半径を r とすれば，z の最小値は r^2 である．

C と②の接点を $\mathrm{T}\left(u,\ \dfrac{u^2}{4}\right)$ とすれば，T での C の接線の傾きは $\dfrac{u}{2}$ であり，直線 AT の傾きは $\dfrac{\dfrac{u^2}{4}-2}{u-1}$ であるので

$\dfrac{u}{2}\times\dfrac{\dfrac{u^2}{4}-2}{u-1}=-1\iff u^3=8\iff u=2$

従って $u=2$ とわかり，$\mathrm{T}(2,\ 1)$ とわかるので，$r^2=\mathrm{AT}^2=(1-2)^2+(2-1)^2=\mathbf{2}$ で，これが求めるべき最小値である．　㊊

▷注　一般には，円と曲線は「信じられない接しかたをしうる」ので，厳密には A を中心とする半径 $\mathrm{AT}=\sqrt{2}$ の円 C が領域 $s^2\leqq 4t$ に納まっていることを確かめる必要があります．（右は円 $x^2+y^2=2$ と放物線 $y=x^2+x-1$ とが点 $(-1,\ -1)$ で「接して」いる図．）

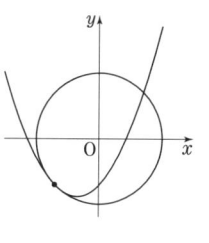

＊　　＊　　＊　　＊

取り上げた問題の中には，微分や三角関数の合成といった知識を使えそうなものもありましたが，一般論があるからといって闇雲にそれに走るのではなく，まずは「形を見るところから入る」こともやはり大切なのだなぁ，と，私自身，改めて考えさせられました．

◆3 変換後の図形の式

問題 7-3.1

$C: y=|x^2-1|+2$ で表わされるグラフ C を原点のまわりに $+90°$ 回転したグラフ C' の式を求めよ.

問題 7-3.2

直線 $l: y=2x+1$ に関して,放物線 $C: y=x^2-2$ を折り返した図形を C' とする.
(1) 点 $P(X, Y)$ の, l に関する対称点 P' の座標を求めよ.
(2) C' の式を求めることにより, C, C' の交点を求めよ.

◇3 変換後の図形の式

チェック！

難易度 ★

問題 7-3.3

xy 平面上で，$x^2+y^2-2|x|-2|y|\geqq 0$ ……………① の表わす図形 W を図示せよ．

チェック！

難易度 ★★

問題 7-3.4

（1） $y=2x^2$ のグラフ C と $y=4x^2$ のグラフ D は相似であることを示し，相似比（D が C の何倍であるか）を求めよ．

（2） $y=2^x$ のグラフ E と，$y=4^x$ のグラフ F は相似であることを示せ．

第7章 座標

◇3 変換後の図形の式

数ⅡB　解説編

いろいろな図形に，いろいろなことをしてみましょう．

§1 変換による図形の像

座標平面上の点ひとつひとつを，別の（同じでも構わない）点に移す操作のことを変換といい，その操作後の点を，変換による像といいます．例えば，「平行移動」や「回転」といったことがらも，「変換」で，

(例1) x方向に$+1$，y方向に$+2$平行移動

なる操作は，点(x,y)を$(x+1,y+2)$に変える変換，

(例2) 原点を中心に，$+90°$回転

なる操作は，下図を参考にすれば，点(x,y)を$(-y,x)$に変える変換とわかります．（回転の向きは，反時計回りを正の向きとします．）

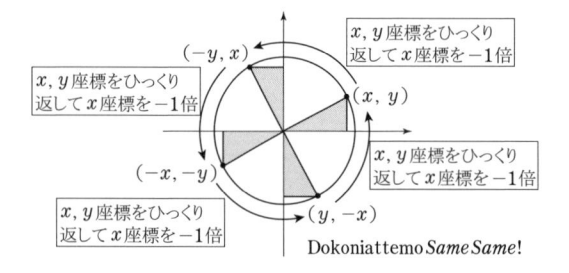

それぞれの「変換」に，f, g と名前をつけるなら，
$$f\begin{pmatrix}x\\y\end{pmatrix}=\begin{pmatrix}x+1\\y+2\end{pmatrix},\quad g\begin{pmatrix}x\\y\end{pmatrix}=\begin{pmatrix}-y\\x\end{pmatrix}$$

の様に変換f, gを表現します．

さて，ここに出てきた「変換」は，普通は，点が対象ではなく，

「$y=x^2$のグラフをx方向に$+1$，y方向に$+2$だけ平行移動」

「円$(x-1)^2+(y-3)^2=2$を O のまわりに$+90°$回転」

のように，図形を対象として用いられます．そして，それぞれの結果（変換による像）が

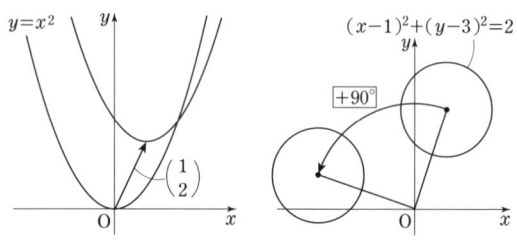

のようになることも理解できます（しています）．

「図形」とは，「いくつか（有限・無限を問わず）の点の集まりのこと」という認識があれば，「点」を対象とした「変換」なるものが，なぜ「図形」に施せるのかがわかるでしょう．そうです．図形に変換を施す，とは，その図形上の点一つ一つに，変換を施すということで，変換後の図形とは，変換後の点の全体を意味するということに他なりません．

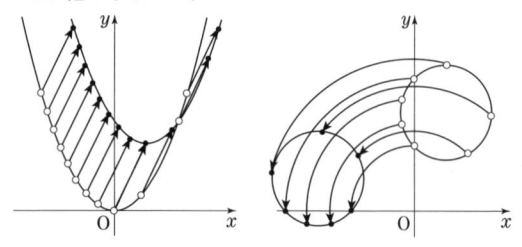

「図形に変換を施す」というのは，直感的に理解できてしまうことがらですが，本当のところは，

「図形上の一点一点が別の点に変わって，新たな図形が出来上がっている」

というのが真相だ，と再確認しておきましょう．

§2 変換の像の式

では，式で与えられた図形Cの，変換後の式（変換による像の式）がどのように与えられるのかを考えてみましょう．

問題 7-3.1 $C: y=|x^2-1|+2$で表わされるグラフCを原点のまわりに$+90°$回転したグラフC'の式を求めよ．

変換での像の式を求める上で，カギとなるのは

◇3 変換後の図形の式

|さかのぼって考える|
ことです.
　とある点 P が C' 上にあるとは，その点 P が「$+90°$ 回転」なる変換によって，C 上のとある点からやってきたということですから，P を元に戻してやれば，C 上にくるはずです.
　$+90°$ 回転を表わす変換を f とすれば，
$f\begin{pmatrix}x\\y\end{pmatrix}=\begin{pmatrix}-y\\x\end{pmatrix}$ でしたから，$f\begin{pmatrix}x\\y\end{pmatrix}=\begin{pmatrix}X\\Y\end{pmatrix}$ として x, y を X, Y で表わせば，$f\begin{pmatrix}Y\\-X\end{pmatrix}=\begin{pmatrix}X\\Y\end{pmatrix}$ です.
　これは，点 (X, Y) を「元に戻せば」点 $(Y, -X)$ になることを意味しますから，
　　点 P(X, Y) が C' 上にある
　　　　　　$\iff$ 点 $(Y, -X)$ が C 上にある
とできます. 点が C 上にあるかどうかは，代入することでその真偽が判定できますから，
　　点 $(Y, -X)$ が C 上にある
　　　　　　$\iff -X = |Y^2-1|+2$ ………… *
つまり，C' とは，* を満たすような点 (X, Y) の全体とわかるので，$\boldsymbol{C' : -x = |y^2-1|+2}$ とわかります.

⇨注 例えば，「$D : y = x^2$」なる表現は
$D = \{(x, y) | y = x^2\}$ なる表現の略記として用いられます. 集合記法では，$\{(x, y) | y = x^2\}$ も $\{(X, Y) | Y = X^2\}$ も，極端なら $\{犬, 猫) | 猫 = 犬^2\}$ も同じですから，この D は，略記でよいのなら $Y = X^2$ とも 猫 $=$ 犬^2 とも書くことができるのです. それを，x, y で表現するのは，慣例，以上それだけです.

　結局は，もとの C の式の x, y を，y, $-x$ に変えたものが C' の式と分かったということですが，点 $(y, -x)$ とは，まさに点 (x, y) を「元に戻した」ものに他なりません. 変換後の式の求め方は，ほとんどの場合は，このように
「"点 (x, y) を元に戻した点"を元の式に代入したもの」
で解決します.
　与えられた変換 f に対して，その変換での「戻し」を意味する変換のことを，f の逆変換といい，f^{-1} と表わします. まじめに表現するなら，
$$f\begin{pmatrix}x\\y\end{pmatrix}=\begin{pmatrix}X\\Y\end{pmatrix} \iff f^{-1}\begin{pmatrix}X\\Y\end{pmatrix}=\begin{pmatrix}x\\y\end{pmatrix}$$
を満たす変換のことが f^{-1} で，さらにまじめに調べるなら，C に f を施したものが C' であるとき，
(X, Y) が C' 上 $\iff (X, Y)$ に f^{-1} を施すと C 上

で，これらのことがらから，

　　図形 C に変換 f を施した図形 C' の式は，元の式の (x, y) に，点 (x, y) に f^{-1} を施したものを代入したもの

であることが理解できました.
　全ての変換が逆変換を持つわけではありませんが（例として，$f\begin{pmatrix}x\\y\end{pmatrix}=\begin{pmatrix}x+y\\xy\end{pmatrix}$ や $f\begin{pmatrix}x\\y\end{pmatrix}=\begin{pmatrix}0\\0\end{pmatrix}$ など），おおよそ「初等的」といえる変換は，たいてい逆変換を持ちます. 今回は，逆変換を持つ変換での像のみを扱うこととします.

§3 代表的な変換での像

　「x 方向に $+a$, y 方向に $+b$ 平行移動」する変換を f とするとき，f による像の式が，元の式の x, y を，$x-a$, $y-b$ に変えたものである，というのはよく用いる結果ですが，これは，f^{-1}, つまり「f が施された点を元に戻す変換」が「x 方向に $-a$, y 方向に $-b$」であることによります.

　「$f\begin{pmatrix}x\\y\end{pmatrix}=\begin{pmatrix}x+a\\y+b\end{pmatrix}$ より，$f^{-1}\begin{pmatrix}x\\y\end{pmatrix}=\begin{pmatrix}x-a\\y-b\end{pmatrix}$ だから，f での像の式は，元の式の (x, y) を $(x-a, y-b)$ に変えたものですね！」

という考え方が定着すれば，平行移動のみならず，他のさまざまな変換での像も，自由自在に求められます. 例えば，「x 軸で折り返す」という変換 f を考えるなら，
$$f\begin{pmatrix}x\\y\end{pmatrix}=\begin{pmatrix}x\\-y\end{pmatrix}$$
であり，x 軸で 2 回折り返せば，元の点に戻りますから，
$$f^{-1}\begin{pmatrix}x\\y\end{pmatrix}=\begin{pmatrix}x\\-y\end{pmatrix}$$
でもあります.

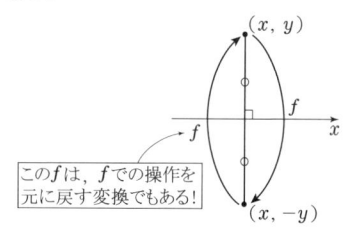

この f は，f での操作を元に戻す変換でもある！

従って，

　　x 軸について対称移動した図形の式は，元の式の y を $-y$ に変えたものである

ということが分かり，対称移動においては，このように

「2回施せば，元に戻る」という特性上，元の変換が，逆変換にもなっているという性質が成り立つので，

> y 軸について対称移動した図形の式は，元の式の x を $-x$ に変えたものである

や，

> 原点について点対称移動した図形の式は，元の式の (x, y) を $(-x, -y)$ に変えたものである

といったことの成立までわかります．

> 直線 $y=x$ について対称移動した図形の式は，元の式の (x, y) を (y, x) に変えたものである

という結果も同様のからくりで求まりますね．

では，一つ，問題に取り組んでみましょう．少し解きがいのある形にしてみました．がんばっていじくり倒してください．

問題 7-3.2 直線 $l: y=2x+1$ に関して，放物線 $C: y=x^2-2$ を折り返した図形を C' とする．
(1) 点 $\mathrm{P}(X, Y)$ の，l に関する対称点 P' の座標を求めよ．
(2) C' の式を求めることにより，C，C' の交点を求めよ．

解 (1) $\mathrm{P}'(X', Y')$ とおくと，直線 PP' の傾きが $-\dfrac{1}{2}$ であるので，$Y'-Y=-\dfrac{1}{2}(X'-X)$ ………①
(これは，$\mathrm{P}=\mathrm{P}'$ のときも正しい．)
また，線分 PP' の中点 $\left(\dfrac{X+X'}{2}, \dfrac{Y+Y'}{2}\right)$ は l 上にあるので，
$$\dfrac{Y+Y'}{2}=X+X'+1 \quad \cdots\cdots\cdots ②$$
①，②を連立して，X'，Y' について解けば，
$$\mathrm{P}'(X', Y')=\mathrm{P}'\left(\dfrac{-3X+4Y-4}{5}, \dfrac{4X+3Y+2}{5}\right)$$

(2) l についての対称移動を表わす変換を f とすれば，(1)より，$f\begin{pmatrix}x\\y\end{pmatrix}=\dfrac{1}{5}\begin{pmatrix}-3x+4y-4\\4x+3y+2\end{pmatrix}$ であり，任意の点に対して，f を2回施せば元の点に戻ることから，
$f^{-1}\begin{pmatrix}x\\y\end{pmatrix}=\dfrac{1}{5}\begin{pmatrix}-3x+4y-4\\4x+3y+2\end{pmatrix}$ でもある．ゆえに，f による C の像 C' の式は，
$$C': \dfrac{4x+3y+2}{5}=\dfrac{(-3x+4y-4)^2}{25}-2$$
と分かり，分母をはらって整理すれば

$$(-3x+4y-4)^2-20x-15y-60=0 \quad\cdots\cdots ③$$
$y=x^2-2$ を③式に代入すれば，
$$(4x^2-3x-12)^2-15x^2-20x-30=0 \quad\cdots\cdots ④$$
さて，C と l の交点の x 座標は，
$x^2-2=2x+1 \iff x^2-2x-3=0$ より $x=-1, 3$ であり，C，l の交点は C，C' の交点でもあるから，$x=-1, 3$ は④の方程式の解でもある．

④は x の4次方程式で，x^4 の係数は 16 であるから，④の $x=-1, 3$ 以外の解を α，β とおけば，解と係数の関係より
$$\alpha+\beta-1+3=-\dfrac{(x^3 \text{の係数})}{16}$$
$$\alpha\times\beta\times(-1)\times 3=\dfrac{(\text{定数項})}{16}$$
④の x^3 の係数は -24，定数項は 114 であるから，
$$\alpha+\beta=-\dfrac{1}{2}, \quad \alpha\beta=-\dfrac{19}{8}$$
従って，α，β は t の方程式
$$t^2+\dfrac{1}{2}t-\dfrac{19}{8}=0 \iff 8t^2+4t-19=0 \cdots\cdots ⑤$$
の2解で，$\dfrac{-2\pm\sqrt{156}}{8}=\dfrac{-1\pm\sqrt{39}}{4}$ とわかる．

⑤は $t^2-2=\dfrac{-4t+3}{8}$ とも変形できることに注意すれば，C，C' の交点の座標は $(-1, -1)$，$(3, 7)$，$\left(\dfrac{-1\pm\sqrt{39}}{4}, \dfrac{4\mp\sqrt{39}}{8}\right)$ （複号は同順）
とわかる．　終

▷**注** むろん，解と係数の関係を用いず，④式をそのまま展開し，
$16x^4-24x^3-102x^2+52x+114=0$
$8x^4-12x^3-51x^2+26x+57=0$
$(x+1)(8x^3-20x^2-31x+57)=0$
$(x+1)(x-3)(8x^2+4x-19)=0$
として処理しても構いません．
おまけに，図も添えておきます．

§4　応用問題と興味深い結果

では，基本的な考え方がそろったところで，二つほど問題に取り組んでみましょう．

問題 7-3.3 xy 平面上で，
$$x^2+y^2-2|x|-2|y|\geqq 0 \quad\cdots\cdots ①$$
の表わす図形 W を図示せよ．

基本的な対称移動についての結果は，式の表わす図形の図示の際にも効力を発揮することがあります．①の表

◇3 変換後の図形の式

わす図形の x 軸についての対称移動の式は
$$x^2+(-y)^2-2|x|-2|-y|\geqq 0$$
ですが，これは①と変わりません．

このことは，①の表わす図形が，x 軸対称の図形であることを意味します．

他に，いろいろと「対称性」がうかがえますが，図示を手抜きするためだけなら，次に挙げる 2 つだけで十分です．

解 ①式の x を $-x$ に変えても，y を $-y$ に変えても，式として不変であるので，W は y 軸対称であり，かつ x 軸対称である．

①を $x\geqq 0$，$y\geqq 0$ のもとで図示すると，①は
$$x^2+y^2-2x-2y\geqq 0$$
$$\Longleftrightarrow (x-1)^2+(y-1)^2\geqq 2$$
と変形でき，これは点 $(1,1)$ を中心とする半径 $\sqrt{2}$ の円の周および外部を表わすので，図 1 の様（境界を含み，かつ原点を含む）となる．

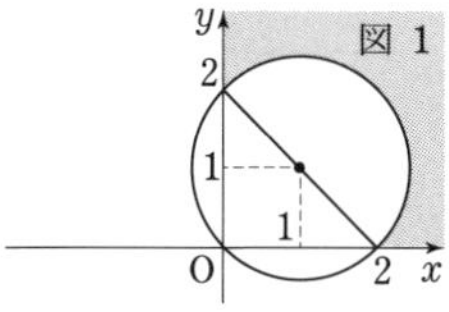

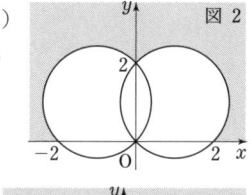

W が y 軸対称であることから，W の $y\geqq 0$ の部分は図 2 の様で，さらに W は x 軸対称でもあるから，結局 W は右図の様になる（境界，および原点を含む）． **終**

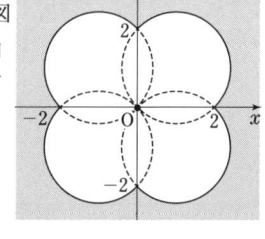

原点だけ，ぽちっと黒いのが，まるでかわいらしいほくろのようで微笑ましいでしょう？

では，最後です．(1)はともかく，(2)は，それが事実であることに少しハッとさせられます．「相似」にピンと来なければ，問題文のあとの，解答手前の部分までを読み進めてから考えてみてもよろしい．

問題 7-3.4　(1) $y=2x^2$ のグラフ C と $y=4x^2$ のグラフ D は相似であることを示し，相似比（D が C の何倍であるか）を求めよ．
(2) $y=2^x$ のグラフ E と，$y=4^x$ のグラフ F は相似であることを示せ．

原点を中心に点 A を相似拡大する，とは，$A(x,y)$ を $A'(kx,ky)$ に変える操作をいい，k にあたるものが「相似比」になります．図形 τ を原点中心に k 倍相似拡大した図形とは，τ 上の点を原点中心に k 倍相似拡大した点全体の集合のことで，一般に，2 つの図形が相似であるとは，回転や平行移動などを許して，うまく xy 平面上に 2 つの図形を配することで，一方を原点を中心として相似拡大することで，他方が得られる状況のことをいいます．

ここまでが，「相似」についての解説．では，解答です．

解 原点を中心に k 倍相似拡大（$k\neq 0$）する変換を f で表わせば，f^{-1} は，原点を中心とする $\frac{1}{k}$ 倍の相似拡大を表わすので，$f^{-1}\begin{pmatrix}x\\y\end{pmatrix}=\frac{1}{k}\begin{pmatrix}x\\y\end{pmatrix}$ である．

ゆえに，原点を中心に k 倍相似拡大した図形を表わす式は，元の式の (x,y) を $\left(\frac{x}{k},\frac{y}{k}\right)$ に変えたものである．

(1) $C:y=2x^2$ を原点を中心に k 倍相似拡大した図形の式は
$$\frac{y}{k}=2\cdot\left(\frac{x}{k}\right)^2 \Longleftrightarrow y=\frac{2}{k}x^2$$
である．

$k=\frac{1}{2}$ のとき，この式は D の式と一致するので，確かに C，D は相似で，相似比は $\frac{1}{2}$ である．

(2) F の式を変形すれば，
$$y=4^x \Longleftrightarrow y=(2^2)^x \Longleftrightarrow y=2^{2x} \Longleftrightarrow 2y=2^{2x+1}$$
これは，$y=2^{x+1}\cdots *$ の (x,y) を $(2x,2y)$ に変えたものであり，$*$ の表わす図形は，$E:y=2^x$ を x 方向に -1 平行移動したものであるから，F は E を x 方向に -1 平行移動したのち，原点を中心に $\frac{1}{2}$ 倍相似拡大したものと分かる．従って，E，F は相似であるとわかる． **終**

⇨注　$2y=2^{2x+1}$ を $2y=2^{2\left(x+\frac{1}{2}\right)}$ とみれば，F は E を原点を中心に $\frac{1}{2}$ 倍相似拡大したのちに，x 方向に $-\frac{1}{2}$ 平行移動したものであるとも分かります．

同じ手順により，全ての 2 次関数のグラフが相似であることや，全ての指数関数 $y=a^x$ のグラフが相似であることもわかります．数Ⅲで学ぶ事実に，「放物線とは，定点と定直線までの距離が等しい点の軌跡である」というものがあり，数Ⅲを学ぶ人たちにとっては，前者の事実は「たしかに」という程度のものでしょうが，後者については，少し意外ではありませんか？

こういう，素朴な「びっくり」が，私は一番すきです．

◆4 軌跡問題へのさまざまなアプローチ

数ⅡB 問題編

問題 7-4.1 難易度 ★

t が全実数を動くときの，点 $P(t^2-1,\ t^4-1)$ の軌跡を求めよ．

問題 7-4.2 難易度 ★★

t が全実数を動くときの，点 $P\left(\dfrac{1-t^2}{1+t^2},\ \dfrac{2t}{1+t^2}\right)$ の軌跡を求めよ．

◇4 軌跡問題へのさまざまなアプローチ

7-4

チェック！

難易度 ★★

問題 7-4.3

t が正の実数を動くときの，2 直線 $l_t : y = tx - t$, $m_t : y = \dfrac{t-1}{t+1}x$ の交点 P_t の軌跡を求め，図示せよ．

チェック！

難易度 ★★★

問題 7-4.4

直線 $y = x + 1$ の $x > 0$ の部分に動点 A をとり，直線 $y = x - 1$ 上に，$\angle \mathrm{AOB} = 90°$ となるように点 B をとる．ただし，O は座標平面の原点である．

A を動かすとき，O から直線 AB に下ろした垂線の足 H の描く軌跡を求め，図示せよ．

第7章 座標

◇4 軌跡問題へのさまざまなアプローチ　数ⅡB 解説編

本稿のテーマは「軌跡」です．さまざまな軌跡問題の攻め方の土台部分をお話しましょう．扱う問題は少数ですが，ディープに参りたいと思います．

§1 パラメタ表示された点の軌跡

例えば，

> **問題 7-4.1** t が全実数を動くときの，点 $P(t^2-1,\ t^4-1)$ の軌跡を求めよ．

のような問題であれば，ある意味「安直にパラメタ消去」で解決です．

解 $P(x,\ y)$ とおくと，$y=(t^2-1)(t^2-1+2)$ であるので，$x,\ y$ は $y=x(x+2)$ を満たす．

従って，P は放物線 $y=x(x+2)$ 上にあるとわかり，その x 座標 $x=t^2-1$ は，t が全実数を動くとき，$x\geqq -1$ の範囲を（くまなく）動くので，求めるべき軌跡は $y=x(x+2)\ (x\geqq -1)$ とわかる．■

パラメタ消去後の式が，$y=f(x)$ の形をしている場合は，x 座標の動く範囲を調べるだけで，実際に「どの部分を動くのか」がすぐに分かるわけです．

厄介なのは，パラメタ消去後の式が，円の式の様に，$y=f(x)$ の形をしていない場合です．例えば，

「がんばってパラメタを消去すると，$x^2+y^2=1$ という式を得た．x の動く範囲を調べてみると $-1\leqq x\leqq 1$，y の動く範囲を調べてみると $-1\leqq y\leqq 1$ だった．」

という結果になったとします．しかしながら，これでは単位円周上の「どこを」動くのか，は決定されません．

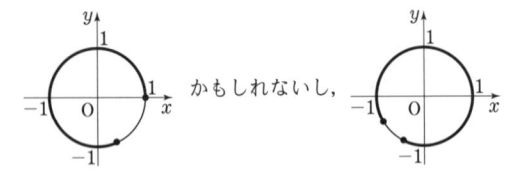

かもしれないし，

かもしれません．他にもありえるパターンは無数にあるでしょう．困りました．

今回はそのような場合の処理の仕方を，「問題を作るところから」スタートして，検討してみたいと思います．

以下は，単位円周上の有理点（$x,\ y$ 座標がともに有理数である点）を探す手法として有名なものですが，これからしたいお話にピッタリな題材なので，そのまま使わせてもらいましょう．

【問題作りの裏側】

単位円 $C:x^2+y^2=1$ と，その周上の点 $A(-1,\ 0)$ を通る，傾き t の直線 l_t を考えてみようか．A での C の接線は傾きを持たないので，円周上の A 以外の全ての点は，C と l_t の交点で与えられるはず．

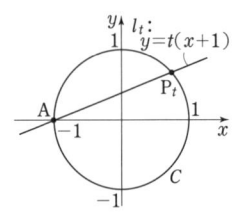

$l_t:y=t(x+1)$ だから，これと C の交点の x 座標は，
$$x^2+t^2(x+1)^2=1 \iff (1+t^2)x^2+2t^2x+t^2-1=0$$
の 2 解で，片方の解は $x=-1$．解の積は（解と係数の関係より）$\dfrac{t^2-1}{1+t^2}$．従って，l_t と C の交点で，A と異なるほうの点 P_t の x 座標は $\dfrac{1-t^2}{1+t^2}$ とわかって，y 座標は
$$t\left(\dfrac{1-t^2}{1+t^2}+1\right)=\dfrac{2t}{1+t^2}$$
とわかるから，
$$P_t\left(\dfrac{1-t^2}{1+t^2},\ \dfrac{2t}{1+t^2}\right)$$

よし，これで問題を作ることができたぞ（でへへ）．

【ねたばれ終わり】

話の上では，上述のようなことを考えたのは X 君であるとし，X 君は得意満面の笑みで，Y 君に次のような問題を出したという設定にしましょう．

> **問題 7-4.2** t が全実数を動くときの，点 $P_t\left(\dfrac{1-t^2}{1+t^2},\ \dfrac{2t}{1+t^2}\right)$ の軌跡を求めよ．

裏側を知っている私たちは，結果が「単位円から一点 $(-1,\ 0)$ を除いたもの」となることはすぐに分かりま

206

すが，Y君はそんなことを知りません．少しかわいそうです．ヒントを出してあげましょうか．

【ヒントプラン1の1：P_tは単位円上にあるんだよ】

そんなヒントをもらったY君は，きっと「確かめにゆく」ことでしょう．

実際に $\left(\dfrac{1-t^2}{1+t^2}\right)^2+\left(\dfrac{2t}{1+t^2}\right)^2$ を計算してみると，

$$\dfrac{(1-2t^2+t^4)+4t^2}{(1+t^2)^2}=\dfrac{1+2t^2+t^4}{(1+t^2)^2}=1$$

なので，たしかに P_t は単位円 $C:x^2+y^2=1$ 上にあるとはわかりますが，この単位円周上のどこを動くのかはY君にはわかりません．もう少し助けてあげましょう．

【ヒントプラン1の2：P_tは$(-1,0)$とはならないよ】

$P_t(x, y)$ とおくと，$x=\dfrac{1-t^2}{1+t^2}=-1+\dfrac{2}{1+t^2}\ne -1$ ですから，Y君はすぐに，もらったヒントが正しいと確認できました．おまけに，

$x+1=\dfrac{2}{1+t^2}$ であるので，$y=\dfrac{2t}{1+t^2}=t(x+1)$，つまり，$P_t$ は直線 $y=t(x+1)$ 上にあることにも気付きました．ここまでくると，「崩落寸前のカブール」状態です．つまり，もう終わったも同然ということです．

「P_tはCと$y=t(x+1)$の交点だが，その交点の一つ$A(-1,0)$とはなりえないので，P_tはCと$y=t(x+1)$の交点のうち，$A(-1,0)$でないほうだ！ということは，tを全実数で動かせば，軌跡はこんな感じだ！」

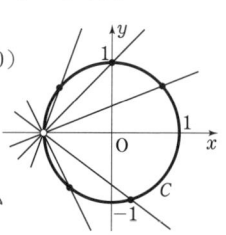

うまくいって万歳，なY君の様子が目に浮かびますね．

でも，ヒントを出した私たちとしては，少し複雑です．2つもヒントを出して，少しY君に迷惑をかけてしまった感があるからです．もう少し上手なヒントはないものでしょうか？

X君の思考からわかることは，P_tは右図のような点であるということです．直線AP_tとx軸正方向とのなす角をθとおくと，三角形AOP_tは二等辺三角形ですから，$0\le\theta<\dfrac{\pi}{2}$ の場合は $\angle AP_tO=\theta$ となり，従って直線OP_tとx軸正方向とのなす角は2θとなります．

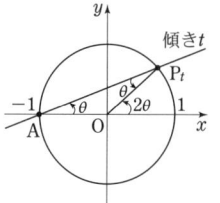

$-\dfrac{\pi}{2}<\theta\le 0$ の場合も同様であることがすぐに分かるので，P_tは $-\dfrac{\pi}{2}<\theta<\dfrac{\pi}{2}$ なるθを用いて，

$P_t(\cos 2\theta, \sin 2\theta)$ と表わせるとわかります．

ここに，直線AP_tの傾きtは$\tan\theta$で表わせますから，次のようなヒントも有効そうです．

【ヒントプラン2：$t=\tan\theta$とおいてごらん】

$t=\tan\theta$ とおき，θ を $-\dfrac{\pi}{2}<\theta<\dfrac{\pi}{2}$ の範囲で動かすことによってtを全実数の範囲で動かそうとしたY君の反応はどうでしょうか？

$P_t(x, y)$とおくと，$1+\tan^2\theta=\dfrac{1}{\cos^2\theta}$ より

$x=\cos^2\theta(1-\tan^2\theta)=\cos^2\theta-\sin^2\theta=\cos 2\theta$
$y=2\cos^2\theta\tan\theta=2\cos\theta\sin\theta=\sin 2\theta$

なので，$P_t(\cos 2\theta, \sin 2\theta)$ とわかってY君はにっこりです．2θの動く範囲が $-\pi<2\theta<\pi$ であることを確かめて，P_tを直接動かすことによって，右図の軌跡を得られました．

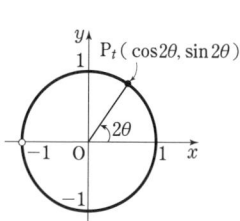

以上のことから，パラメタ表示された点の軌跡が $y=f(x)$ の形にならない場合に有効そうな手法をまとめると，次のようになります．

- 定曲線と動直線の交点の軌跡とみる
- x，y 座標が $\dfrac{\Box}{a^2+t^2}$ の形でパラメタ表示されるときは，$t=a\tan\theta$ の置換が有効

（後者は，ヒントプラン2を拡大解釈した結果です．）

§2 軌跡問題の「2つの攻め方」

直接パラメタ表示されていないような点の軌跡を求めたい場合は，大きく2つの攻め方があります．

（あ）**順々に考える**　と　（い）**さかのぼって考える**

です．

具体的にみてみましょう．

問題 7-4.3 t が正の実数を動くときの，2直線 $l_t:y=tx-t$，$m_t:y=\dfrac{t-1}{t+1}x$ の交点 P_t の軌跡を求め，図示せよ．

「順々に考える」とは，文字通り，2直線の交点P_tの座標を求め，パラメタtを動かすことで軌跡を得ようという発想です．

第7章 座標

【解1：順々に】
　2直線の式を連立して交点を求めると，
$$tx-t=\frac{t-1}{t+1}x \iff \left(t-\frac{t-1}{t+1}\right)x=t$$
$$\iff (t^2+1)x=t^2+t$$
から，$x=\dfrac{t^2+t}{t^2+1}$，$y=\dfrac{t-1}{t+1}\times\dfrac{t^2+t}{t^2+1}=\dfrac{t^2-t}{t^2+1}$

従って，交点 P_t は $P_t\left(\dfrac{t^2+t}{t^2+1},\dfrac{t^2-t}{t^2+1}\right)$ で与えられるとわかる．

$t=\tan\theta$ とおき，θ を $0<\theta<\dfrac{\pi}{2}$ の範囲で動かすと，

$\dfrac{t^2+t}{t^2+1}=\cos^2\theta(\tan^2\theta+\tan\theta)=\sin^2\theta+\sin\theta\cos\theta$

$\phantom{\dfrac{t^2+t}{t^2+1}}=\dfrac{1-\cos 2\theta}{2}+\dfrac{\sin 2\theta}{2}=\dfrac{1}{2}-\dfrac{\sqrt{2}}{2}\cos\left(2\theta+\dfrac{\pi}{4}\right)$

$\dfrac{t^2-t}{t^2+1}=\cos^2\theta(\tan^2\theta-\tan\theta)=\sin^2\theta-\sin\theta\cos\theta$

$\phantom{\dfrac{t^2-t}{t^2+1}}=\dfrac{1-\cos 2\theta}{2}-\dfrac{\sin 2\theta}{2}=\dfrac{1}{2}-\dfrac{\sqrt{2}}{2}\sin\left(2\theta+\dfrac{\pi}{4}\right)$

から，P_t は点 $\left(\dfrac{1}{2},\dfrac{1}{2}\right)$ を中心とする半径 $\dfrac{\sqrt{2}}{2}$ の円の周上にあるとわかり，$2\theta+\dfrac{\pi}{4}$ の動く範囲は $\dfrac{\pi}{4}<2\theta+\dfrac{\pi}{4}<\dfrac{5\pi}{4}$ であるので，求めるべき軌跡は右図の様になる．

⇨注：「ベクトルの一次結合と回転」でみたことを踏まえて，
$$\overrightarrow{OP_t}=\dfrac{1}{2}\binom{1}{1}-\left\{\dfrac{1}{2}\cos 2\theta\binom{1}{1}+\dfrac{1}{2}\sin 2\theta\binom{-1}{1}\right\}$$
とみるのも良いでしょう．$\{\ \}$ のベクトルは $\dfrac{1}{2}\binom{1}{1}$ を 2θ 回転させたベクトルと分かります．

「さかのぼって考える」とは，交点の x, y 座標の満たすべき条件を考えるという発想です．「そもそも，なぜあなたは軌跡上にいるのですか？」の「そもそも」が「さかのぼって」という表現に対応します．

【解2：さかのぼって】
　$P_t(x, y)$ とおくと，x, y の満たすべき条件は，
$y=tx-t$，$y=\dfrac{t-1}{t+1}x$ を満たす正の数 t が存在することである．各々の式を t について整理すれば
$(x-1)t=y$ …①，$(x-y)t=x+y$ …②
で，$x=1$ のとき，①かつ②を満たす正の t が存在するのは $y=0$ のときであり，そのとき $t=1$ である．$x\neq 1$

のときは ①$\iff t=\dfrac{y}{x-1}$ であるので，②に代入することで P_t は
$$\dfrac{y(x-y)}{x-1}=x+y \iff x^2+y^2-x-y=0 \quad\cdots\cdots\text{③}$$
上にあると分かる．

ゆえに，P_t は $t=1$ のときは $(1, 0)$ であり，そうでないときは，P_t は①の表わす直線と，③の表わす円の交点で，$x\neq 1$ であるもの．

①，③は点 $(1, 0)$ で交わることを加味して，P_t の軌跡を t を1でない正数の範囲で動かせば，軌跡は右図のようとわかる．

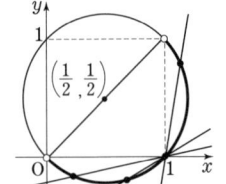

　解1のほうは，P_t を t で表わせた時点で崩落寸前ですね．ここから円の式を求めにかからずとも，「定石の置換」で処理できました．解2では，「同値変形」を前面に出さずに先の経験が活きるように解決しましたが，同値変形で行くならば「代入の原理」を用いた次のような処理になるでしょう．

【同値変形での処理の場合】
(x, y) が軌跡上に存在する
$\iff (x-1)t=y\cdots\cdots$①，$(x-y)t=x+y\cdots\cdots$②
　を満たす正の数 t が存在
$\iff (x, y)=(1, 0)\cdots\cdots$④ または
　　$\left(t=\dfrac{y}{x-1}\cdots\cdots\text{⑤}\right.$ かつ②かつ $t>0\cdots\cdots$⑥$\left.\right)$ を満たす t が存在)
$\iff$ ④または（③かつ $\dfrac{y}{x-1}>0$）（以下略）

これを「ラクだ」と感じるかどうかは人によりけりでしょう．

⇨注：「ある t が存在して $t=$ * かつ ** を満たす」という主張は，** に $t=$ * を代入した主張と同じになります．例えば，「$x=1$ かつ $x+y=3$ となる x, y が存在」 $\iff$ 「$1+y=3$」，です．このからくりを，ここでは「代入の原理」と表現しています．

では，最後の問題です．いろいろな方法を試して，一番よさそうな方針で解ききってみてください．

> **問題 7-4.4** 直線 $y=x+1$ の $x>0$ の部分に動点 A をとり，直線 $y=x-1$ 上に，$\angle AOB=90°$ となるように点 B をとる．ただし，O は座標平面の原点である．
> 　A を動かすとき，O から直線 AB に下ろした垂線の足 H の描く軌跡を求め，図示せよ．

まずは素直に参りましょうか．
【解1：順々に】
　A$(t, t+1)$ $(t>0)$ とおくと，
直線OBの式は $y=-\dfrac{t}{t+1}x$ で
与えられるので，これと $y=x-1$
との交点としてBの座標を求めれ
ば，B$\left(\dfrac{t+1}{2t+1}, \dfrac{-t}{2t+1}\right)$

$\overrightarrow{AB}=\dfrac{1}{2t+1}\begin{pmatrix}-2t^2+1\\-2t^2-4t-1\end{pmatrix}$ と $\begin{pmatrix}2t^2+4t+1\\-2t^2+1\end{pmatrix}$ は直交

するので，直線ABの式は
$$(2t^2+4t+1)(x-t)-(2t^2-1)(y-t-1)=0$$
$$\iff (2t^2+4t+1)x-(2t^2-1)y=2t^2+2t+1$$
で与えられる．

$\overrightarrow{OH}=k\begin{pmatrix}2t^2+4t+1\\-(2t^2-1)\end{pmatrix}$ とおいて，Hの座標を先の直

線の式に代入すると
$$\{(2t^2+4t+1)^2+(-2t^2+1)^2\}k=2t^2+2t+1$$
ゆえに，
$$k=\dfrac{2t^2+2t+1}{2(4t^4+8t^3+8t^2+4t+1)}=\dfrac{2t^2+2t+1}{2(2t^2+2t+1)^2}$$
$$=\dfrac{1}{2(2t^2+2t+1)}$$

とわかるので，$\overrightarrow{OH}=\dfrac{1}{2(2t^2+2t+1)}\begin{pmatrix}2t^2+4t+1\\-2t^2+1\end{pmatrix}$

$2t^2+2t+1=2\left(t+\dfrac{1}{2}\right)^2+\dfrac{1}{2}$ に着目して，$t+\dfrac{1}{2}=\dfrac{\tan\theta}{2}$

とおき，$(t>0$ のとき，$\tan\theta$ は $\tan\theta>1$ を動くので) θ
を $\dfrac{\pi}{4}<\theta<\dfrac{\pi}{2}$ の範囲で動かせば，

$\overrightarrow{OH}=\cdots=\dfrac{\cos^2\theta}{2}\begin{pmatrix}\tan^2\theta+2\tan\theta-1\\-\tan^2\theta+2\tan\theta+1\end{pmatrix}$

$=\dfrac{1}{2}\begin{pmatrix}\sin^2\theta+2\sin\theta\cos\theta-\cos^2\theta\\-\sin^2\theta+2\sin\theta\cos\theta+\cos^2\theta\end{pmatrix}$

$=\dfrac{1}{2}\begin{pmatrix}\sin2\theta-\cos2\theta\\\sin2\theta+\cos2\theta\end{pmatrix}=\dfrac{\sqrt{2}}{2}\begin{pmatrix}\sin\left(2\theta-\dfrac{\pi}{4}\right)\\\cos\left(2\theta-\dfrac{\pi}{4}\right)\end{pmatrix}$

従って，Hは
点H$'\left(\dfrac{\sqrt{2}}{2}\cos\left(2\theta-\dfrac{\pi}{4}\right), \dfrac{\sqrt{2}}{2}\sin\left(2\theta-\dfrac{\pi}{4}\right)\right)$ を直
線 $y=x$ に関して対称移動したものである．
$2\theta-\dfrac{\pi}{4}$ は $\dfrac{\pi}{4}<2\theta-\dfrac{\pi}{4}<\dfrac{3\pi}{4}$ を動くので，点H$'$の軌跡，
およびHの軌跡は次の太線で，これが求めるべきもの
である．

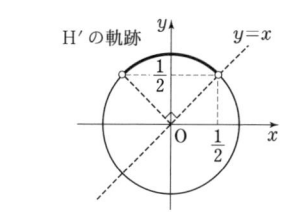

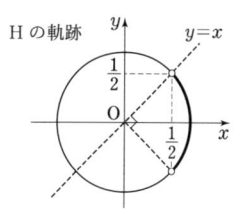

⇨注：やはり，
$$\overrightarrow{OH}=\dfrac{1}{2}\cos(-2\theta)\begin{pmatrix}-1\\1\end{pmatrix}+\dfrac{1}{2}\sin(-2\theta)\begin{pmatrix}-1\\-1\end{pmatrix}$$

とみることで，$\overrightarrow{OH}$ は $\dfrac{1}{2}\begin{pmatrix}-1\\1\end{pmatrix}$ を -2θ 回転したも

の，と見ることもできます．

Hをパラメタ表示したところで「カブール」かと思
いきや，ぜんぜんカブールではありませんでした．
【解2：さかのぼって】
　H$=$Oとなることはないので，H(a, b)の満たすべ
き条件は，Hを通り $\overrightarrow{OH}$ に垂直な直線 l と $y=x+1$ が
$x>0$ の範囲で交わり，かつ $y=x-1$ とも交わり，それ
ぞれの交点をA，Bとするときに，$\angle AOB=90°$ となる
ことである．…*

l の式は $a(x-a)+b(y-b)=0$ で与えられるので，
これと $y=x\pm1$ との交点を探ることで，条件を満たす
には $a+b\neq 0$ が必要と分かり，そのもとで
A$\left(\dfrac{a^2+b^2-b}{a+b}, \dfrac{a^2+b^2+a}{a+b}\right)$，
B$\left(\dfrac{a^2+b^2+b}{a+b}, \dfrac{a^2+b^2-a}{a+b}\right)$
と分かるので，求めるべき条件は
$\overrightarrow{OA}\cdot\overrightarrow{OB}=0 \iff \dfrac{(a^2+b^2)^2-b^2}{(a+b)^2}+\dfrac{(a^2+b^2)^2-a^2}{(a+b)^2}=0$
$\iff 2(a^2+b^2)^2=a^2+b^2 \iff a^2+b^2=\dfrac{1}{2}$

かつ $\dfrac{a^2+b^2-b}{a+b}>0$

このとき，$a+b\neq 0$ は満たされ
るので，
$a^2+b^2=\dfrac{1}{2}$ かつ $\dfrac{a^2+b^2-b}{a+b}>0$
を満たす点 (a, b) の全体を
図示して，求めるべき軌跡は
図の太線とわかる．

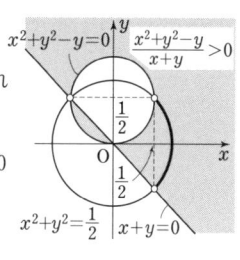

実質的には，*までたどりつければカブールなのです
が，そこにゆくまでも，そこから先も「一苦労」です．
いずれの方法でも少し重たい問題でしたが，「重過ぎ
ると感じる問題は図形的考察も考えよ」という格言もあ
ります．本問もその例に違わないので，興味があれば考
えてみてください．　　おつかれさまでした．

◆5 吟味のこころ

問題 7-5.1

xy 平面上の直線 $l_t : y = tx - t^2$ について，次の問に答えよ．

(1) t が全実数を動くときの，l_t の通過領域 W_1 を求め，図示せよ．

(2) t が $-1 \leq t \leq 1$ を動くときの，l_t の通過領域 W_2 を求め，図示せよ．

問題 7-5.2

頂点が $y = 2x$ 上にある 2 次関数のグラフ C で，直線 $y = -2x$ に接するものを考える．C を，この条件を満たすように自由に動かすとき，C が通過する領域 W を求め，図示せよ．

問題 7-5.3

中心が放物線 $C: y = x^2$ 上にあり，x 軸に接する円 D を考える．

(1) D の中心が，C の原点以外の部分をくまなく動くときの，D の通過領域 W_1 を求め，図示せよ．

(2) D の中心が，C の $x > 0$ の部分をくまなく動くときの，D の通過領域 W_2 を求め，図示せよ．

第7章 座標

◆5 吟味のこころ

数Ⅱ
解説編

本稿では，さまざまな問題を解きにかかる上での「基本姿勢」についてのお話をしたいと思います．その基本姿勢とは，「吟味のこころ」．通過領域の問題を通して，そのこころを感じとってもらうことにします．

§1 笑えない間違い

まずは，次の問題を（何もみずに）解いてみて下さい．話はそれからです．

> **問題 7-5.1** 平面上の直線 $l_t : y = tx - t^2$ について，次の問に答えよ．
> （1）t が全実数を動くときの，l_t の通過領域 W_1 を求め，図示せよ．
> （2）t が $-1 \leq t \leq 1$ を動くときの，l_t の通過領域 W_2 を求め，図示せよ．

難なく処理できたでしょうか？

解
（1）点 (X, Y) が通過領域 W_1 に含まれるか否かは，この点を通る直線 l_t が存在するか否か，即ち，$Y = tX - t^2$ を満たす実数 t が存在するか否かで判定できるので，$Y = tX - t^2$ を満たす実数 t が存在するための X, Y の条件を求めれば，それが (X, Y) が W_1 に含まれるための条件となる．

$Y = tX - t^2 \iff t^2 - Xt + Y = 0 \cdots\cdots$① を，$t$ の2次方程式とみれば，①を満たす実数 t が存在するための条件は（判別式＝）$X^2 - 4Y \geq 0$

従って，$Y \leq \dfrac{X^2}{4} \cdots\cdots$② が (X, Y) が W_1 に含まれるための条件であるから，②を満たす (X, Y) の全体を図示すれば，W_1 は右図のよう（境界を含む）とわかる．

（2）同じように考えれば，点 (X, Y) が W_2 に含まれるための条件は，$Y = tX - t^2$ を満たす t が $-1 \leq t \leq 1$ の範囲に存在するということなので，t の方程式①が $-1 \leq t \leq 1$ の範囲に解を持つような X, Y の条件を求めればよい．

$f(t) = t^2 - Xt + Y$ とおけば，$f(t) = 0$ が $-1 \leq t \leq 1$ の範囲に解を持つのは，

　（あ）$f(-1)f(1) \leq 0 \cdots\cdots$③ のとき

あるいは，

　（い）（端点）$f(-1) > 0$, $f(1) > 0 \cdots\cdots$④ かつ

　　　（軸）$-1 < \dfrac{X}{2} < 1 \cdots\cdots$⑤ かつ

　　　（判別式）$X^2 - 4Y \geq 0 \iff Y \leq \dfrac{X^2}{4} \cdots\cdots$②

のときであり（下図参照），

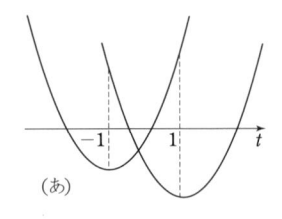

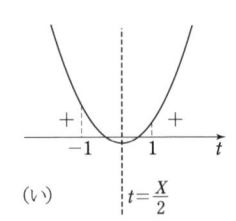

$f(-1) = 1 + X + Y$, $f(1) = 1 - X + Y$ より，③は
　（$Y \leq -X - 1$ かつ $Y \geq X - 1$）$\cdots\cdots$⑥ または
　（$Y \geq -X - 1$ かつ $Y \leq X - 1$）$\cdots\cdots$⑦ を，
④は（$Y > -X - 1$ かつ $Y > X - 1$）を，また，
⑤は $-2 < X < 2$ を表わすので，
③または（④かつ⑤かつ②）を満たす点 (X, Y) の全体を，放物線 $y = \dfrac{x^2}{4}$ と2直線 $y = \pm x - 1$ とが接することに注意して（$\because \dfrac{x^2}{4} = \pm x - 1$

$\iff \dfrac{x^2 \mp 4x + 4}{4} = 0$

$\iff (x \mp 2)^2 = 0$）

図示すれば，W_2 は右のよう（境界を全て含む）になると分かる．　■

標準レベルの問題ですが，もしこれを間違えたとして，

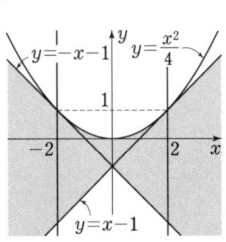

例えば(1)を右図1のように「塗り間違え」たとするならば，それは単なるケアレスミスとはいえません．同じことが(2)でもいえます．条件までは全て正しく得たものの，境界同士が接することに気付かず，右のような図2を得たり，どこかしらで等号が抜けてしまい，「境界を除く」などとしてしまったというものも，「笑えない間違い」です．

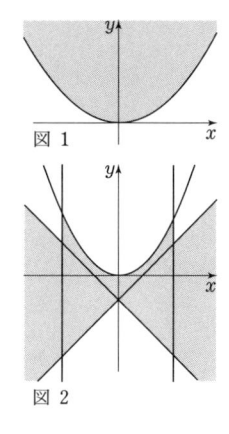

なぜ，そこまでいわれなければいけないのでしょうか？

具体的な問題は提示しませんが，「〜の確率pを求めよ」という問題で，$p=\frac{4}{3}$と答えたなら，それはおろかというものです．確率が1を超えるはずありません．同じように，面積や体積の求積問題で，負の値を答えたりするのも「ありえない」ですし，例えば，半径1の円に内接する四角形うんぬんの問題で，その面積にπ（円の面積）を超える値を答えるのも「まぬけ」です．

先の例題では，結局，2次方程式が特定の範囲に解を持つ条件を考える，という問題（解の配置問題）に帰着させて解いたわけですが，そもそもの問題は「直線の通過領域は？」であったわけです．

ミスの仕方は確かに上下で塗るところを間違えたという些細なものだったでしょう．しかし，冷静に考えてみてください．
- どう直線が通過すれば，先の図1のような通過領域となるのでしょう？
- どうして，図2のように「かっくん」と通過してゆくのでしょう？（どう通過すれば，「境界を除く」ように動いてゆけるのでしょう？）

確率や面積・体積の話題と同様に，「ありえない」ことはすぐに理解できますよね？

§2 「妥当かどうか」それが吟味だ

では逆に，**解**として得た図は，直線の通過領域として妥当といえるのでしょうか？
(1)を例に考えて見ましょう．「机上の計算」で，W_1が図のような放物線の下側全体とわかったわけですが，これは「直線は放物線$C: y=\frac{x^2}{4}$に接して動いている」と考えれば妥当な結果です（左下図）．

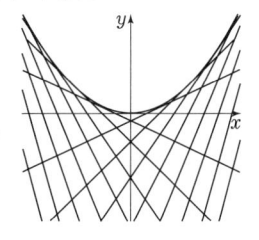

むろん，これだけだと「仮説」に過ぎないわけですが，この仮説が正しいかどうかは，私たちはすぐに判定できます．式を連立して，$\frac{x^2}{4}=tx-t^2$なるxの方程式を考えれば，これは$x^2-4tx+4t^2=0 \Longleftrightarrow (x-2t)^2=0$と変形できますから，たしかに$C$と$l_t$は$x=2t$において接していると確かめられます．

ここまでくれば，「妥当」であると同時に，「解はほぼ間違いなく正しい」とわかってしまいますし，また同時に(2)の解についても「確信を得る」ことができます．（接点のx座標$2t$が $-2 \to 2$ とかわってゆくので，アニメーション的には右図の様に直線が領域を掃いてゆくわけです．）

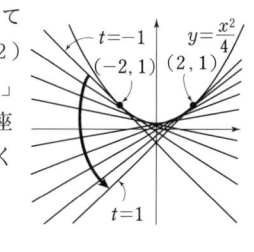

⇨ **注**：「試験答案」としては，厳密性（放物線の下側全体を**くまなく**動くことをいうにはどうすればよいのか，など）の観点から，あくまでもはじめの解のように，実解条件に落として解答を作るのがベターでしょう．また，(2)などは，確かに解の配置問題に帰着させるのは「しんどい」のですが，これくらいの処理は容易くできるだけの力をつける必要もあるので，その観点からも，「どんな曲線に接しているのか」の探求は，あくまでも「終わった後の吟味」にとどめるのがよいでしょう．

私たちはみな，完璧ではありません．時に，計算間違いを犯してしまいます．大切なのは，「果たしてこれで正しいか」と，自分の得た結果を疑う姿勢です．これがなければ，これから先，何万題と問題を解いたところで，真の力はつきません．慢心は全てを台無しにします．それは数学の世界でも同じです．自分の出した結果を吟味してみる，妥当かどうかを考えてみる，この姿勢を大切にしてください．

むろん，全ての問題で吟味が可能かといわれると，そうではありません．ですが，少し慣れておかなければ，吟味のチャンスのある問題に出くわしても，気付かずにスルーしてしまいそうです．吟味の宝庫，通過領域の話題で練習しておきましょう．次の問題は，

解き終えて → 結果が妥当かを考えて → 確信を得て

のステップを意識して取り組んでみてください．

第 7 章 座標

> **問題** 7-5.2
> 頂点が $y=2x$ 上にある 2 次関数のグラフ C で，直線 $y=-2x$ に接するものを考える．C を，この条件を満たすように自由に動かすとき，C が通過する領域 W を求め，図示せよ．

解
頂点の座標を $(t, 2t)$ とおく．$t=0$ のときは，頂点が $y=-2x$ 上にあるので，$y=-2x$ と接するような放物線はつくれない．以下，$t\neq 0$ とし，$(t, 2t)$ を頂点とする放物線の式を $y=a(x-t)^2+2t$ $(a\neq 0)$ とおくと，これが $y=-2x$ と接するのは，x の方程式
$$a(x-t)^2+2t=-2x$$
$$\iff ax^2-2(at-1)x+at^2+2t=0$$
が重解を持つときなので，判別式から
$(at-1)^2-a(at^2+2t)=0$ 整理して $a=\dfrac{1}{4t}$ $(\neq 0)$ のときとわかる．従って，題意の 2 次関数のグラフの式は，
$y=\dfrac{1}{4t}(x-t)^2+2t$ ……① とわかる．ゆえに，t を 0 以外の実数値で動かすときの，①の通過領域が W．

点 (X, Y) が W に含まれる条件が
$Y=\dfrac{1}{4t}(X-t)^2+2t$ を満たす 0 以外の実数 t が存在することであるから，これを t の方程式とみて整理した
$$4Yt=(X-t)^2+8t^2$$
$$\iff f(t)=9t^2-2(X+2Y)t+X^2=0$$
が 0 以外の実解をもつ X, Y の条件を求めればよく，
(判別式 $D/4=$) $(X+2Y)^2-9X^2\geq 0$
$\iff (4X+2Y)(-2X+2Y)\geq 0$
$\iff (Y\geq -2X$ かつ $Y\geq X)$ または
$\quad\quad(Y\leq -2X$ かつ $Y\leq X)$ ……②

と，
$f(t)=0$ が 0 を重解に持つ
$\iff X+2Y=X^2=0$
$\iff (X, Y)=(0, 0)$
から，②を満たす (X, Y) の全体から，原点 $(0, 0)$ を除いた右図が W と分かる．**終**

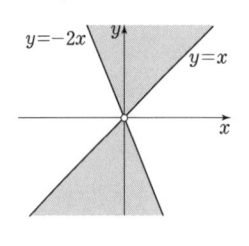

さらりと「吟味」できましたか？ 境界に $y=-2x$ が出てくるのは「あたりまえ」でしょう．もう一つの境界，$y=x$ が意味することは…？ そうです．おそらく，この放物線は $y=x$ にも接しながら動いているわけです．

確かめてみましょう．①と $y=x$ を連立させると，
$\dfrac{1}{4t}(x-t)^2+2t=x \iff (x-t)^2+8t^2-4tx=0$
$\iff (x-3t)^2=0$
で，ばっちり．最後に，実際に放物線が 2 直線に接するさまを想像してみて，自信が確信に変わりました．

⇒**注**：とはいうものの，「原点が抜ける」ことには気付けなかったかもしれません．

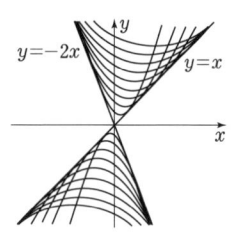

もうひとつ，みておきましょう．

> **問題** 7-5.3
> 中心が放物線 $C: y=x^2$ 上にあり，x 軸に接する円 D を考える．
> (1) D の中心が，C の原点以外の部分をくまなく動くときの，D の通過領域 W_1 を求め，図示せよ．
> (2) D の中心が，C の $x>0$ の部分をくまなく動くときの，D の通過領域 W_2 を求め，図示せよ．

解
$t\neq 0$ とする．C 上の点 (t, t^2) を中心とする円が x 軸に接するのは，その半径が t^2 (>0) のときであるから，(t, t^2) を中心とする，x 軸に接する円 D_t の式は
$$(x-t)^2+(y-t^2)^2=t^4$$
$$\iff x^2+y^2-2tx-2t^2y+t^2=0$$
で与えられる．
(1) 点 (X, Y) が W_1 に含まれる条件は，(X, Y) を通る円 D_t $(t\neq 0)$ が存在するか否かで判定できるので，$X^2+Y^2-2tX-2t^2Y+t^2=0$ ……① を満たす 0 以外の実数 t が存在するような X, Y の条件を求めればよい．
①を t の方程式
$$f(t)=(1-2Y)t^2-2Xt+X^2+Y^2=0$$
とみれば，
(あ) $1-2Y\neq 0\iff Y\neq\dfrac{1}{2}$ のとき
$f(t)=0$ は t の 2 次方程式なので，
(判別式$/4=$) $X^2-(1-2Y)(X^2+Y^2)\geq 0$ ……② かつ
$f(t)=0$ が 0 を重解に持たない ……③
ことが条件．

② $\iff 2X^2Y - Y^2(1-2Y) \geq 0$
  $\iff Y(2X^2 + 2Y^2 - Y) \geq 0$
  $\iff \left(Y \geq 0 \text{ かつ } X^2 + \left(Y - \dfrac{1}{4}\right)^2 \geq \dfrac{1}{16}\right)$ または
  $\left(Y \leq 0 \text{ かつ } X^2 + \left(Y - \dfrac{1}{4}\right)^2 \leq \dfrac{1}{16}\right)$

$\left(0, \dfrac{1}{4}\right)$ を中心とする半径 $\dfrac{1}{4}$ の円は $y \geq 0$ の部分に含まれるので，結局

② $\iff Y \geq 0$ かつ $X^2 + \left(Y - \dfrac{1}{4}\right)^2 \geq \dfrac{1}{16}$ …④

とわかる．

また，$f(t) = 0$ が $t = 0$ を重解に持つのは，$2X = X^2 + Y^2 = 0 \iff (X, Y) = (0, 0)$ のときであるから，③ $\iff (X, Y) \neq (0, 0)$ ……⑤ とわかる．

（い）$1 - 2Y = 0 \iff Y = \dfrac{1}{2}$ のとき

$f(t) = 0 \iff -2Xt + X^2 + \dfrac{1}{4} = 0$ を満たす 0 以外の t が存在するのは，$X \neq 0$ のとき．

以上から，④の表わす領域から原点および点 $\left(0, \dfrac{1}{2}\right)$ を除いた右図が W_1 とわかる．境界は白丸の点以外全てを含む．

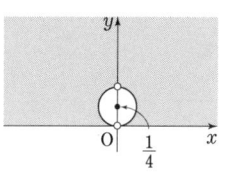

（2）同様に考えて，点 (X, Y) が W_2 に含まれるための X, Y の条件は，t の方程式 $f(t) = 0$ が正の解をもつこと．

（あ）$1 - 2Y \neq 0 \iff Y \neq \dfrac{1}{2}$ のとき

$f(t) = 0$ は t の 2 次方程式なので，これが正の解をもつのは，（判別式/4）$\geq 0 \iff$ ④かつ⑤で，かつ（2 解がともに負でない）……⑥ のとき．

$f(t) = 0$ が 2 実解をもつとき，その両方が負となるのは，解の和が負で，積が正のとき．解と係数の関係から，$\dfrac{2X}{1-2Y} < 0$ かつ $\dfrac{X^2+Y^2}{1-2Y} > 0$ のとき．これを整理すると，$Y < \dfrac{1}{2}$ かつ $X < 0$ となるので，この否定をとって，

⑥ $\iff Y > \dfrac{1}{2}$ または $X \geq 0$ …………⑦

従って，④かつ⑤かつ⑦が条件となる．

（い）$1 - 2Y = 0 \iff Y = \dfrac{1}{2}$ のとき

$f(t) = 0 \iff -2Xt + X^2 + \dfrac{1}{4} = 0$ は

$X = 0$ のとき … 解なし

$X \neq 0$ のとき … $t = \dfrac{1}{2X}\left(X^2 + \dfrac{1}{4}\right)$

であるから，$f(t) = 0$ が正の解を持つ条件は $X > 0$．

（あ）（い）をまとめれば，点 (X, Y) が W_2 に含まれるための条件は，④かつ⑤かつ⑦かつ $(X, Y) \neq \left(0, \dfrac{1}{2}\right)$ と分かるので，これを満たす点 (X, Y) の全体を図示して，W_2 は右図のようとわかる．境界は x 軸上と円弧のみを含み，白丸は除く．■

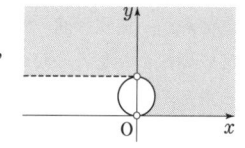

さて，吟味です．（1）で，x 軸が境界に現れるのは，円が x 軸に接して動くことからも妥当です．もう一つ，点 $\mathrm{F}\left(0, \dfrac{1}{4}\right)$ を中心とする半径 $\dfrac{1}{4}$ の円 E が登場しましたが，これから，円 D_t が E に接して動いているのでは？という仮説がたちます．検証してみましょう．

D_t と E が外接することをいうには，中心間距離が半径の和 $t^2 + \dfrac{1}{4}$ になっていることを確かめればよいですが，おお，なんということでしょう．確かに，(t, t^2) と F の距離は

$$\sqrt{t^2 + \left(t^2 - \dfrac{1}{4}\right)^2} = \sqrt{t^4 + \dfrac{1}{2}t^2 + \dfrac{1}{16}} = \left|t^2 + \dfrac{1}{4}\right|$$

で，見事に一致しています．これから，W_1 として得られた図の妥当性がわかり，同時に，$t > 0$ で D_t を動かすさまを想像することで，（2）の結果の大枠も得られてしまいました（右図）．

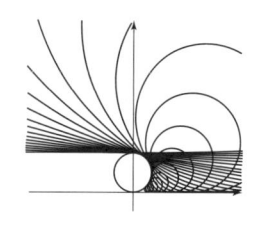

結果がある程度予想できていれば，（2）のような，過程が重たい問題でも，部分修正を繰り返しながら進むことで，クリアに至ることが可能ですね．

⇨ 注：この吟味から，放物線の一性質である，「定点（F）と定直線 $\left(y = -\dfrac{1}{4}\right)$ までの距離が等しい点の軌跡が放物線」という事実も得られます．

問題を解き終えたら，ふっと一息ついて，自分の出した結果について吟味してみる．この基本作業は，大人になってからも大切にしたいものです．

あとがき

読者の皆さんに,「ほら, これだけの話でしょ?」という姿勢でだらだらと語り続けて, かれこれうん年が経ちました. 実際に手に取って読んでくれている方は見えませんが, 毎回毎回, 昔の友人を思いつつ, 今, 私のそばにいるよき友人に向けつつ, つねに「人」を思いながら書き連ねてきました. 喫茶店で珈琲を飲みながら気軽に話し, 盛り上がるようなイメージで, 書き連ねてきました. いざ, 連載をまとめてみると, まるで10年間の日記のように思えてしまい, そのような「日記」を出版するというのはいささかこっぱずかしい気もします.

まあよい, みなの生贄になろうではないか, と, そんな心境です.

人に対してものを書く, という作業は, とても楽しいことです. それは, 喜びを人に伝えるのが楽しいからだと思います. 本当の意味で皆さんに伝えたいのは, 書くことを楽しんでいる, という姿なのかもしれません. こんな青年(おじさんではない)が, 馬鹿みたいに目を輝かせて語っているんだよ, と.

数学を学ぶ人は, すべて魅力的であって欲しいと思います. どのような魅力でも構いません. 素敵な人であって欲しいのです. もしかすると,「受験」という目標には無関係なことかもしれませんが, とても大切なことだと思うのです. 素敵である, ということが.

偉そうな話になってしまいましたね. とにもかくにも, 本書を手に取ってくれたすべての人々に感謝申し上げて, 締めくくりとさせていただきます. あわせて, このような連載の機会を与えてくださった浦辺元編集長, ならびに, 編集にあたってさまざまなアドバイスをいただいた, 坪田さんをはじめ東京出版編集部のみなさん, 月刊誌「大学への数学」を通して素敵な交遊関係を築いていただいた, ピーター・フランクル先生, 栗田哲也先生, 古川昭夫先生に, あらためて感謝の意を表したいと思います.

※本書は, 月刊『大学への数学』に, 2006年～2011年に連載した"弾き語りの数学"と, 2012年～2015年に連載した"講義／数ⅠAⅡB"から, 抜粋・再編集・加筆したものです.

入試のツボを押さえる重点学習──数学ⅠAⅡB 定価はカバーに表示してあります.

2016年11月14日 第1版第1刷発行
2022年 6月25日 第1版第3刷発行

著 者　青木亮二
発行者　黒木美左雄
発行所　株式会社　東京出版
　　　　〒150-0012　東京都渋谷区広尾3-12-7
　　　　電話 03-3407-3387　振替 00160-7-5286
整版所　錦美堂整版株式会社
印刷所　株式会社光陽メディア
製本所　株式会社技秀堂製本部
　　　　落丁・乱丁本がございましたら, 送料小社負担にてお取替えいたします.

©Ryouji Aoki 2016　　　　　　　　　　　　　　　　Printed in Japan
ISBN 978-4-88742-226-1